数据科学与大数据管理丛书

Database Principles
and Applications

数据库原理与应用

张千帆◎著

本书从实际出发，为经管类、文科类低年级本科生量身定制了一本理论与实践并重、简单实用的教材。理论部分保留了数据库的三级模式，概念数据模式设计，关系规范化，数据库的安全性、完整性、并发控制以及数据库恢复、事务和锁；作为入门教材，查询优化、存储引擎、NoSQL 数据库系统原理等内容点到即止。实用来自理论与应用结合，并坚持数据库基本理论与实践并重的原则，在注重理论性、系统性、科学性的同时，采用关系型数据库 MySQL 8.0 和图形化管理工具 Navicat Premium 作为实验环境，通过示例与分析展示了数据库系统原理和 MySQL 的各项功能特性，能够培养学生的理论素养、实践能力和自主学习能力。

本书内容丰富，图文并茂，易学易用，可作为经管类、文科类专业低年级本科生的数据库课程教材，也可供对数据库有研究兴趣的初学者参考。本书下载包中提供教学大纲、PPT 课件、课后习题及答案等。

图书在版编目（CIP）数据

数据库原理与应用 / 张千帆著 . —北京：机械工业出版社，2023.7
（数据科学与大数据管理丛书）
ISBN 978-7-111-73579-3

Ⅰ. ①数… Ⅱ. ①张… Ⅲ. ①数据库系统 – 高等学校 – 教材 Ⅳ. ① TP311.13

中国国家版本馆 CIP 数据核字（2023）第 139062 号

机械工业出版社（北京市百万庄大街 22 号 邮政编码 100037）
策划编辑：张有利 责任编辑：张有利
责任校对：张亚楠 陈 越 责任印制：李 昂
河北鹏盛贤印刷有限公司印刷
2023 年 10 月第 1 版第 1 次印刷
185mm × 260mm · 17.25 印张 · 380 千字
标准书号：ISBN 978-7-111-73579-3
定价：55.00 元

电话服务
客服电话：010-88361066
010-88379833
010-68326294

网络服务
机 工 官 网：www.cmpbook.com
机 工 官 博：weibo.com/cmp1952
金 书 网：www.golden-book.com
机工教育服务网：www.cmpedu.com

ABOUT THE AUTHOR

作者简介

张千帆，博士，华中科技大学管理学院教授。她潜心一线教学工作20余年，熟悉数据库技术及应用、数据库管理及优化、数据仓库与数据挖掘、大数据分析等数据管理类系列课程的教学工作。入选华中科技大学“华中卓越学者（教学）I类岗”，曾获得华中科技大学课堂教学“卓越奖”、华中科技大学教学质量一等奖、华中科技大学教学竞赛一等奖。曾多次指导学生获得美国大学生数学建模竞赛一等奖。

P R E F A C E

前 言

写这本教材的起因是机械工业出版社要为经管类专业打造一套系列教材，其中一本是数据库教材。这引起了我的极大兴趣，不禁回想起自己在教学时选择数据库教材的种种烦恼。纯理论书籍看完后还是不会操作，这类书对于需要数据管理和数据分析“硬技能”的本科生而言首先会被排除在外。我在教学实践中，多次选用数据库领域专家的经典书籍作为教材，但无论是外文教材，还是中文教材，适用对象大多是计算机类专业的本科生和研究生。数据库系统在经管类专业中是通识课程，开课学期早，学时短、难度大的教材与学生的需求和基础不匹配。这类书选作教材后，授课中要做大量删减。简单实用的当属操作类书籍，这类书在不介绍数据库原理的情况下，直接介绍 SQL 语言的知识和使用方法，短小精悍，适合初学者快速上手操作或作为 SQL 查询手册。但是对于经管类专业的本科生而言，在日后的学习和工作中，数据管理和数据分析是基本能力，学懂原理再去实践，后面的学习会更加顺畅，因此操作类的书籍同样不太适合。

作为一名数据库课程的一线教师，我很希望从实际出发，为经管类、文科类低年级本科生量身定制一本理论与实践并重、简单实用的教材。简单并不意味着贫乏和任意删减，理论部分保留了数据库的三级模式，概念数据模式设计，关系规范化，数据库的安全性、完整性、并发控制以及数据库恢复、事务和锁；作为入门教材，查询优化、存储引擎、NoSQL 数据库系统原理等内容点到即止。实用来自理论与应用结合，本书坚持数据库基本理论与实践并重的原则，在注重理论性、系统性、科学性的同时，采用关系型数据库 MySQL 8.0 和图形化管理工具 Navicat Premium 作为实验环境，通过示例与分析展示了数据库系统原理和 MySQL 的各项功能特性，能够培养学生的理论素养、实践能力和自主学习能力。

按照数据库系统开发阶段的先后顺序组织教材内容，读者可以逐步掌握数据库的概念模型设计、逻辑模型设计、数据库使用、数据库维护的理论和方法。本书包含四部分：第一部分（第 1—3 章）介绍数据库的基本概念、概念数据模型设计、逻辑数据模型设计及规范化；第二部分（第 4—9 章）介绍如何在 MySQL 8.0 环境下动手编写和使用 SQL ；第三部分（第 10—13 章）介绍数据库的系统管理和访问接口；第四部分（第 14 章）简单介绍数据库技术的新发展，引导学生关注学科前沿，激发学生深入学习数据库的兴趣。

本书内容丰富，图文并茂，易学易用，可作为经管类、文科类专业低年级本科生的数据库课程教材，也可供对数据库有研究兴趣的初学者参考。本书下载包中提供教学大纲、PPT 课件、课后习题及答案等。

感谢方凌云副教授、何雨林、徐铭言、周云猛、向柯玮、王萌、蒋金洁、江乐、包祥祯提供的支持。感谢我的家人，你们一直以来的支持和鼓励是我专注于教学工作的动力源泉。

虽然投入了很多时间和精力，但由于水平有限，书中难免有疏漏之处，敬请读者指正。

编者

2023 年 7 月

C O N T E N T S

目 录

C H A P T E R 1

第1章

绪 论

■ **学习目标**

- 本章介绍数据库系统的基本概念。

■ **开篇案例**

查尔斯·巴赫曼（Charles W. Bachman）是第一个因将计算机应用于工商管理而赢得图灵奖的人，是第一个因一个特定的软件而赢得图灵奖的人，也是第一个在职业生涯中完全在企业中度过的图灵奖获得者。

巴赫曼在数据库方面的主要贡献有两项：第一项就是在通用电气公司任程序设计部门经理期间，主持设计与开发了最早的网状数据库管理系统IDS；第二项就是巴赫曼积极推动与促成了数据库标准的制定。在制定标准时，首先确定了数据库的三层体系结构，明确了数据库管理员的概念，规定了DBA的作用与地位。体系结构主要包括模式、子模式、物理模式、数据操纵和数据库管理系统等部分。由于巴赫曼在以上两方面的杰出贡献，他被公认为“网状数据库之父”。巴赫曼还主持制定了著名的“开放系统互联”标准，即OSI。OSI为计算机、终端设备、人员、进程或网络之间的数据交换提供了一个标准规程，在实现OSI对系统之间达到彼此互相开放方面具有重要的意义。

资料来源：文字根据网络资料整理得到。

1.1 数据管理技术的发展

上古时期，人们使用“结绳记事”的方式来表示数量。绳子上有一个结表示发生了一件事，大结表示大事，小结表示小事。在农业社会，农民们日出而作、日落而息，通过计日和计时来掌握气候变化的规律。古埃及人开始使用十进制的计数法。苏美尔人开始使用账单、收据和票据等物，这可谓是现代会计学的鼻祖。印度则发明了阿拉伯数字，并且创立了“0”的概念。后来阿拉伯人把古希腊的数学融进自己的数学，又把这一简便易写的十进制位值记数法传遍欧洲，逐渐演变成今天的阿拉伯数字。20 世纪计算机的发明和应用，让数字展现了不一样的魅力。它不仅是一种量的概念，而且成为了一种信息储存方式。如今，随着物联网、移动互联网、云计算、大数据、人工智能、区块链等新一代信息技术的发展，数据的产生、传输、储存、处理过程都发生了巨大变化，数据已经成为重要的资源。

在计算机科学中，凡是能输入计算机中并被计算机程序处理的符号都被统称为数据。随着计算机处理能力的增强，网页内容、论坛评论、自然语言、图像、视频等均被纳入数据的范畴。数据中蕴含的价值也日益显著。

所谓数据管理，是指利用计算机硬件和软件技术对数据进行有效的收集、存储、处理和应用的过程。其目的在于充分有效地发挥数据的作用。数据管理的发展与计算机技术的发展是同步的。数据管理经历了四个发展阶段：早期的人工管理阶段、文件系统阶段、数据库系统阶段，以及数据库系统的新发展阶段，如图 1-1 所示。

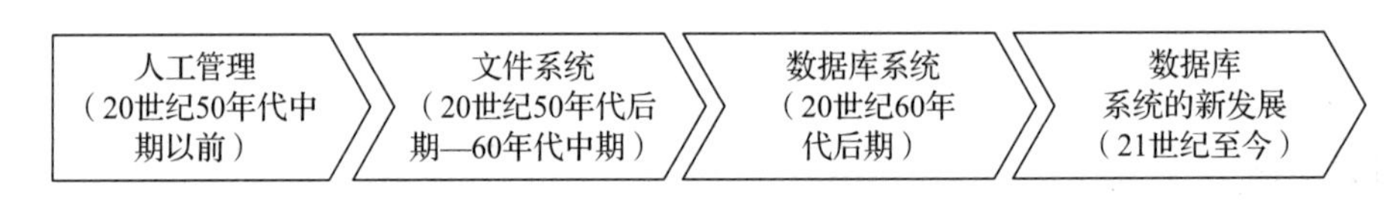

图 1-1　数据管理的发展阶段

1. 人工管理阶段

人工管理阶段，应用程序及其数据集是一一对应关系，不同应用程序的数据集之间不能共享，如图 1-2 所示。

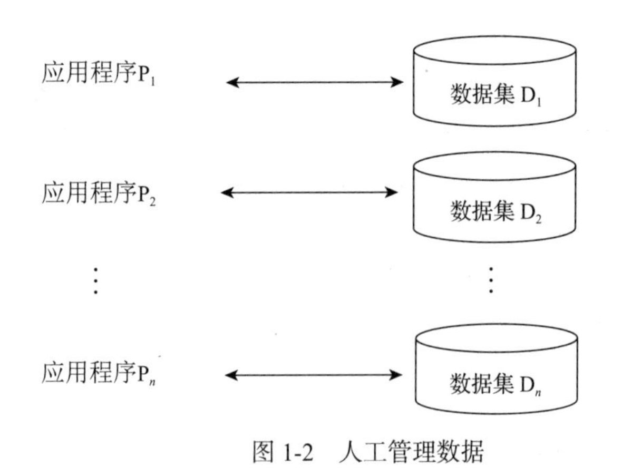

图 1-2　人工管理数据

2. 文件系统阶段

文件系统不仅实现了数据的长期保存，还允许用户直接通过文件名管理数据，但是程序及其数据之间依然是一一对应关系。文件系统管理数据如图 1-3 所示。

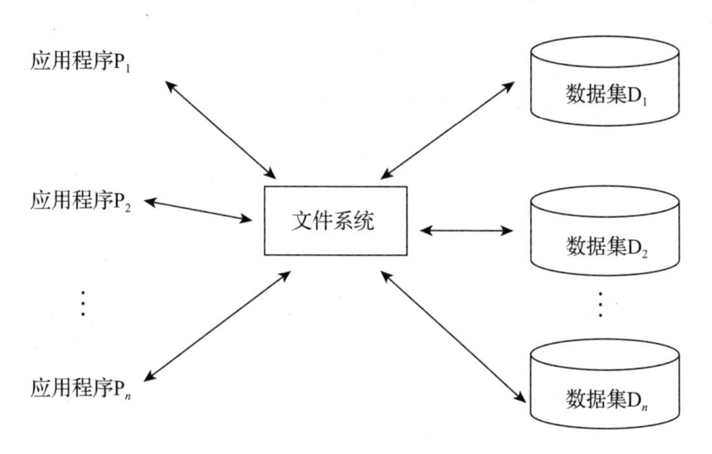

图 1-3　文件系统管理数据

假设某高校用文件系统管理在校学生的信息，在校学生的信息分别存储在不同部门的文件中，如图 1-4 所示。学生在校期间，除了要办理学生证之外，出入寝室还需要办理门禁卡，洗衣服需要办理洗衣卡等。当新生注册时，人事处、宿管中心需要分别录入学生的学号、姓名、性别、学院、专业等基本信息。当学生换专业时，人事处和宿管中心都需要修改该生的学院和专业信息，如果修改不同步，会造成学生的信息不一致。当学生办理毕业手续时，相关部门都需要删除该生的信息。

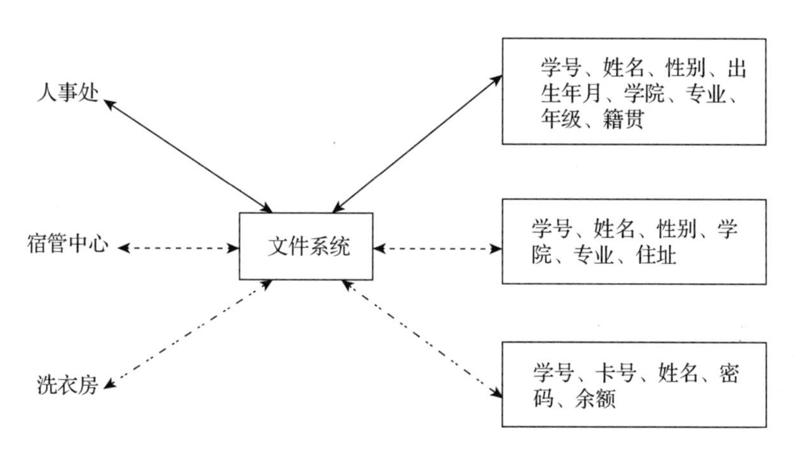

图 1-4　文件系统管理数据应用示例

3. 数据库系统阶段

数据集中管理提高了数据的共享程度，降低了数据冗余，如图 1-5 所示。

假设用数据库系统管理在校学生信息，如图 1-6 所示。当新生注册时，学生的学号、姓名、性别、出生年月、学院、专业等基础数据只需要由有录入权限的人事处一次性录入，宿管中心、洗衣房等部门不需要重复录入也可查看学生的信息。当宿管中心为学生分配宿舍、发放门禁卡的时候，只需补充学生的住址信息即可；同时，宿管中心无权限录入或修改学生基本信息，只能为已经注册的学生安排宿舍。当学生换专业时，宿管中心和人事处在任何时间查看该生的学院和专业信息，结果都是一样的，不会出现数据不一致问题。数据库统一存取数据，实现了在程序之间共享数据，有效缓解了数据冗余问题，保证了数据的一致性。

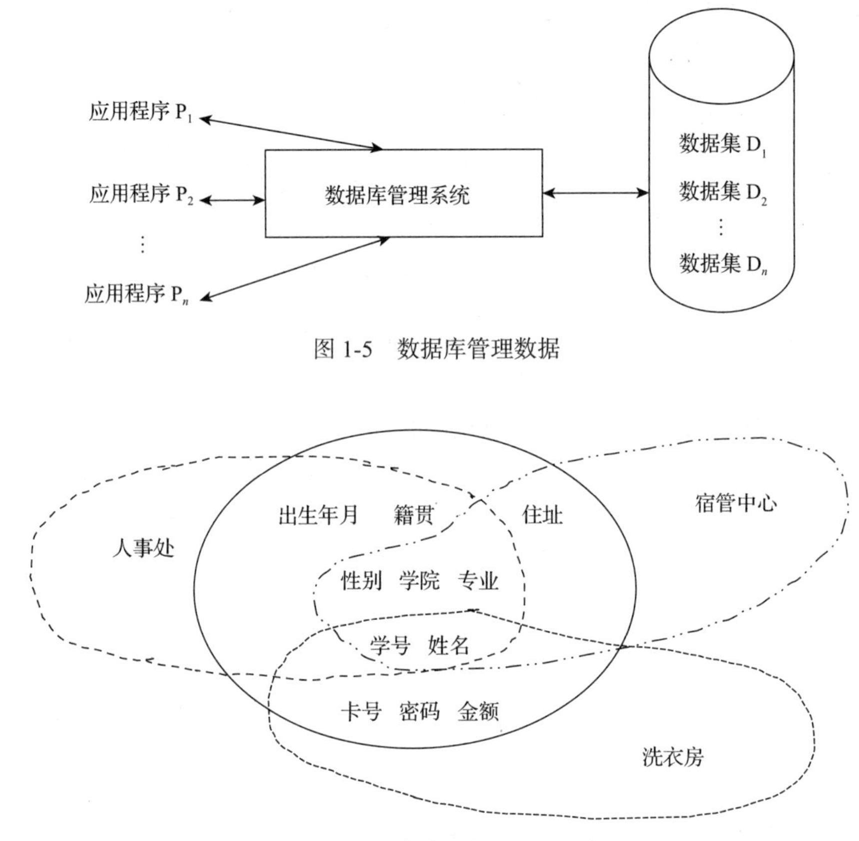

图 1-5 数据库管理数据

图 1-6 数据库管理数据应用示例

此外，数据库技术提供强大的数据管理功能。例如，数据库管理系统提供数据的完整性约束、权限管理和并发控制，保证了数据的完整性、安全性与一致性，提高了数据管理效率。

4. 数据库系统的新发展阶段

随着移动互联网、大数据、云计算、人工智能等新一代信息技术的发展，传统数据库系统与其他新兴技术结合，形成了多种满足特定应用领域的新型数据库。例如，数据库技术与网络通信技术融合的分布式数据库系统，与面向对象技术融合的面向对象数据库系统，与多媒体技术融合的多媒体数据库，与人工智能技术融合的智能数据库，与大数据融合的 NoSQL（Not Only SQL）数据库等都有着广阔的发展前景。

1.2 数据库系统的结构

数据库系统为什么能够实现数据共享？为什么数据库系统能够提供数据的逻辑独立性和物理独立性？这些优势离不开数据库系统的分级结构。最著名的是美国ANSI/SPARC数据库系统研究组在1975年提出的三级划分法，其将数据库系统划分为3个抽象级：用户级、概念级、物理级（用户级对应外模式，概念级对应概念模式，物理级对应内模式）。数据库系统的三级模式结构如图1-7所示。三级模式结构能有效地组织、管理数据，提高了数据库的逻辑独立性和物理独立性。

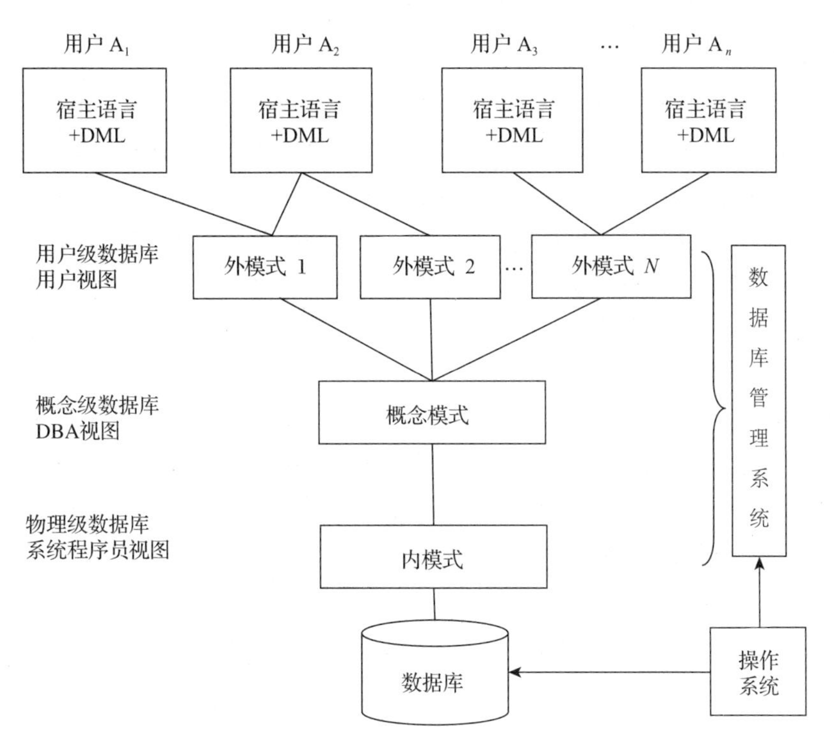

图 1-7 数据库系统的三级模式结构

1.2.1 三级模式

不同级别的用户对数据库形成不同的视图。所谓视图，就是指观察、认识和理解数据的范围、角度及方法，是数据库在用户“眼中”的反映。不同级别的用户所“看到”的数据库是不相同的。

1. 外模式

外模式是数据库用户（包括程序员和最终用户）能够看见和使用的局部数据的逻辑结构与特征的描述，又称为子模式、用户可以模式或用户视图。用户可以根据外模式操作数据库中的数据。外模式主要描述组成用户视图的各个记录的组成与相互关系、数据项的特征、数据的安全性和完整性约束条件。

一个数据库系统可以同时满足多个用户的需求，不同用户的权限和需求不同，看到和访问到的数据集合也不同。因此，一个数据库系统可以同时存在多个外模式。此外，外模式还可以经过加工，以不同的形式呈现给用户，例如它可以呈现明细数据，也可以呈现汇总后的数据。

2. 概念模式

概念模式是数据库中全体数据的逻辑结构和特征的描述，是所有用户的公共数据视图，又称为模式、逻辑模式。一个数据库只有一个概念模式。

3. 内模式

内模式是对数据物理结构和存储方式的描述，是数据在数据库内部的表示方式，又称为物理模式、存储模式。内模式描述的是存储记录的类型、存储域的表示、存储记录的物理顺序、指引元、索引和存储路径等数据的存储组织。一个数据库只有一个内模式。

把数据库的多级结构与农贸市场的系统结构做个简单的类比：数据库的概念模式类似于农贸市场中全部货品的品类清单；数据库的外模式类似于一个消费者购买的货品；数据库的内模式类似于货品的存放位置和存放方式。农贸市场实现了货品和需求的独立，实现了以相对稳定的货品满足多变的需求。商户面对的是广大消费者，虽然单个消费者的需求经常发生变化，但群体的消费需求是相对稳定的。商户可以以相对稳定的货品满足变化的个体需求。有经验的商户熟悉时令货品的种类、品质和价格，了解周边人群的消费水平和消费偏好，从而做到货品适销对路。消费者作为农贸市场的终端用户，不需要亲力亲为地春播秋收，就可以买到需要的货品。专业的市场管理人员维持着良好的市场环境。

1.2.2 二级映像

概念模式是逻辑模式，而内模式是物理模式；概念模式是全局数据，而外模式是局部数据。如何由概念模式得到用户需要的外模式？如何把数据存储到物理内存中？这些转换在农贸市场中是由人来完成的，第一个转换需要消费者亲自到农贸市场去挑选、购买货品，或者以外卖的形式由外卖员代为完成。第二个转换是由商户进货、上货来实现的。数据库系统则是通过数据库管理系统提供的二级映像来实现的。

数据库管理系统的二级映像是指概念模式 / 外模式映像和概念模式 / 内模式映像，如图 1-8 所示。虽然不同的数据库管理系统提供的语言和操作方法不同，但基本原理是一样的。

1. 概念模式 / 外模式映像

概念模式 / 外模式映像定义了概念模式与外模式之间的对应关系，作用是基于概念模式得到外模式。由于一个概念模式与多个外模式对应，所以每个外模式都需要一个概念模式 / 外模式映像。

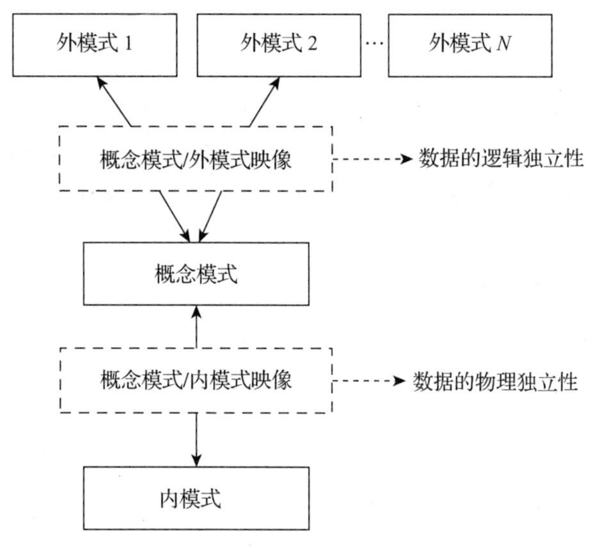

图 1-8 数据库的二级映像

概念模式作为数据的全局逻辑，具有一定的稳定性，但是并非一成不变。例如，随着季节的变化，农贸市场货品的种类或者价格会进行调整。又如，之前的设计缺陷使概念模式需要增加新的属性、修改属性的类型、增加约束条件等。有了概念模式 / 外模式映像，概念模式改变时可以使外模式保持不变，进而使应用程序不必修改，实现了数据的逻辑独立性，这对于程序员来说是个福音。所谓数据的逻辑独立性，是指应用程序和数据的逻辑结构是相互独立的，当数据的逻辑结构发生改变时，不需要改变应用程序。

2. 概念模式 / 内模式映像

假设农贸市场重装后开业了，新市场更加干净、明亮，但是货品布局调整很大，你花了比往常更多的时间才买齐需要的货品。数据库系统中是否也存在这类问题呢？幸运的是数据库管理系统提供的概念模式 / 内模式映像定义了数据库概念模式与内模式之间的对应关系。由于一个数据库系统只有一个概念模式，也只有一个内模式，因此，概念模式 / 内模式映像是唯一的。

当内模式改变时，如存储设备或存储方式发生改变时，只要对概念模式 / 内模式映像做相应的改变，自动调整概念模式与内模式之间的对应关系，保证概念模式和外模式不变，就能实现数据的物理独立性。所谓数据的物理独立性，是指应用程序和数据的物理结构是相互独立的，当数据的物理结构发生改变时，数据的逻辑结构和应用程序不受影响。

为了方便读者理解三级模式和二级映像的抽象概念，此处以农贸市场为例辅助讲解。但是要注意的是，数据在数据库中是长期保存的，不会因为用户的访问而影响其他有权限用户的再次访问，这和农贸市场中的货品卖一件少一件是不同的。读者可以举一反三，以此加深对数据库系统结构的理解。

1.3 数据模型

数据模型（Data Model）是数据库设计中用来对现实世界进行抽象的工具。数据模型包含数据结构、数据操作和数据约束等三方面的内容，分别描述系统的静态特征、动态行为和约束条件，为数据库系统的信息表示与操作提供一个抽象的框架。对现实世界的抽象建模过程分为三个阶段，分别是概念数据模型、逻辑数据模型和物理数据模型，如图 1-9 所示。

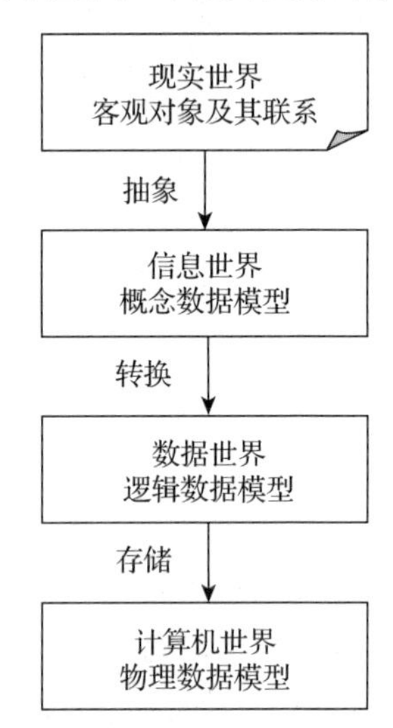

图 1-9 数据抽象过程与数据模型

1. 概念数据模型

概念数据模型（Conceptual Data Model）是数据库设计人员在需求分析的基础上对客观对象及其联系的第一次抽象。概念数据模型的建模是一个在信息世界，或者说在设计人员头脑中进行数据抽象的过程，设计人员不受操作系统及数据库管理系统的具体技术束缚，专注于把数据库的开发需求按照用户的观点抽象为文字或图表。E-R 模型是常用的概念数据模型设计工具之一。概念数据模型与具体的操作系统、数据库管理系统和硬件设备都没有关系。

2. 逻辑数据模型

概念数据模型无法直接被计算机处理，需要转换为逻辑数据模型（Logical Data Model）。逻辑数据模型是一种在数据世界中面向具体的数据库管理系统的数据模型，涉及计算机系统和数据库管理系统，但并不考虑数据在存储设备上的实现。

3. 物理数据模型

每一种逻辑数据模型在实现时都有其对应的物理数据模型。物理数据模型（Physical Data Model）是一种面向计算机的物理表示的模型，描述了数据在储存介质上的组织结构。物理数据模型建模是一个在计算机世界中进行数据抽象和数据处理的过程，与操作系统、数据库管理系统和硬件都有关系，同一种逻辑数据模型可以生成不同的物理数据模型。数据库管理系统提供了数据的物理独立性与可移植性，大部分物理数据模型的实现工作由系统自动完成，设计者只需要设计索引、聚集等特殊结构。类似于使用 Word 编辑文档并提交保存后，文档由系统自动存储在存储介质上。

1.4 E-R 模型

1.4.1 E-R 模型的组成要素

E-R 模型（Entity Relationship Model），也被称为实体 - 联系模型或 E-R 图，是一种

描述概念数据模型的工具。E-R 模型分别用实体、属性、联系描述现实世界中的对象、对象的属性、对象之间的联系，这三者被称为 E-R 模型的三要素。

E-R 模型以规范的图例描述现实世界。常用的图例规范有两种，如图 1-10 所示。在第一种图例规范中，将实体、属性和联系分别用矩形、椭圆形和菱形表示；实体及其属性之间、联系及其属性之间用实线段连接；实体和联系之间也用实线段连接，连线旁标注联系的映射基数（Mapping Cardinality）。映射基数表示一个实体通过一个联系所关联的实体值的数量。映射基数的值可以是“一”或“多”。在第二种图例规范中，实体及其属性用一个两行的矩形表示，第一行为实体名，第二行为属性名；联系用菱形表示，联系的属性用矩形表示，联系及其属性之间用虚线连接；实体与联系之间用实线段连接，连线旁标注联系的映射基数。

要素	图例规范1	图例规范2
实体	实体名	实体名 属性名
属性	属性名	
联系	联系名	联系名

图 1-10　E-R 模型的图例规范

假设某高校请你设计校园卡管理系统，你首先需要到该校不同部门去调研，了解校园卡管理涉及哪些人，哪些部门，他们分别有什么属性，会对校园卡进行什么操作。然后你需要进行数据抽象，把相关的人、物、事和概念按照共同特性进行归类，梳理各类对象的属性，以及对象与对象之间的联系。最后你需要调研和分析，结果是该高校拟实行一卡通管理，相关人员可以持校园卡在校内的食堂、超市、洗衣房和热水房等商户消费。该系统中校园卡和商户之间的消费关系可以描述为如图 1-11 和图 1-12 所示的 E-R 模型，两种描述形式是等价的，后文以第二种为例进行示例。其中，校园卡实体有卡号、密码、卡状态（分为正常使用、挂失和冻结三种状态，简称状态）与余额等四种属性；商户实体有编号、名称和地址等三种属性。一张卡可以在多个商户消费，一个商户可以接受多张校园卡消费，所以校园卡实体和商户实体之间是多对多的联系，消费时会产生消费日期和消费金额属性。

1. 实体

实体（Entity）是指现实世界中可区别于所有其他对象的一类“事物”或“对象”。例如，校园卡、商品、商户、消费行为等。实体可能是具象的，也可能是抽象的，如校园卡、商品、商户是具象的，而消费行为是抽象的。

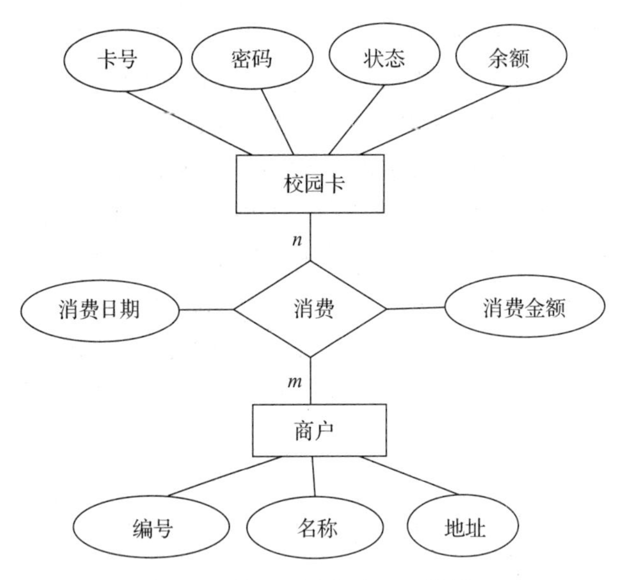

图 1-11　校园卡消费的 E-R 模型 1

同一类实体具有共性的属性，可以通过一组属性来表示一类实体，并与其他类实体区分开来。例如，校园卡可以用卡号、密码、状态、余额等属性来描述，而学生可以用学号、姓名、性别、学院等属性来描述。

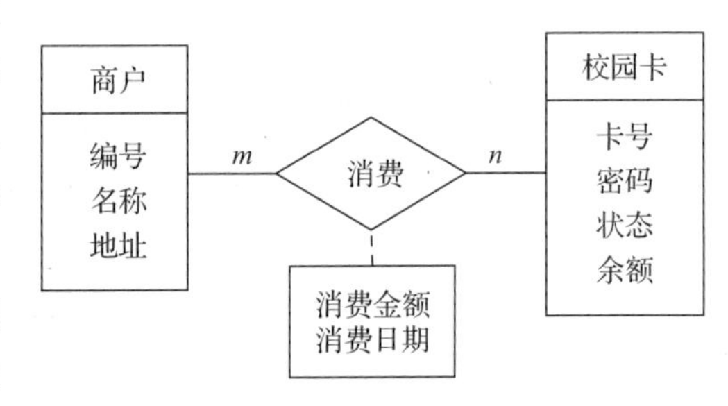

图 1-12　校园卡消费的 E-R 模型 2

实体有“型”和“值”的区别。实体型中的个体称为实体值（Entity Value），每个实体值的属性类型相同，但是可以取不同的属性值。例如，学生是实体型，张伟是学生、周萍是学生，他们是学生这个实体型的实体值，都可以用学号、姓名、性别、学院等属性来描述，只是不同个体的学号、姓名等属性的值是不同的，如表 1-1 所示。后文如不特别说明，实体指的是实体型。

表 1-1　学生实体型及实体值示例

学号	姓名	性别	学院
201901010001	张伟	男	管理学院
201901010002	周萍	女	管理学院
201901010003	孙琦	男	管理学院
……	……	……	……

同一个实体型内的若干个实体值的集合称为实体集（Entity Set）。实体集中每个实体值具有相同的属性。例如，张伟和他的同班同学构成了一个实体集。

2. 联系

放在同一个数据库系统中进行处理的实体往往存在联系，例如学生持有校园卡在商户消费，学生在教师的授课下完成课程的学习。在 E-R 模型中把实体之间会发生的关系称为联系（Relationship）。

（1）联系的度。

联系的度（Degree）是指参与联系的实体的数目。如果一个应用涉及两个实体及其联系，就建立一个二元联系，联系的度为 2。例如，学生和校园卡之间是二元联系。如果一个应用同时涉及三个实体，且通过二元联系无法准确描述三个实体间的联系时，就要建立一个三元联系，联系的度为 3。例如，超市中同一种商品有多个供应商，同一个供应商给多家超市供货且向同一家超市供应多种商品。供应商、商品和超市之间是三元联系。三元及以上的联系统称为多元联系。

（2）联系的属性。

实体一定有属性，某些情况下联系也有属性。例如，学生持卡在商户消费，产生的消费金额和消费日期既不是校园卡的属性，也不是商户的属性，而是消费行为发生后产生的"消费"联系的属性。

（3）二元联系的映射基数。

二元联系的映射基数有一对一、一对多、多对一、多对多等四种情况，A、B 实体二元联系的映射基数如表 1-2 所示，其中 1 表示"一"，*n* 或者 *m* 表示"多"。

表 1-2　二元联系的映射基数示例

映射基数	图例
一对一	A 1 1 B
一对多	A 1 *n* B
多对一	A *n* 1 B
多对多	A *n* *m* B

一对一（One-to-one）：A 中的一个实体值至多与 B 中的一个实体值关联，B 中的一个实体值也至多与 A 中的一个实体值关联，记为 1:1。例如，一个学生只能拥有一张校园卡，一张校园卡也只能由一个学生持有，学生与校园卡之间是一对一的联系，如图 1-13 所示。

一对多（One-to-many）：A 中的一个实体值可与 B 中任意数目（0 到多个）的实体值关联，B 中的一个实体值至多与 A 中的一个实体值关联，记为 1 : n。例如，一个部门中有若干名职工，每名职工只能在一个部门工作，则部门与职工之间是一对多的联系，如图 1-14 所示。

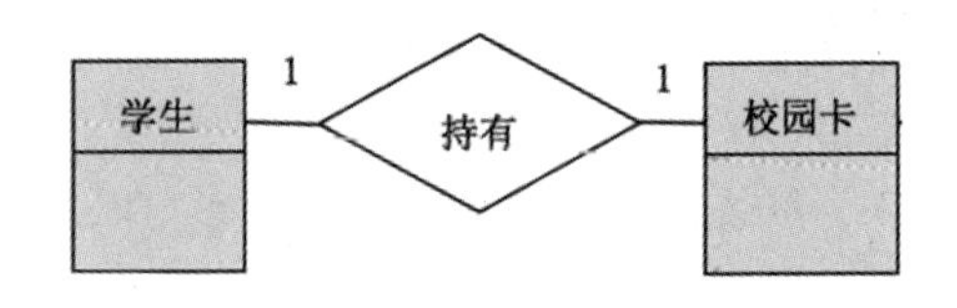

图 1-13　一对一联系示例

多对一（Many-to-one）：A 中的一个实体值至多与 B 中的一个实体值关联，B 中的一个实体值可与 A 中任意数目（0 到多个）的实体值关联，记为 n : 1。上例中，职工与部门之间是多对一的联系。

多对多（Many-to-many）：A 中的一个实体值可与 B 中任意数目（0 到多个）的实体值关联，B 中的一个实体值可与 A 中任意数目（0 到多个）的实体值关联，记为 m:n。例如，某高校的图书借阅制度是一个学生可以借阅多本图书，一本图书可以被多个学生借阅。学生与图书之间是多对多的联系，如图 1-15 所示。

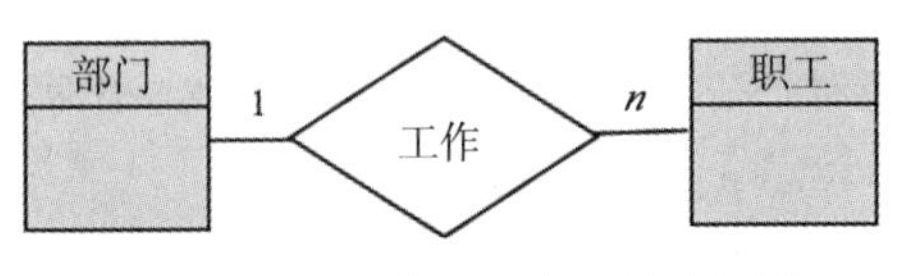

图 1-14　一对多 / 多对一联系示例

图 1-15　多对多联系示例

（4）多元联系的映射基数。

多元联系映射基数的确定方法是分别以一个实体作为中心，假设另外的实体都只有一个实体值，根据关联的中心实体的数量进行判断。例如，三元联系中，分别以一个实体作为中心，假设另两个实体都只有一个实体值。若中心实体只有一个实体值能与另两个实体的实体值进行关联，则中心实体的连通数为“一”；若中心实体有多于一个实体值能与另两个实体的实体值进行关联，则中心实体的连通数为“多”。三元联系的映射基数有以下四种情况：一对一对一、一对一对多、一对多对多、多对多对多，分别表示为 1 : 1 : 1、1 : 1 : n、1 : m : n、m : n : p。

假设 A 公司的技术员可能负责多个项目，而且一名技术员在每个项目中只使用一本手册，一名技术员在不同的项目中使用不同的手册，一个项目的每本手册只属于一名技术员。技术员、项目和手册之间是 1 : 1 : 1 的三元联系，如图 1-16 所示。

假设 B 公司中，每个员工在一个地点仅仅能被分配一个项目，但能够在不同地点做不同的项目。每个地点的一个项目能够由多个员工来做。项目、地点和员工之间的联系是 1 : 1 : n 的三元联系，如图 1-17 所示。

再如，C 公司中，一名经理手下的一名工程师可能参与多个项目。一名经理管理的一个项目可能会有多名工程师。一个项目的每名工程师仅由一名经理管理。经理、工程师和项目之间的联系是 1 : m : n 的三元联系，如图 1-18 所示。

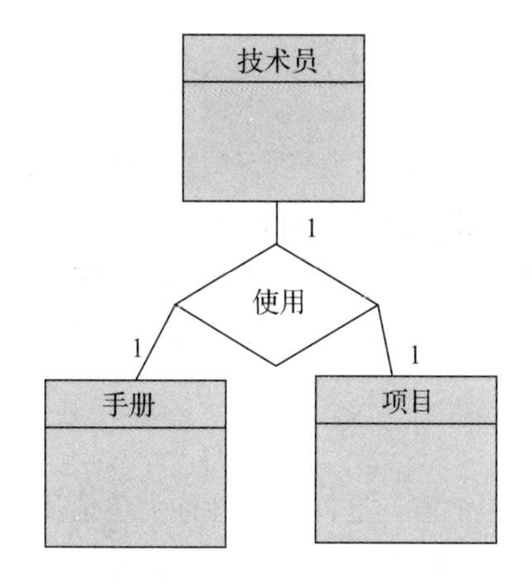

图 1-16　1：1：1 的三元联系示例

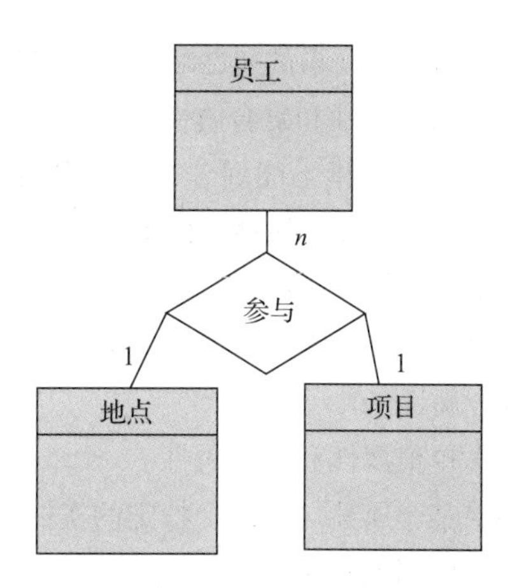

图 1-17　1：1：n 的三元联系示例

最后来看一个 m：n：p 联系的例子。D 公司中，一位店员可以向一位顾客销售多种商品，而一名店员也可以将一种商品销售给多位顾客，一位顾客可以从不同店员处购买同一种商品。店员、顾客和商品之间的联系是 m：n：p 的三元联系，如图 1-19 所示。

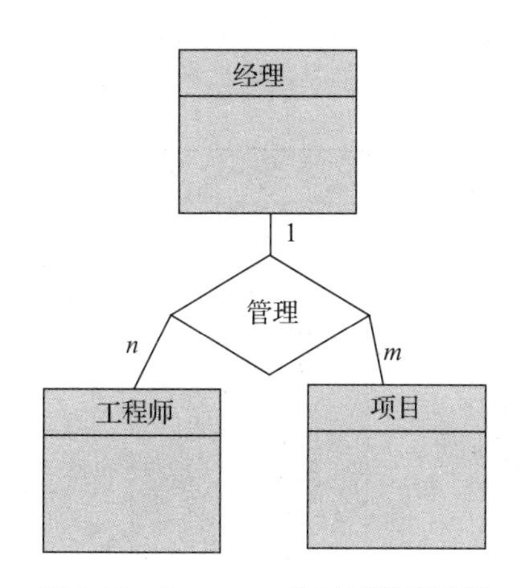

图 1-18　1：m：n 的三元联系示例

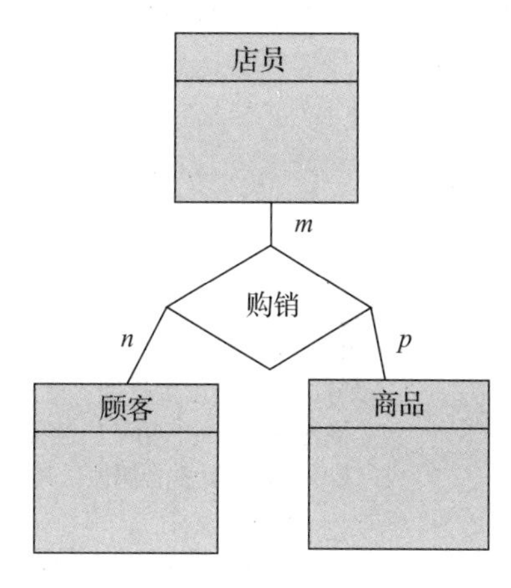

图 1-19　m：n：p 的三元联系示例

（5）自环联系及其表示。

自环联系是一类特殊的联系，是指同一个实体以不同角色多次参与一个联系。例如，每个班只有一名班长，班长管理本班的所有学生，而班长也是一名学生。该联系中学生实体以班长和普通学生两种角色参与管理与被管理的联系。发生自环联系时，有必要在菱形和矩形的连线上标注角色名，指明实体是如何参与联系的，如图 1-20 所示。

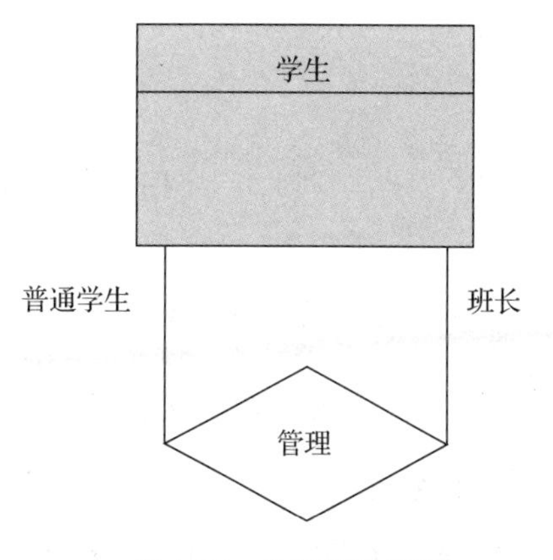

图 1-20　自环联系示例

3. 属性

E-R 模型中的属性除了按照描述对象的不同，分为实体的属性和联系的属性之外，还可以按照其他标准进行分类。

（1）简单属性和复合属性。

简单属性是指不能划分为更小部分的基本属性，反之称为复合属性。复合属性中的子属性也可以是复合属性。E-R 图中，复合属性用缩进式目录结构表示。例如，如图 1-21 所示的学生实体的属性中，学号、姓名、出生日期、学院都是不可再分的简单属性；通信地址是由省、市、区、街道组成的复合属性。其中，街道是由街道号、街道名和门牌号组成的复合属性。

（2）单值属性和多值属性。

如果某个属性对于一个特定的实体只有单独的一个值，这样的属性称为单值属性；反之称为多值属性。多值属性用 {} 表示。例如，绝大多数学生只有一个电话号码，但只要有学生有多个电话号码，则电话号码就是多值属性，如图 1-21 所示。

（3）派生属性。

派生属性是指可以从别的相关属性或实体派生出来的属性。派生属性用 ( ) 表示。为了减少冗余和数据不一致，数据库中不存储派生属性，仅在需要时通过相应的公式计算得到。例如，图 1-21 中，学生的年龄是可由其出生日期计算得到的派生属性，故建议删除该属性。

“学生”实体的属性：
学号、姓名、出生日期、学院都是简单属性；
复合属性通信地址，由子属性省、市、区、街道组成，其中街道也是复合属性，其子属性为街道号、街道名、门牌号；
电话号码是多值属性，由{电话号码}表示；
年龄是派生属性，由年龄()表示。

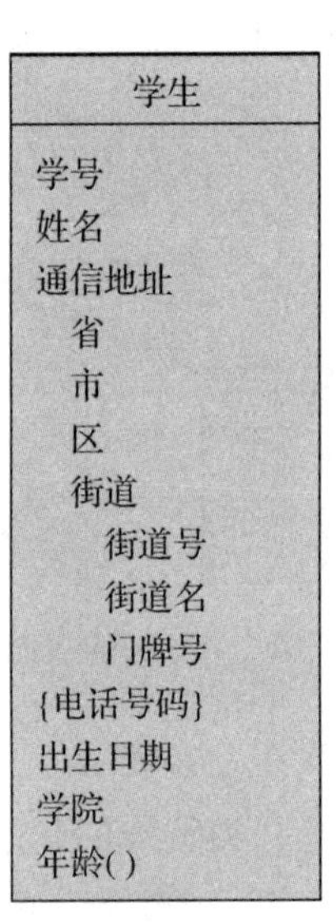

图 1-21　复合属性、多值属性、派生属性示例

1.4.2　数据抽象方法

常用的数据抽象方法有三种：分类、聚集和概括。

1. 分类

分类是指把现实世界中具有共性的个体抽象为一种实体型。例如，校园卡管理中，无论是张伟、周萍，还是其他个体都是学生，具有学号、姓名、性别、学院等共同属性，可以抽象为“学生”实体型，而张伟、周萍等个体为该实体型的实体值，和实体型之间是“is member of”的关系，如图 1-22 所示。

2. 聚集

聚集是将实体值之间的共性属性抽象为实体的属性，属性描述了实体的组成部分。属性和实体型之间是“ is part of”的关系。例如，学号、姓名、性别、学院等都可以抽象为“学生”实体的属性，如图 1-22 所示。

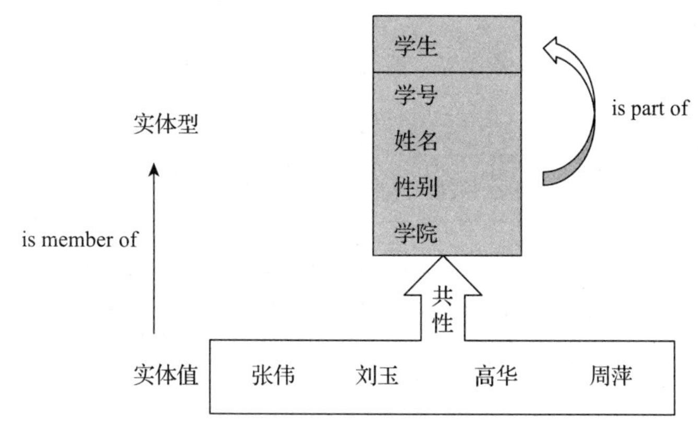

图 1-22 由实体值抽象得到实体型及其属性

3. 概括

如果实体之间存在子集联系，可以概括为子类和超类。子类和超类之间是“ is subset of”的关系，子类继承超类所有的联系和属性，从而简化实体的设计。

E-R 模型中分别用矩形和双竖边矩形表示超类和子类，用直线加小圆圈的形式表示超类 – 子类的关系。例如，研究生、本科生都是学生，都具有学生的基本属性，但是研究生有本科生没有的科研要求（研究方向）、本科生有研究生没有的军训和生产实习，研究方向，军训及生产实习分别是研究生和本科生的特有属性。如果抽象为学生、研究生、本科生三种实体型，一则实体型数量多，二则实体型之间存在较多的冗余属性。使用概括进行抽象后，把研究生、本科生抽象为学生的子类，继承学生超类的学号、姓名、性别、学院等基本属性，同时具有自己的特殊属性，如图 1-23 所示。

1.4.3 E-R 模型的设计流程

复杂的数据库系统一般按照自底向上的设计策略，分模块进行设计。E-R 模型的设计流程是先设计局部应用的局部 E-R 模型，然后把所有局部 E-R 模型合并为完整的数据库系统的全局 E-R 模型，最后把全局 E-R 模型优化为基本 E-R 模型，如图 1-24 所示。

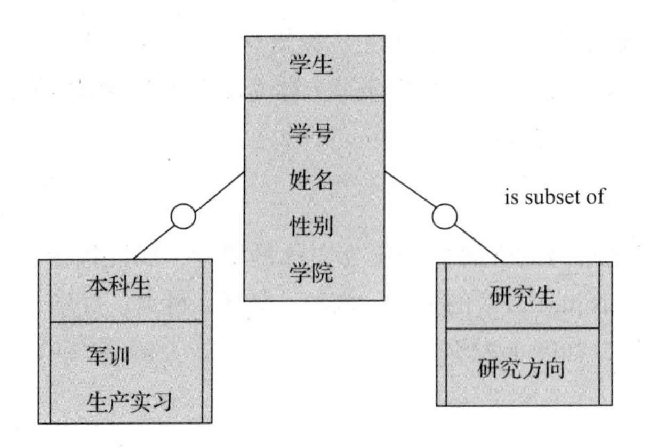

图 1-23　超类与子类示例

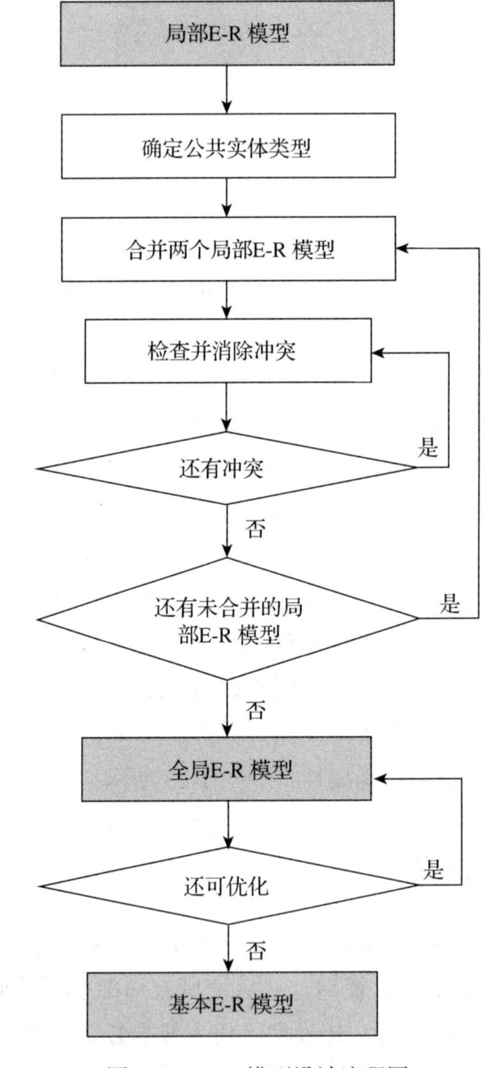

图 1-24　E-R 模型设计流程图

1. 局部 E-R 模型设计

局部 E-R 模型设计的工作内容是基于对局部应用的需求分析结果，运用分类、聚集、概括等数据抽象方法，把一个局部应用抽象为实体、属性、标识实体的关键属性，并确定实体之间的联系及联系的类型。

局部 E-R 模型设计的难点是把现实世界的对象抽象为实体还是属性。实体和属性是相对而言的，往往要根据实际情况进行必要的调整。基本的判断依据有三个。一是属性要足够简单，复合属性需要升级为实体，或直接被其子属性替代。二是简化 E-R 模型的处理，现实世界中的事物凡能够作为属性对待的，应尽量作为属性。如果一个实体只有一个属性，则应该降级为属性。三是属性是对实体组成部分的描述，是实体的一部分，不允许属性与其他实体发生联系。例如，校园卡对于商户的经营管理而言是属性，他们只关注校园卡的卡号。但对于学生而言，除了卡号，还有卡的密码、余额等属性需要关注，校园卡应该抽象为包含多个属性的实体。

例 1-1 如图 1-25a）所示，局部 E-R 模型中的工资是职工的属性，工资构成包含岗位工资、薪级工资、绩效工资和津贴补贴四部分。这种设计方法是否合适？

不合适。因为工资不仅是派生属性，而且是包括四个子项的复合属性。处理方法有两种：一是用岗位工资、薪级工资、绩效工资、津贴补贴替代工资属性，如图 1-25b）所示；二是把工资作为实体，如图 1-25c）所示。

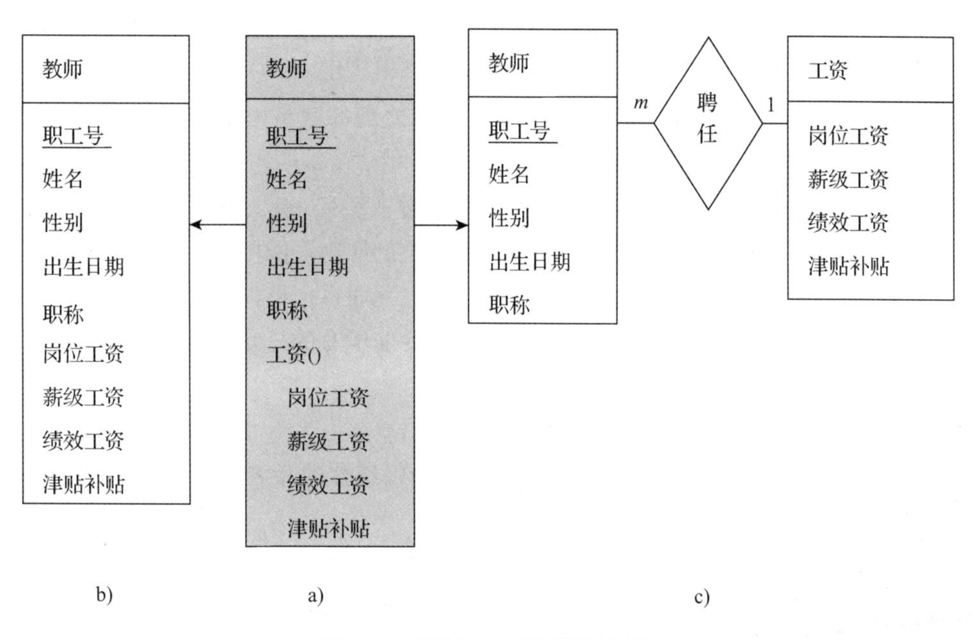

图 1-25 局部 E-R 模型设计示例

2. 全局 E-R 模型设计

将局部 E-R 模型合并为全局 E-R 模型，首先要识别各局部 E-R 模型中的公共实体，然后从公共实体开始进行两两合并，直到所有有关联的局部 E-R 模型合并为一个整体，最后加入独立的局部 E-R 模型后得到全局 E-R 模型。

对于较大的数据库系统，局部 E-R 模型很多，而且现实世界的同一个对象在不同的局部 E-R 模型中可能被给予了不同的抽象，将局部 E-R 模型合并为全局 E-R 模型时难免会出现冲突。检查并消除冲突是设计全局 E-R 模型的重要工作内容。常见的冲突有三种，分别是结构冲突、命名冲突和属性冲突。

（1）结构冲突。

结构冲突是指同一对象在不同应用中具有不同的抽象。

第一类结构冲突是同一对象在不同的局部应用中分别被抽象为实体和属性。调整的原则是能用属性表示的对象就不要用实体表示，但是当对象的属性难以用简单属性表示时，就要在整个系统范围内把该对象用实体表示。例如，校园卡在一个局部应用中作为属性，在另一个局部应用中可以是有多个属性的实体，则我们在合并局部 E-R 模型时应该把校园卡作为实体。

第二类结构冲突是同一对象在不同的局部 E-R 模型中都被抽象为实体，但是实体的属性并不完全相同或属性的排列次序并不完全相同。因为数据库要满足所有用户的数据处理需求，因此实体的属性应该取各局部 E-R 模型中该实体属性的并集，再按照由主到次的顺序调整属性的顺序。例如，校园卡在一个局部应用中有卡号、开卡日期、注销日期、密码、状态等属性，在另一个局部应用中有卡号、密码、余额等属性，两个局部 E-R 模型合并后，校园卡实体的属性是二者的并集：卡号、密码、余额、开卡日期、注销日期、状态。

第三类结构冲突是在不同的局部应用中，实体之间的联系类型不同。例如，在一个局部应用中校园卡与商户之间是二元联系，而在另一个局部应用中校园卡、商户、商品之间是三元联系。是二元联系合适，还是三元联系合适，没有一定之规，要根据应用语义具体分析，然后对实体之间的联系类型进行设计。调整的原则是能用二元联系表示就不要用三元联系表示。例如，校园卡、商户、商品之间的三元联系，可以调整为校园卡与商户之间的二元联系和商户与商品之间的二元联系。但是并非所有的三元联系都可以用多个二元联系来表示。

（2）命名冲突。

实体名、属性名、联系名都有可能冲突，其中以属性的命名冲突尤为常见。命名冲突分为同名异义和同义异名两种情况。

同名异义是指不同意义的对象在不同的局部应用中具有相同的名字，例如，在不用的局部应用中都将实体命名为“项目”，一个是指教师承担的科研课题，一个是指学生参加的大学生创新创业项目。二者的性质、研究内容、考核指标都是不一样的，是两种不同的实体，应该用不同的实体名加以区分。

同义异名是指同一对象在不同的局部应用中被定义了不同的名字。例如，同样是学生实体，在一个局部应用中被命名为“学生”，而在另一个局部应用中又被命名为“学员”，因此，在合并为全局 E-R 模型时需要统一。

（3）属性冲突。

属性冲突是指同一个属性的属性域冲突，或者属性取值单位冲突。

属性域包括属性的数据类型和取值范围。属性域冲突有可能是同一属性在不同的局部应用中被定义了不同的数据类型，或者同一属性在不同的局部应用中数据类型相同但是数据的取值范围不同。例如，校园卡的卡号在一个局部应用中被定义为整数类型，而在另一个局部应用中被定义为字符类型。又如，学号在两个局部应用中都被定义为字符类型，但是在一个局部应用中学号的长度为 12，在另一个局部应用中学号的长度为 10。

属性取值单位冲突也很常见。例如，商品的规格属性在一个局部应用中以箱为单位，在另一个局部应用中以瓶为单位。

3. 基本 E-R 模型设计

基本 E-R 模型设计是指在全局 E-R 模型的基础上，去掉冗余数据和冗余联系。冗余数据是指可由基本数据导出的数据。冗余联系是指可由其他联系导出的联系。冗余数据和冗余联系容易造成数据的不一致，增加数据库维护的难度。如果全局 E-R 模型中存在冗余数据和冗余联系，则需要对其进行优化。优化后的全局 E-R 模型被称为基本 E-R 模型。

例如，学生的平均分是由各科成绩加权平均后得到的数据，属于冗余数据。又如，发票的总金额是由发票中商品的单价和数量计算得到的数据，属于冗余数据。

例 1-2 如图 1-26 所示的 E-R 模型中是否存在冗余联系？如果存在，请你消除冗余联系。

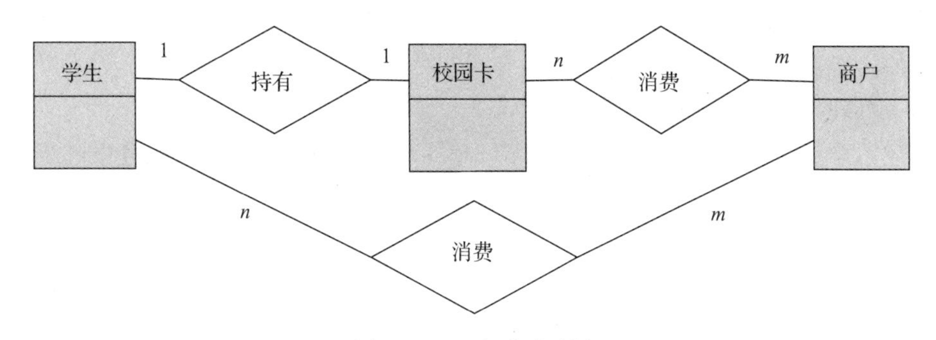

图 1-26 冗余联系示例

学生与商户之间的消费联系是一个冗余联系，因为该联系可以通过学生持有校园卡和刷卡在商户消费这两个联系推导出来。消除冗余联系后的 E-R 模型如图 1-27 所示。

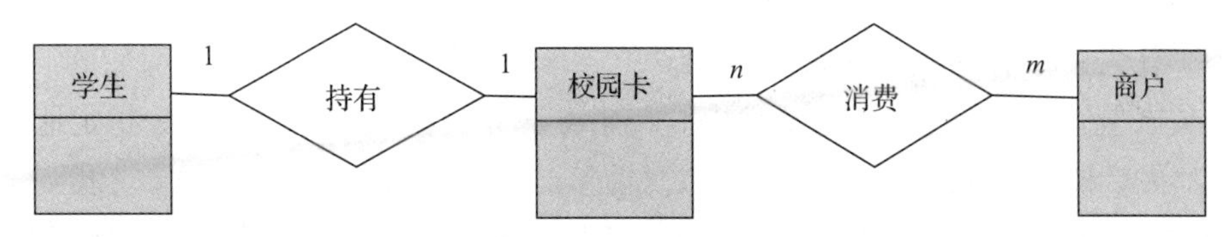

图 1-27 消除冗余联系后的 E-R 模型

基本 E-R 模型用尽可能少的实体、属性、联系，准确、全面地反映用户功能需求。但这并不意味着数据库中没有冗余，必要的冗余有时可以提高数据查询的效率。设计基本 E-R 模型时，哪些冗余信息要消除，哪些冗余信息允许存在，需要根据用户的整体需求来确定。

1.4.4 某高校校园卡管理 E-R 模型设计

某高校学生一直以来戏称自己为“有卡一族”：考试需要学生证，食堂消费需要饭卡，进出图书馆需要图书证，加上洗澡卡、洗衣卡、饮水卡、就诊卡，少了哪一张卡都不方便。为解决学生们的烦恼，提高学校信息管理水平，学校提出了“校园一张卡”信息化建设工程，其目标是将饭卡、图书证等卡合为一张校园卡，学生可通过校园卡完成校园内各种情况下的身份认证（如进出图书馆、在校医院挂号等），以及在图书馆、校医院、食堂、餐厅、超市等的小额消费业务，做到一张校园卡覆盖学生在校生活。假设让你来设计该校的校园卡管理数据库，你会怎么做？

统一的校园卡数据管理需要打破现有部门之间的壁垒，让各部门之间的数据库应用统一的数据标准。本书将以该高校的校园卡管理系统建设为背景，介绍数据库的分析与设计。

1. 系统需求分析

依据“校园一张卡”的目标，让每位学生最多持有一张校园卡，且持此卡可以在校内商户（超市、食堂、校医院、餐厅、校内循环车、自动售货机等）消费。校园卡管理系统涉及的功能主要包括以下几个。

（1）办理与注销校园卡。

新生入学后，可持学生证办理校园卡。学生毕业离校前由校园卡服务中心统一注销校园卡。

（2）交易结算。

校园卡账户不具备透支功能，必须先充值，后消费。基于校园卡账户的消费是联机实时交易，实时扣取账户余额，并在校园卡管理系统中产生相应的消费明细（包括消费金额、消费日期等信息）。当单次消费金额超过限额时（默认为 30 元），会要求学生本人输入密码才能完成消费。

（3）信息查询。

包括账户基本信息查询和消费信息统计等。

（4）挂失、冻结与解除挂失。

当校园卡丢失时，持卡人应及时持本人有效证件（身份证或学生证）去指定地点申请挂失。挂失后校园卡被冻结，在解除挂失之前不能使用。冻结的校园卡如果又找到了，可以通过解除挂失，恢复卡功能；如果需要办新卡，新卡沿用原卡的卡号，原卡的余额会转到新卡中。

2. 局部 E-R 模型设计

根据需求分析的结果，对现实世界进行数据抽象。校园卡管理系统有学生、校园卡、商户等实体。

（1）学生：学生的属性有学号、姓名、性别、学院等。

（2）校园卡：校园卡的属性有卡号、密码、余额、状态等。

（3）商户：食堂、超市、洗衣房、校医院、校内循环车等可以抽象为商户。商户的属性有编号、名称、地址等。

实体之间的联系如下。

（1）学生与校园卡之间是一对一的联系，局部 E-R 模型如图 1-28 所示。

（2）校园卡与商户之间是多对多的联系。刷卡时会生成消费日期、消费金额等属性，局部 E-R 模型如图 1-29 所示。

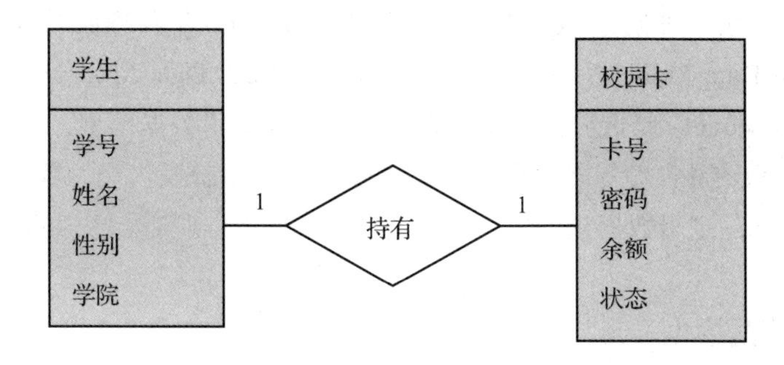

图 1-28 学生持有校园卡的局部 E-R 模型

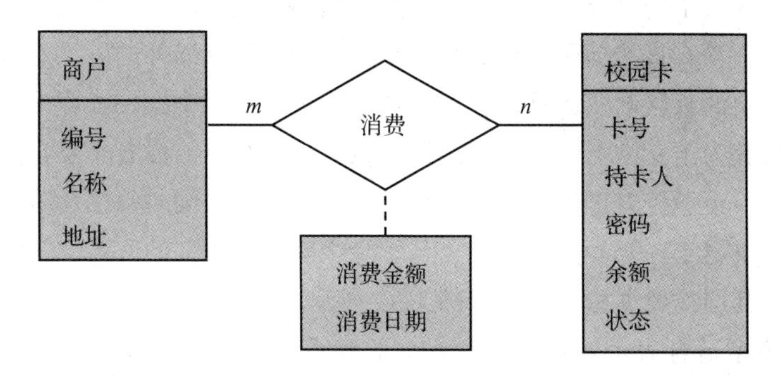

图 1-29 持卡消费的局部 E-R 模型

3. 全局 E-R 模型设计

合并两个局部 E-R 模型，并消除冲突。持卡消费的局部 E-R 模型中，校园卡实体的属性“持卡人”与学生实体的属性“学号”属于异名同义，在校园卡实体中属于冗余属性，合并后应该去掉。解决上述冲突之后，我们得到全局 E-R 模型，如图 1-30 所示。

该全局 E-R 模型中没有冗余数据和冗余联系，符合基本 E-R 模型的要求。

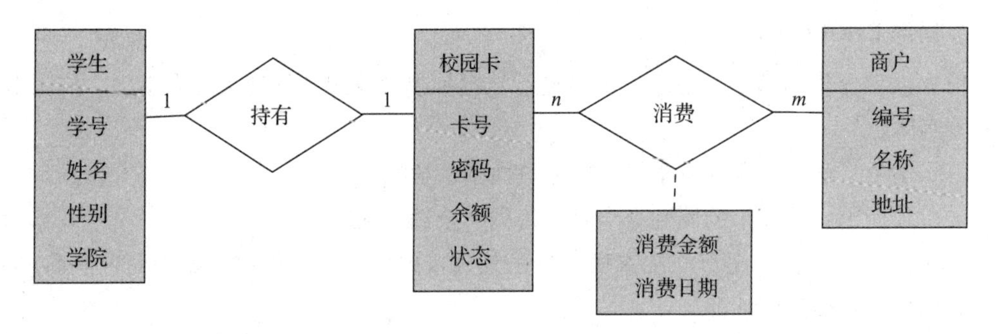

图 1-30　校园卡管理系统的全局 E-R 模型

1.5　逻辑数据模型的分类

逻辑数据模型是在概念数据模型的基础上对数据的第二层抽象。层次数据模型（Hierarchical Data Model）、网状数据模型（Network Data Model）、关系数据模型（Relational Data Model）是成熟的逻辑数据模型。其他逻辑数据模型，如键值模型、列族模型、文档模型和图形模型等逻辑数据模型处于快速发展阶段。概念数据模型中的实体、属性、联系在不同的逻辑数据模型中的处理方法是不同的。

1.5.1　层次数据模型

层次数据模型是用树结构定义实体及实体之间的联系的，是最早商业化应用的数据模型。层次数据模型中的结点代表数据，结点之间的连线代表不同数据之间的联系。顶层的结点只有后继，没有直接前驱，称其为根结点。除根结点以外的各结点有且只有一个唯一的位于其上一层的直接前驱，称其为双亲结点，可以有零个、一个或多个位于其下一层的直接后继，称其为子女结点。最下层的结点只有双亲结点，没有子女结点。例如，学校的院系设置中，一个学校有多个学院，一个学院有多个系，同时每个学院都只隶属于该学校，每个系也只隶属于一个学院，即学校与学院之间是一对多的联系，学院和系之间也是一对多的联系。其层次数据模型示例如图 1-31 所示。

层次数据模型适合表示一对一、一对多的联系。由于层次数据模型表示多对多联系时的表达能力有缺陷，需要引入冗余结点，所以后来被网状数据模型取代。

1.5.2　网状数据模型

网状数据模型是基于网状数据结构的一种逻辑数据模型。在网状数据模型中，允许有一个以上的无双亲结点，也允许一个结点可以有多于一个的双亲结点。这种多对多的联系破坏了双亲结点与子女结点之间的层次关系，因此在网状数据模型中需要为每个联系命名，并需要指出与该联系有关的结点。例如，学生持校园卡在商户消费，一张卡可以在多个商户消费，一个商户可以接受不同的校园卡，校园卡和商户之间是多对多的联系，该数据模型的网状数据模型示例如图 1-32 所示。

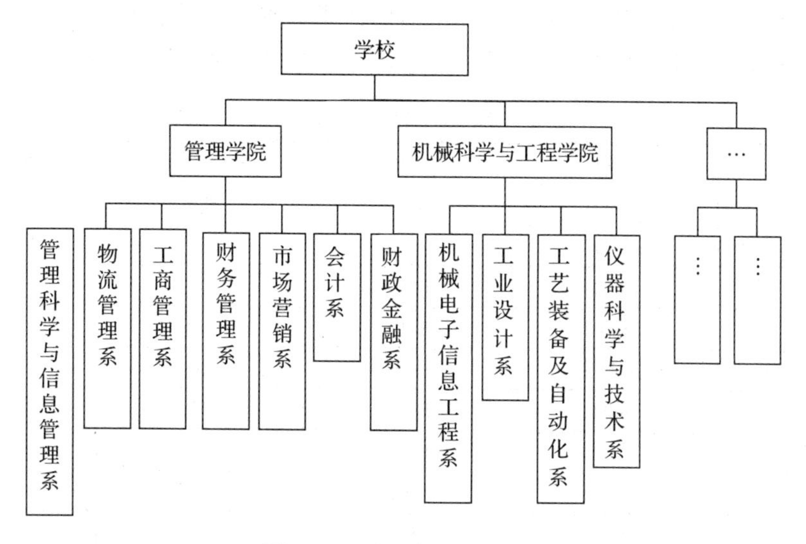

图 1-31 层次数据模型示例

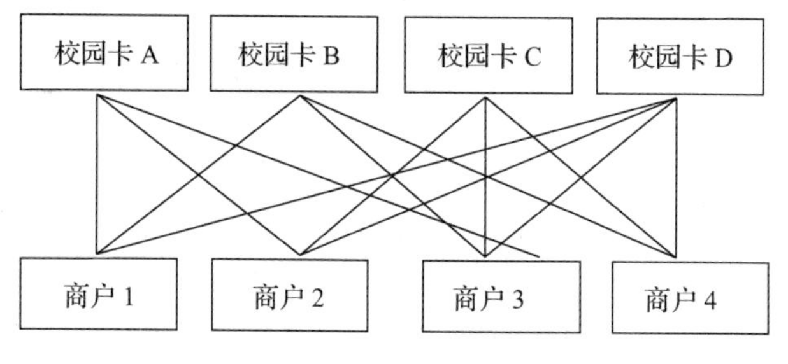

图 1-32 网状数据模型示例

网状数据模型可以表示一对一、一对多、多对多的联系，与层次数据模型相比具有更大的灵活性和更强的数据建模能力。但是网状数据结构的存储复杂性和数据处理的复杂性高，所以逐渐被关系数据模型取代。

1.5.3 关系数据模型

关系数据模型用二维表格作为数据结构，表示实体及实体之间的联系，并把二维表格命名为关系。例如，校园卡和商户之间的多对多联系可以表示为如表 1-3 所示的关系，关系名为“消费清单”，包含五个属性（列），分别是流水号、卡号、商户编号、消费金额、消费时间；属性的数据类型和长度依次是 auto_increment、CHAR (6)、CHAR (4)、DECIMAL(10, 2) 和 DATE ；记录了 10 笔消费。关系建立后先记录了第一笔消费，即关系的第一行表示 C00001 校园卡在 B001 商户进行了一笔消费；接着记录第二笔消费，即第二行表示 C00002 校园卡在 B002 商户进行了一笔消费；第三行表示 C00001 校园卡在

B002 商户进行了一笔消费。此时不难发现，C00001 校园卡在 B001、B002 商户都有过消费记录，即一个校园卡与多个商户发生联系。我们插入第四行，表示 C00002 校园卡在 B001 商户进行了一笔消费，这时一个商户对应多张校园卡的联系也表示出来了。可见，关系数据模型用简单的线性数据结构表示了校园卡与商户之间多对多的联系。

表 1-3　消费清单

流水号	卡号	商户编号	消费金额	消费时间
1	C00001	B001	3.5	2020/03/18
2	C00002	B002	5.8	2020/03/19
3	C00001	B002	21	2020/04/20
4	C00002	B001	16.5	2020/04/25
5	C00003	B003	36	2020/05/11
6	C00002	B003	45	2020/05/13
7	C00003	B001	8	2020/05/16
8	C00002	B002	28	2020/06/26
9	C00002	B001	4.5	2020/07/01
10	C00004	B001	6.8	2020/07/07

CHAPTER 2

第2章

关系型数据库

■ 学习目标

- 本章介绍关系数据模型的数据结构、数据完整性、数据操作的相关概念和常见的关系型数据库，并介绍MySQL及其图形化管理工具的安装与配置。

■ 开篇案例

1970年，IBM研究员埃德加·弗兰克·科德（Edgar Frank Codd）提出了关系模型的概念，由此奠定了关系模型的理论基础。他所发表的论文《大型共享数据库的关系数据模型》也被认为是数据库系统历史上具有划时代意义的里程碑。1981年这位“关系型数据库之父”获得了图灵奖。

科德建议将数据独立于硬件来存储，程序员使用一个非过程语言来访问数据并提出解决方案的关键，是将数据保存在由行和列组成的简单表中（在这种表中，相似数据的列将各个表相互联系起来），而不是保存在一个层次结构中。按照他的想法，数据库用户或应用程序不需要知道数据结构就可以查询该数据。发表了该论文之后不久，科德又发布了更为详细的指导原则，提出了其指导创建关系型数据库的12项原则。后来他还发表了关于数据的规范化、分析和数据建模等主题的文章。

在科德的理论公开后，拉里·埃里森（Larry Ellison）在1977年与艾德·奥茨（Ed Oates）和鲍勃·米勒（Bob Miner）一起研制了世界上第一个商用关系型数据库管理系统，在此过程中，他们创办了一个公司，后来成为了Oracle公司。

资料来源：文字根据网络资料整理得到。

2.1 关系

关系数据模型中，无论是实体还是实体间的联系均由单一的数据结构——关系来表示。在实际的关系型数据库中的关系也被称为表。一个关系型数据库就是由若干个表组成的。

关系的每一行对应一条记录，也称为元组；每一列对应一个属性。关系简记为

$$R(A_1, A_2, \cdots, A_n)$$

其中，R 是关系名，$A_1, A_2, \cdots, A_n$ 是属性名。

同一关系中的属性不能同名，且所有属性是不可再分的简单属性。每一个属性中各分量的数据类型相同，属性的取值范围称为域。属性之间的排列顺序可以是任意的。元组的顺序可以是任意的，但不允许两个元组完全相同。

能够唯一标识一个元组的属性或属性集称为关系的键（Key），又称码、关键字。键分为超键、候选键、主键、外键。

1. 超键

超键（Super Key）是一个或多个属性的集合，这些属性可以在一个关系中唯一地标识一个元组。如果 K 是一个超键，那么所有包含 K 的集合也是超键。

2. 候选键

超键的范围如果太广，其中某些属性对于标识元组是无用处的。候选键（Candidate Key）是指能够唯一标识一个元组的最小属性集，即候选键是没有多余属性的超键。候选键中的属性称为主属性（Prime Attribute），不包含在任何候选键中的属性称为非主属性（Non_prime Attribute）。

3. 主键

如果一个关系有多个候选键，则选定其中一个作为主键（Primary Key）。例如，对于关系 student(SID, name, gender, college) 而言，如果所有学生不重名，SID、name 都是该关系的候选键，也都是主属性，可以任选一个作为主键。包含 SID 或 name 的属性集都是超键。如果有学生重名，则 name 无法唯一标识一个元组，即根据 name 的值无法唯一确定一个学生，该关系的候选键和主键都是 SID。

4. 外键

设属性 F 是关系 R 的一个属性，但不是关系 R 的主键，并对应着关系 S 的主键 K，如图 2-1 所示。F 在 R 中的取值要参照关系 S 中 K 的取值，称关系 R 为参照关系（Referencing Relation）或从表。关系 S 为被参照关系（Referenced Relation）或主表，并称 F 是关系 R 的外键（Foreign Key）。关系 R 和 S 不一定是不同的关系，但是 K 与 F 的域相同。

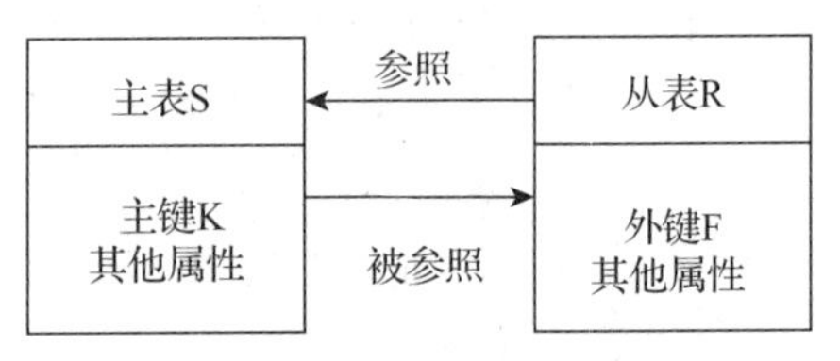

图 2-1 外键参照主表的主键

例如，关系 salebill（number, CID, BID, payamount, saledate）的主键是 number，CID 不是关系 salebill 的键，而是关系 card 的主键。因此关系 salebill 是从表，card 是主表，CID 是关系 salebill 的外键。我们只能使用有效的校园卡消费，salebill 中 CID 的取值只能是关系 card 中存在的 CID 值。

2.2　E-R 模型转换为关系数据模型

关系数据模型可由基本 E-R 模型转换得到。二者基本要素的对应关系如表 2-1 所示。

表 2-1　E-R 模型与关系数据模型的要素对照表

E-R 模型	关系数据模型
实体	关系、表
实体值	元组、行
联系	关系、表
属性	属性、列
属性值	元组分量、列值

2.2.1　具有简单属性的实体的表示

（1）设 E 为只具有 *n* 个简单属性的实体，则关系 E 表示这 *n* 个属性的集合。

（2）实体的主键为转换得到的关系的主键。

（3）关系中的一个元组对应一个实体值。

例 2-1　学生、校园卡、商户三个实体分别转换为一个关系，如图 2-2 所示。

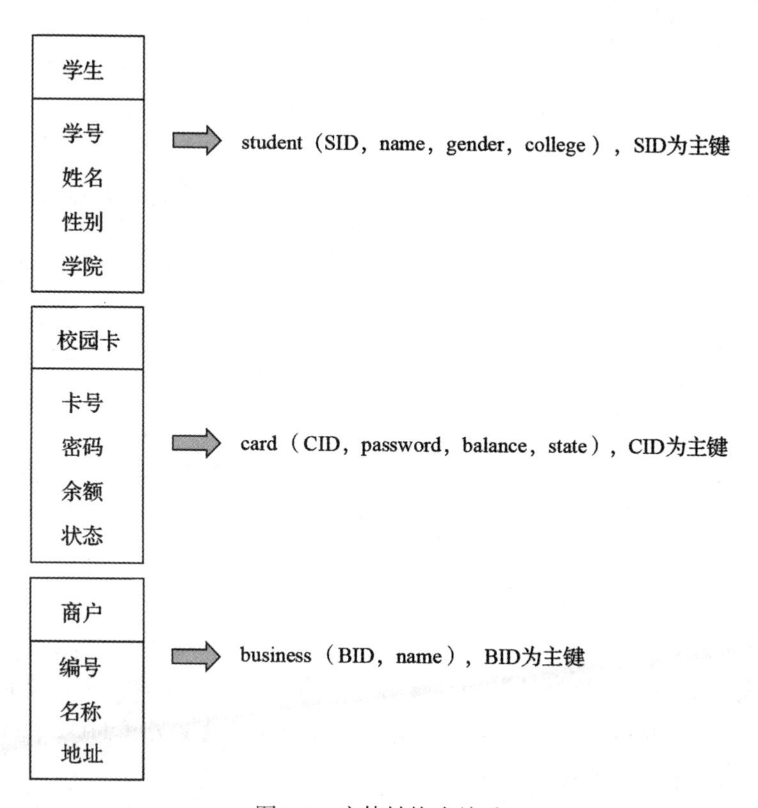

图 2-2　实体转换为关系

2.2.2 具有复杂属性的实体的表示

E-R 模型转换为关系数据模型的过程，可能会遇到 E-R 模型具有复合属性、多值属性、派生属性等不规范的设计。转换的时候要进行处理，保证关系数据模型中的属性都是简单属性。

1. 复合属性

如果实体具有复合属性，可以用子属性替代复合属性，也可以把复合属性升级为一个实体，用一个新的关系表示。

2. 多值属性

多值属性需要升级为一个新的关系。例如，对于实体的一个多值属性 M，构建关系 R，该关系由 M 及 M 所在的实体的主键构成。R 的主键是由其所有属性构成的全键。R 的外键是由 M 所在实体的主键生成的属性。

3. 派生属性

派生属性不在关系模式中显性表示，只在需要时通过计算得到。

例 2-2 将图 2-3 中的“教师”实体转换为关系。

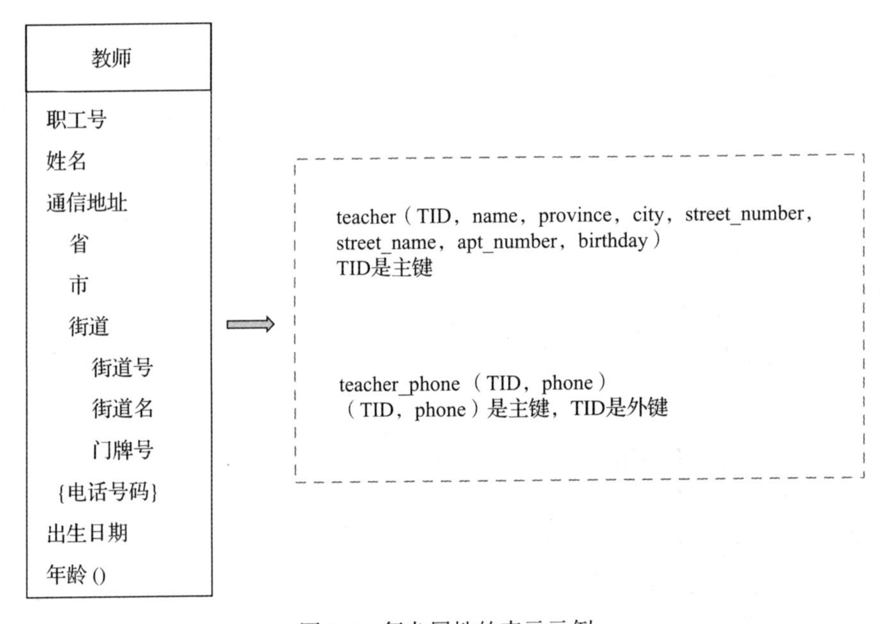

图 2-3 复杂属性的表示示例

其中，复合属性“通信地址”和“街道”需要用不可再分的子属性替代。多值属性“电话号码”需要构建一个关系 teacher_phone。该关系的主键是（TID，phone），外键是 TID。派生属性“年龄”不出现在关系中。

2.2.3　二元联系的表示

联系也用关系表示，关系的属性包括所有参与该联系的实体的主键及联系本身的描述性属性。

1. 1 : 1 联系的表示

1 : 1 联系的表示方法是把任意一端的主键及联系本身的属性与另一端对应的关系合并。

例 2-3　学生和校园卡是 1 : 1 联系，第一种转换方式是把 CID 作为外键并入关系 student，第二种转换方式是把 SID 作为外键并入关系 card，如图 2-4 所示。

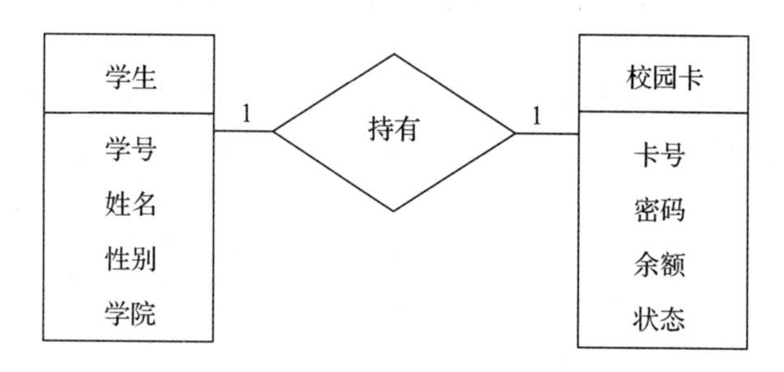

方式1：
student（SID，CID，name，gender，college）　SID是主键，CID是外键
card（CID，password，balance，state）　CID是主键

方式2：
student（SID，name，gender，college）　SID是主键
card（CID，SID，password，balance，state）　CID是主键，SID是外键

图 2-4　1 : 1 联系的表示示例

2. 1 : *n* 联系或 *n* : 1 联系的表示

1 : *n* 联系或 *n* : 1 联系的表示方法是把“1”端的关键字及联系的属性与“*n*”端对应的关系合并。合并后的关系的键是“*n*”端实体的键。

例 2-4　如果每名学生有一位毕业论文指导教师，一位教师可以指导多名学生完成毕业论文。教师和学生之间是 1 : *n* 联系，把教师实体的主键与学生实体对应的关系合并，合并后的关系 student 中 SID 为主键，TID 为外键，如图 2-5 所示。

3. *m* : *n* 联系的表示

m : *n* 联系必须转换为一个新的关系，否则会导致数据冗余。新关系的属性包括与该联系相关的各实体的键，以及联系的属性。各实体主键的集合构成了该关系的主键，各主键对应的属性是该关系的外键。

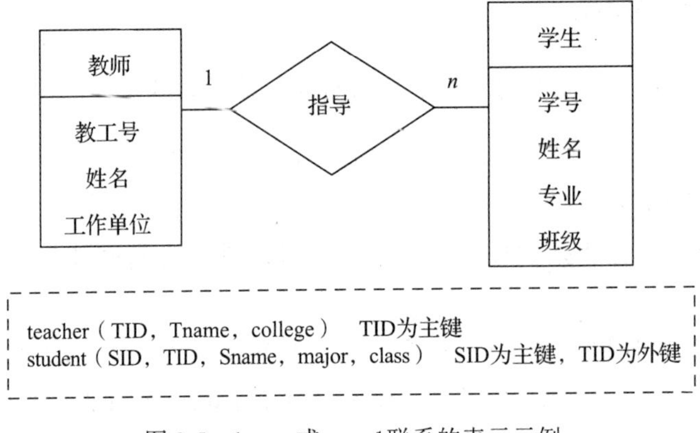

图 2-5　1 : *n* 或 *n* : 1联系的表示示例

例 2-5　商户与校园卡之间是 *m* : *n* 联系。该联系表示为消费清单（卡号，编号，消费金额，消费日期），有两个外键卡号、商户编号，如图 2-6 所示。

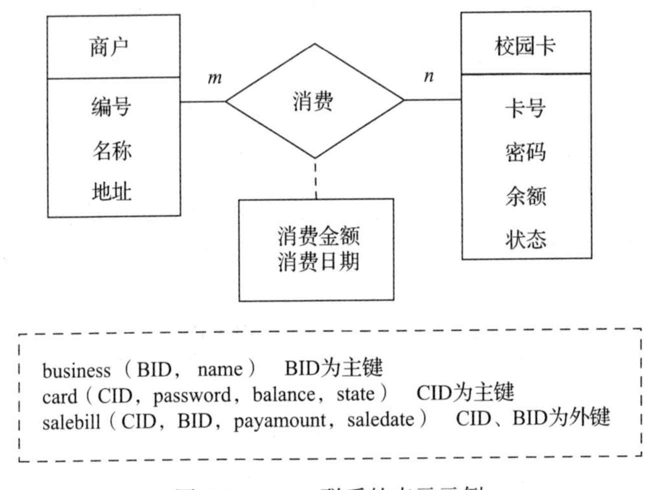

图 2-6　*m* : *n* 联系的表示示例

salebill（CID，BID，payamount，saledate）的主键是什么？

一张校园卡可以在多家商户消费，所以 CID 不能唯一标识一个元组。一个商户可以接受多张校园卡消费，所以 BID 也不能唯一标识一个元组。同一张校园卡可以在同一家商户多次消费，所以（CID，BID）也不能唯一标识一个元组。

（BID, saledate）是主键吗？一个商户一天可以接受多张校园卡的消费，可见（BID, saledate）不能唯一标识一个元组。

（CID，saledate）是主键吗？一张校园卡在同一天可以多次消费，（CID，saledate）有可能对应多个消费记录，不能唯一标识一个元组。

（CID，BID，saledate）是主键吗？依然不是，因为同一张校园卡同一天可能在同一个商户多次消费，表中可能有多个元组的这三个属性组合的值是一样的。

同理，（CID，BID，payamount，saledate）也不能唯一标识一个元组，因为同一张校园卡同一天在同一个商户的多次消费的金额可能相同。

为了能够标识每一笔消费，需要为每一笔消费生成一个流水号，一个流水号只对应一笔消费，一笔消费只有一个流水号。流水号是消费清单的主键。

综上，校园卡管理系统中的 E-R 模型可转换为以下四个关系，如图 2-7 所示。其中，“🔑”标示主键，“—<”标示外键。

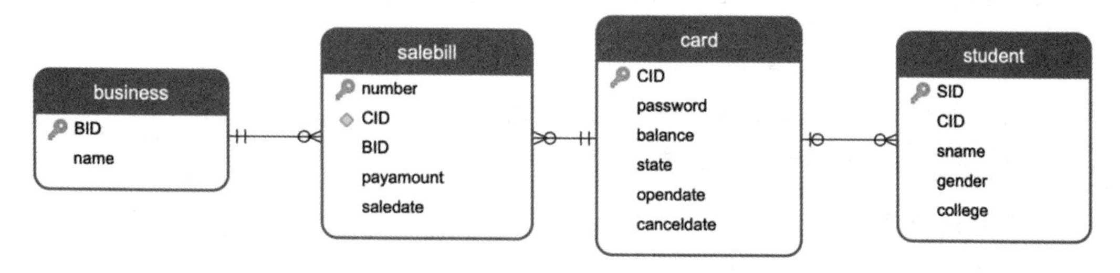

图 2-7　校园卡管理系统的关系

2.2.4　多元联系的表示

多元联系的转换方法与二元联系转化方法相同，具体表述如下。

（1）1：1：1 联系可以把任意两个实体的键，以及联系的属性放在第三个实体的关系中。

（2）1：1：n 联系可以把两个 1 端实体的键，以及联系的属性放在 n 端实体的关系中。

（3）1：m：n 联系转换成由 m 端和 n 端实体的键，以及联系的属性构成的新关系，新关系的键为 m 端和 n 端实体的键的组合。

（4）m：n：p 联系转换成由三端实体的键，以及联系的属性构成的新关系，新关系的键为三个实体的键的组合。

2.3　关系完整性约束

数据库通过完整性约束保证数据的相容性和正确性。一是数据库中的数据与现实世界中的应用需求的相容性和正确性；二是数据库中数据之间的相容性和正确性。关系数据模型支持三类数据完整性：实体完整性、参照完整性和用户定义完整性。其中，实体完整性和参照完整性是关系数据模型必须满足的完整性约束条件，由数据库管理系统自动支持；而用户定义完整性是应用领域需要遵循的约束条件，由关系型数据库管理系统或工具提供编写手段，关系型数据库管理系统的完整性检查机制负责检查。

2.3.1　实体完整性

关系中的每一个行要能够被识别，且不允许存在完全相同的两行。例如，在关系

card（CID，password，balance）中，如果某一行的卡号 CID 为空值，则无法识别这一行记录的是哪一张校园卡的信息，存入数据库后也是没有意义的“垃圾数据”；又如，在关系 card（CID，password，balance）中，两行具有相同的 CID 值，则意味着同一张校园卡的信息保存了两次，冗余数据会带来数据不一致。

因此，有必要要求关系的主属性非空且唯一，这就是实体完整性的含义。实体完整性是对关系数据模型的基本要求。实体完整性主要通过主键约束和候选键约束实现。

1. 主键约束

每个表只能有一个主键，构成主键的每一列值不能为空值，且主键必须能够唯一标识表中每一行，表中任意两行在主键上不能具有相同的值。

2. 候选键约束

候选键与主键一样，必须非空值且唯一。

2.3.2 参照完整性

参照完整性定义了外键与主键之间的引用规则。设 F 是关系 R 的外键，并对应关系 S 的主键 K，则 F 在关系 R 中的取值要么是空值，要么等于关系 S 中某个元组的主键值。关系 R 和关系 S 可以是不同的关系，也可以是同一个关系。例如，关系 card 和关系 student 中都有属性 CID，其中 card 中的 CID 是主键；student 中的 CID 是外键，要遵守参照完整性约束，即某个学生要么没有校园卡，要么持有的校园卡是有效的校园卡。因此，student 中的 CID 要么取空值，表示某个人还没有办理校园卡；要么等于 card 中某个元组的 CID 的值，表示某个人拥有一张有效的校园卡。

参照完整性属于表间规则，一旦定义后将由数据库管理系统自动维护。主表的插入操作不需要检查参照完整性；从表中插入元组时，系统自动检查新元组中外键的取值是否为空值（假定该外键允许取空值）或者等于主表中已经存在的某个主键值，从而保证从表数据的相容性和正确性。主表或从表更新或删除元组时，系统都自动检查参照完整性。更新或删除主表中主键的某个值时，如果该值有外键参照，可以拒绝主表的更新或删除操作，因为如果从表中外键的值未做相应更新或删除，会导致从表中对应的元组成为没有意义的孤立的数据。也可以进行级联式更新或删除，即同步更新或删除从表中对应元组的值；还可以将从表中相应行在外键上的取值改为空值后，再执行主表的更新或删除操作。

在定义参照完整性的同时可以选择处理方式，然后由数据库系统自动处理。

2.3.3 用户定义完整性

实体完整性和参照完整性是数据库必须满足的完整性约束。如果用户对数据有一些特殊的语义要求，可以通过用户定义完整性的方式进行定义。例如校园卡的余额要大于等于零、学生的姓名要非空值等。

2.4　关系代数

关系数据操作建立在集合运算的基础上，操作的对象和结果都是集合。描述关系数据操作的语言称为关系数据语言。在关系数据库的发展历程中，关系代数、关系演算、结构化查询语言（Structured Query Language，SQL）都是具有代表性的关系数据语言。

关系代数最早由 E.F.Codd 于 1972 年提出，其运算的对象和运算的结果都是关系。关系演算则以更微观的元组变量或者域变量作为基本运算对象。结构化查询语言于 1974 年由 Boyce 和 Chamberlin 提出，并在 IBM 公司研制的关系型数据库管理系统原型 System R 上实现。与关系代数、关系演算相比，SQL 使用方便、功能丰富、语言简洁、容易掌握，这些优点使 SQL 后来居上，很快 SQL 就成为了应用最广的关系数据语言。SQL 语句的综合性高，而关系代数中的语句功能单一。因此，关系代数中的语句可以看作 SQL 语句的分解动作，对于初学者而言，学习关系代数将有助于加深对 SQL 的理解。本章将简单介绍关系代数的基本概念和相关操作，为后面章节学习 SQL 做铺垫。

关系代数的集合运算分为传统的集合运算和专门的关系运算两种类型。

2.4.1　传统的集合运算

传统的集合运算包括并、交、差、广义笛卡儿积 4 种运算。

1. 并（∪）

设关系 **R** 和关系 **S** 都有 n 个属性，且相应的属性取自同一个域。对关系 **R** 与关系 **S** 进行并（Union）操作，结果仍是一个具有 n 个属性的关系。该关系由关系 **R** 和关系 **S** 中的所有元组组成，相同的元组只保存一次，可记作：

$$\mathbf{R} \cup \mathbf{S} \equiv \{t \mid t \in \mathbf{R} \vee t \in \mathbf{S}\}$$

例 2-6　如表 2-2 所示的关系 **R** 中有两个元组，如表 2-3 所示的关系 **S** 中也有两个元组。**R** ∪ **S** 的结果如表 2-4 所示。

表 2-2　关系 R

SID	CID	name	gender	college
201901010001	C00001	张伟	男	管理学院
201901010002	C00002	周萍	女	管理学院

表 2-3　关系 S

SID	CID	name	gender	college
201901010001	C00001	张伟	男	管理学院
201901010003	C00003	孙琦	男	管理学院

表 2-4 R ∪ S

SID	CID	name	gender	college
201901010001	C00001	张伟	男	管理学院
201901010002	C00002	周萍	女	管理学院
201901010003	C00003	孙琦	男	管理学院

注意，两个关系中有关张伟的相同元组在结果中只出现一次。

2. 交（∩）

设关系 **R** 和关系 **S** 都有 n 个属性，且相应的属性取自同一个域。对关系 **R** 与关系 **S** 进行交（Intersection）操作，结果仍是一个有 n 个属性的关系。该关系由既属于关系 **R** 又属于关系 **S** 的所有元组组成，可记作：

$$\mathbf{R} \cap \mathbf{S} \equiv \{t \mid t \in \mathbf{R} \wedge t \in \mathbf{S}\}$$

例 2-7 表 2-2 的关系 **R** 和表 2-3 的关系 **S** 的交集 **R** ∩ **S** 如表 2-5 所示。

表 2-5 R ∩ S

SID	CID	name	gender	college
201901010001	C00001	张伟	男	管理学院

结果中只有一个关于张伟的元组，因为只有它出现在两个关系中。

3. 差（–）

设关系 **R** 和关系 **S** 都有 n 个属性，且相应的属性取自同一个域。对关系 **R** 与关系 **S** 进行差（difference）操作，结果仍是一个有 n 个属性的关系。该关系由属于关系 **R** 且不属于关系 **S** 的所有元组组成，可记作：

$$\mathbf{R}-\mathbf{S} \equiv \{t \mid t \in \mathbf{R} \wedge t \notin \mathbf{S}\}$$

例 2-8 表 2-2 的关系 **R** 和表 2-3 的关系 **S** 中，只有周萍元组在关系 **R** 中且不在关系 **S** 中，**R**–**S** 如表 2-6 所示。

表 2-6 R–S

SID	CID	name	gender	college
201901010002	C00002	周萍	女	管理学院

4. 广义笛卡儿积（×）

设关系 **R** 有 n 个属性，关系 **S** 有 m 个属性，关系 **R** 和关系 **S** 的广义笛卡儿积是一个有（$n+m$）个属性的关系。该关系的元组由关系 **R** 的元组和关系 **S** 的元组两两组合而成，元组的个数为关系 **R** 和关系 **S** 元组个数的乘积，可记作：

$$\mathbf{R} \times \mathbf{S} \equiv \{(t_r, t_s) \mid t_r \in \mathbf{R} \wedge t_s \in \mathbf{S}\}$$

其中，t_r 表示关系 **R** 的一个元组，t_s 表示关系 **S** 的一个元组，（t_r, t_s）表示由关系 **R** 的

一个元组 t_r 和关系 **S** 的一个元组 t_s 前后有序拼接构成广义笛卡尔积 **R** × **S** 的一个元组。

例 2-9　设关系 student 和 business 如表 2-7 和表 2-8 所示，其中关系 student 有 5 个属性、2 个元组，而关系 business 有 2 个属性、3 个元组，则关系 student × business 有 7 个属性，6 个元组，如表 2-9 所示。

表 2-7　关系 student

SID	CID	name	gender	college
201901010001	C00001	张伟	男	管理学院
201901010002	C00002	周萍	女	管理学院

表 2-8　关系 business

BID	name
0001	第一食堂
0002	第二食堂
0003	百景园餐厅

表 2-9　关系 student × business

SID	CID	student.name	gender	college	BID	business.name
201901010001	C00001	张伟	男	管理学院	0001	第一食堂
201901010001	C00001	张伟	男	管理学院	0002	第二食堂
201901010001	C00001	张伟	男	管理学院	0003	百景园餐厅
201901010002	C00002	周萍	女	管理学院	0001	第一食堂
201901010002	C00002	周萍	女	管理学院	0002	第二食堂
201901010002	C00002	周萍	女	管理学院	0003	百景园餐厅

2.4.2　专门的关系运算

专门的关系运算包括投影、选择、连接和除 4 种运算。

设关系 **R** 和关系 **S** 都有 n 个属性，且相应的属性取自同一个域。

1. 投影（Π）。

投影（Projection）是根据某些条件对关系进行垂直分割，产生一个只有部分属性的新关系，新关系中的属性可以重新安排顺序。投影运算可记作：

$$\Pi_{A_1, A_2, \cdots, A_n}(\mathbf{R})$$

其中，$A_1, A_2, \cdots, A_n$ 是对关系 **R** 进行投影运算后保留在新关系中的属性。

例 2-10　关系 card 的元组如表 2-10 所示。

表 2-10 card 的元组

CID	password	balance	state
C00001	666456	158	0
C00002	698754	256	1
C00003	259815	500	0

如果仅需要查询关系 card 中 CID 和 balance 两个属性的信息，可进行 $\Pi_{CID,\ balance}$（card）运算，然后将关系 card 投影到 CID 和 balance 属性上，结果如表 2-11 所示。

表 2-11 $\Pi_{CID,\ balance}$（card）的结果

CID	balance
C00001	158
C00002	256
C00003	500

2. 选择（σ）。

选择（Selection）是根据条件对关系做水平分割，产生一个仅由符合条件的元组构成的新关系。选择运算可记作：

$$\sigma_F(\mathbf{R})$$

其中，F 表示选择条件。

例 2-11 查询如表 2-10 所示的关系 card 中余额不少于 300 元的校园卡信息。

第一个元组、第二个元组使选择条件 balance≥300 为假，第三个元组使选择条件 balance≥300 为真，所以第三个元组在结果中出现。关系 card 中只有满足选择条件 balance≥300 的元组被选取，如表 2-12 所示。

表 2-12 $\sigma_{balance \geqslant 300}$ (card) 的结果

CID	password	balance	state
C00003	259815	500	0

例 2-12 查询表 2-10 关系 card 中可以正常使用且余额小于 300 元的所有校园卡的卡号。

该项查询是对同时满足两个条件的复合查询、投影的综合应用。查询结果如表 2-13 所示。

表 2-13 $\Pi_{CID}(\sigma_{balance < 300\ AND\ state = '0'}(card))$ 的结果

CID
C00001

3. 连接（⋈）。

连接（Join）是从两个关系的笛卡儿乘积中选取属性间满足特定条件的元组，可记作：

$$\mathbf{R} \bowtie_{F} \mathbf{S}$$

其中，F 表示连接条件。如果连接条件中使用“＝”作为连接运算符，将从两个关系的笛卡儿乘积中选取公共属性的取值相等的元组构成新的关系，则该连接运算称为等值连接（Equal Join），可记为

$$\mathbf{R} \bowtie_{A=B} \mathbf{S}$$

例 2-13　关系 student 和 card 的元组如表 2-14 和表 2-15 所示。

$\Pi_{\text{name, CID}}$ (student) $\bowtie_{\text{student.CID = card.CID}}$ $\Pi_{\text{CID, balance}}$ (card) 的结果如表 2-16 所示。

表 2-14　关系 student 的元组

SID	CID	name	gender	college
201901010001	C00001	张伟	男	管理学院
201901010002	C00002	周萍	女	管理学院

表 2-15　关系 card 的元组

CID	password	balance	state
C00001	666456	158	0
C00002	698754	256	1
C00003	259815	500	0

表 2-16　$\Pi_{\text{name, CID}}$ (student) $\bowtie_{\text{student.CID = card.CID}}$ $\Pi_{\text{CID, balance}}$ (card) 的结果

name	student.CID	card.CID	balance
张伟	C00001	C00001	158
周萍	C00002	000002	256

student 和 card 的公共属性是 CID，在等值连接的结果中重复出现而且取值相同，应该进行优化。

自然连接（Natural Join）是一种特殊的等值连接，会去掉等值连接中重复的属性，在语法格式中省略等值连接条件，可记为

$$\mathbf{R} \bowtie \mathbf{S}$$

在 $\Pi_{\text{name, CID}}$(student) $\bowtie$ $\Pi_{\text{CID, balance}}$ (card) 的结果中，公共属性 CID 只保留了一个，如表 2-17 所示。

表 2-17　$\Pi_{\text{name, CID}}$ (student) $\bowtie$ $\Pi_{\text{CID, balance}}$ (card) 的结果

name	student.CID	balance
张伟	C00001	158
周萍	C00002	256

4. 除（÷）。

设关系 **R** 和 **S** 具有公共属性（或属性组），公共属性（或属性组）用 **Y** 表示，独有的

非公共属性（或属性组）分别用 **X** 和 **Z** 表示，则两个关系可以表示为 **R(X，Y)** 和 **S（Y，Z）**。公共属性 **Y** 可以有不同的属性名，但必须具有相同的域。**R** 与 **S** 的除（division）运算可得到一个新的关系，该关系只有 **X** 属性，由 **R** 中满足下列条件的元组在 **X** 上的投影构成：关系 **R** 中的元组在 **X** 上分量值 x 的象集 $\mathbf{Y}_x$ 包含 **S** 在 **Y** 上投影的集合，可记作：

$$\mathbf{R} \div \mathbf{S}=\{t_r[\mathbf{X}] \mid t_r \in \mathbf{R} \wedge \Pi_Y(\mathbf{S}) \subseteq \mathbf{Y}_x\}$$

其中，$\mathbf{Y}_x$ 为 x 在 **R** 中的象集，$x = t_r[\mathbf{X}]$。

例 2-14 查询至少在第一食堂、百景园餐厅都消费过的校园卡卡号。

该查询要用到关系 salebill 和 business（如表 2-18 和表 2-19 所示），并且要用到关系代数的除运算。

表 2-18 salebill

CID	BID	payamount	saledate
C00001	B001	3.5	2020/07/7
C00002	B002	5.8	2020/07/1
C00003	B003	36	2020/06/26
C00002	B001	16.5	2020/05/16
C00001	B002	21	2020/05/13
C00002	B003	45	2020/05/11
C00003	B001	8	2020/04/25
C00002	B002	28	2020/04/20
C00002	B001	4.5	2020/03/19
C00004	B001	6.8	2020/03/18

表 2-19 business

BID	name
0001	第一食堂
0002	第二食堂
0003	百景园餐厅

先建立一个关系 S，包含要查询的商户编号 BID，运算结果如表 2-20 所示。

以此表为除数，求解满足条件的卡号，查询结果如表 2-21 所示。

表 2-20 $\Pi_{BID}(\sigma_{name='第一食堂' OR\ name='百景园餐厅'}$(business)) 的结果

BID
B001
B003

表 2-21 $\Pi_{CID,BID}$(salebill) ÷ $\Pi_{BID}(\sigma_{name='第一食堂' OR\ name='百景园餐厅'}$(business)) 的结果

CID
C00002
C00003

结果为什么是 C00002、C00003 呢？关系 salebill 中不同的 CID 在 BID 上的象集如表 2-22 所示。

表 2-22　salebill 中不同的 CID 在 BID 上的象集

CID	在 BID 上的象集	是否包含 { B001，B003 }
C00001	B001，B002	否
C00002	B001，B002，B003	是
C00003	B001，B003	是
C00004	B001	否

其中，校园卡 C00002、C00003 在 BID 上的象集包含 { B001，B003 }；其他 CID 在 BID 上的象集都不包含 { B001，B003 }。所以满足查询条件的是校园卡 C00002、C00003。

2.5　常见的关系型数据库管理系统

关系型数据库是指采用关系数据模型来组织数据的数据库。关系型数据库严格依赖于关系数据模型，能够将现实世界中复杂的数据结构抽象为简单的关系。在关系型数据库中，数据是以行和列的形式形成二维表。一个关系型数据库的本质就是由多张二维表所组成的数据组织。当前主流的关系型数据库管理系统有 Oracle、MySQL、SQL Server、IBM DB2 等。

2.5.1　Oracle

Oracle 数据库是甲骨文公司开发的一款关系型数据库管理系统（Relational Database Management System, RDBM），在当时还是以层次数据模型和网状数据模型为主的数据库产品市场上，Oracle 的出现开启了关系型数据库软件革命的序幕。

1979 年，关系软件有限公司（RSI）发布了第一款可用于 PDP-11 型计算机的商用数据库，实现了比较完整的 SQL 特性。经过数代的发展，Oracle 逐渐成为世界上使用最为广泛的数据库管理系统。Oracle 数据库不仅具有作为通用数据库系统完整的数据管理功能，还是一个具备完整关系的数据库产品，同时具备强大的分布式处理能力。

Oracle 数据库的特点有：

（1）高开放性。Oracle 数据库可以在所有主流平台上运行，并且所提供的系统工具完全支持企业级实体关系，可以提供对企业级开发商的全面支持。

（2）安全保密。Oracle 提供多层安全性机制。用户标识鉴定可以有效防止非法用户进入数据库系统；数据文件加密机制可以在数据不慎泄露的情况下也难以被破译；数据逻辑备份可以在计算机发生故障和其他异常时快速通过备份恢复数据库，使系统回到正常状态。

（3）高效性能。Oracle 系统具备两种优化器：基于规则的优化器（Rule Based Optimizer, RBO）和基于代价的优化器（Cost Based Optimizer, CBO），可以对复杂的 SQL

形成优异的执行计划，并且可以支持开发人员编写含有大量复杂运算的 SQL 语句。

（4）跨界架构。Oracle 的实时应用集群（Real Application Cluster, RAC）技术使利用成本较低的服务器实现高性能和可靠性成为可能，同时还可以自动实现数据库并行处理和负载均衡。目前，RAC 已经成为 Oracle 数据库支持网络计算的核心技术。

2.5.2 MySQL

1995 年，Monty Widenius 发行了第一款可运行在 Sun Solaris 上的 MySQL 版本。随后的两年时间里，MySQL 被相继移植到各个平台中，并且逐渐增加了各种新特性。与付费使用的 Oracle 数据库不同的是，MySQL 数据库采用免费许可策略使用户可以随意使用和改良数据库，这也使 MySQL 作为开源软件受到用户认可，逐渐成为最受欢迎的开源软件之一，目前已经被 Oracle 公司收购。被收购后的 MySQL 逐渐产生了多个分支，最主要的三个分支分别是官方版本的 Oracle MySQL、部分原班人马打造的 MariaDB，以及服务器优化版本 Percona server for MySQL。此外还有专为多核心 CPU 优化的 Drizzle 和专攻海量数据的 WebscaleeSQL 等其他分支版本。MySQL 使用最常用的数据库管理语言——结构化查询语言（Structured Query Language, SQL）进行数据库管理。

MySQL 的特点有：

（1）开源免费，无版权制约。MySQL 数据库是开源的，提供社区版、企业版、集群版和高级集群版等不同复杂度的软件版本，其中社区版是免费的。

与闭源的商业数据库相反，开源数据库是免费的社区数据库，其源代码对外开放，开发人员可以在其原始设计基础上修改或使用。它以较低的成本、丰富的产品和活跃的社区支持为日益复杂的企业需求提供了相应的解决方案。从 DB-Engines 全球数据库管理系统排名看，开源 DBMS 的流行程度逐年上升，在 2021 年 1 月首次超过商业数据库。

（2）体积小巧，使用简单。MySQL 的安装体积最小可以达到 10M，安装和配置过程非常简单。

（3）性能卓越，运行稳定。MySQL 的性能非常强大，与 Linux、Apache 和 PHP 组成的开发环境应用在许多中小型网站中，由于性能非常稳定，这套开发环境还被称为 LAMP。

（4）活跃用户群体庞大。MySQL 的开源特性使众多数据库爱好者参与到版本的优化和改进中，持续不断的高度参与使 MySQL 的用户形成了自己的社区，用户在社区内通过分享解决方案和优化特性建立的知识体系能使新用户的问题得到快速解答。

2.5.3 SQL Server

SQL Server 是微软（Microsoft）公司推出的一种关系型数据库系统，也称为 MS SQL Server。1989 年，为了应对 IBM 的数据库计划，微软联合 Ashton-Tate 和 Sybase 发布了 Microsoft SQL Server 1.0 版本，并在之后专门组建了技术团队持续开展改良研发，于

1995年独立发布SQL Server 6.0版本，使SQL Server真正开始走向商业应用领域。SQL Server是为分布式客户机和服务器计算所设计的数据库管理系统，具有容量适中、性价比高的特点，在Windows平台上还提供了对可扩展标记语言（Extensible Markup Language, XML）的支持。

SQL Server的特点有：

（1）完整的数据解决方案。SQL Server提供了一整套数据解决方案，其中包括数据存储、智能分析、大数据集成和数据挖掘等完整的工具及方案。

（2）图形化用户界面。SQL Server采用图形用户界面和富UI界面，并拥有强大的调试工具，实现了操作可视化，使用户更容易上手使用。

（3）易于安装、部署。SQL Server提供了一系列的管理和开发工具，支持在多个站点上安装、部署和使用。在Windows平台中具有强大的可伸缩性。

（4）高强度组件协作配合。借由微软平台的合作伙伴可以在数据库的基础上继续开发更高层次的集成方案，能满足大型Web站点和企业级数据存储与分析的需要。

2.5.4　IBM DB2

1983年，IBM发布了Database2 (DB2) for MVS，标志着DB2数据库的正式诞生，现已应用在Linux、UNIX和Windows等多种平台中。DB2具备高安全性和高可靠性，内置了数据仓库管理的功能，在商业智能解决方案中，还具备数据挖掘工具，因此被业界公认为电子商务的数据基础。

DB2的特点有：

（1）开放性和可移植性。DB2能在所有主流平台上运行，适用于大量结构化数据的应用场景。此外，DB2数据库还能非常方便地将其他数据库的数据移植过来，因此在企业中得到广泛应用。

（2）处理性能。经过IBM的长期开发和不断优化，DB2可以轻松应对超过1TB级的数据。数据库系统提供了一系列优化分析工具，如DB2PD、RUNSTATS和DB2DART等，这些工具能优化数据库的检索工具、分析数据库的运行状态。

（3）并行性。DB2把数据库扩充到并行、多点环境，支持位图索引和对象关系，这使DB2拥有更好的扩展性和性能。

（4）分布式数据库。DB2与Oracle类似，都是后台大型数据库，与Oracle的不同之处在于DB2的分布式数据库解决方案是核心功能，不需要与其他产品附件配合使用就可以实现分布式数据库连接。

2.6　MySQL服务器的下载与安装

MySQL数据库目前分为两种版本：针对一般个人用户的Community Serve和针对企

业用户的 Enterprise。本书采用的 MySQL 为 Community Serve 版本。MySQL 近年来更新换代很快，目前最新版本是 8.0 版本。不同版本间的重要改变如表 2-23 所示。

表 2-23　MySQL 不同版本的重要改变

版本	重要改变
4.1	增加了对子查询的支持，字符集增加 UTF-8
5.0	增加了 INFORATION_SCHEMA 系统数据库，新增对视图、过程、触发器等支持
5.5	InnoDB 成为 MySQL 默认的存储引擎，支持索引的快速创建，表压缩，I/O 子系统的性能提升
5.6	GTID 复制，基于库级别的并行复制，优化器性能提升，引入了 ICP，MRR，BKA 等特性
5.7	在线开启 GTID 复制，组复制 InnoDB Cluster，多源复制增强半同步（AFTER_SYNC），支持 JSON
8.0	引入窗口函数，持久化全局参数，提高数据字典性能，数据性能相较于 5.7 版本提升巨大

2.6.1　MySQL 服务器的下载

在 Windows 环境下下载 MySQL。Windows 平台上有两种类型的安装包，分别是 Noinstall 压缩包和 MySQL Installer。Noinstall 安装简单，解压即可使用，但是灵活性较差，无法自主选择组件，配置较为烦琐；MySQL Installer 使用导向性提示安装，可以灵活选择安装 MySQL 组件。

这里主要推荐使用 MySQL Installer 为安装方式，此安装方式适合新手使用。首先进入 MySQL Community 的官方下载界面，选择 MySQL Installer for Windows，如图 2-8 所示。

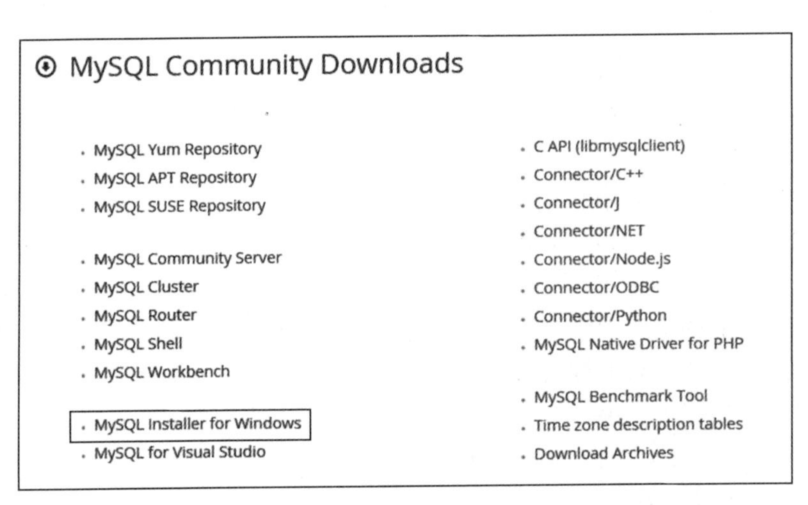

图 2-8　MySQL Community 的官方下载界面

下面有两个选择项，如图 2-9 所示。较小的下载项需要联网下载，较大的下载项可以直接安装，本节以直接安装包为例进行安装。

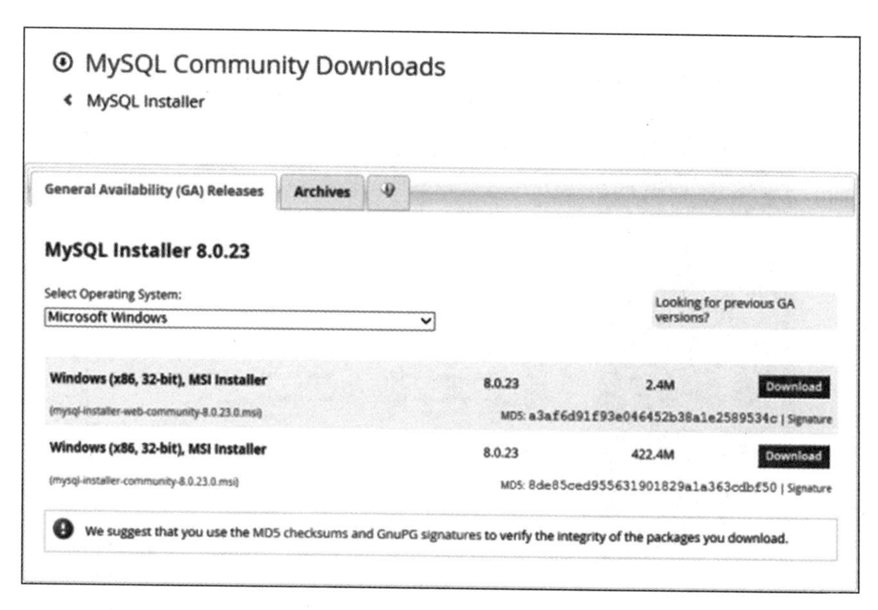

图 2-9　选择安装包

2.6.2　MySQL 服务器的安装

本节主要介绍使用 MySQL Installer 进行图形化安装。

（1）下载完成 mysql-installer-community-8.0.23.0.msi，进入 MySQL 安装界面，图 2-10 左边显示了五种安装类型。

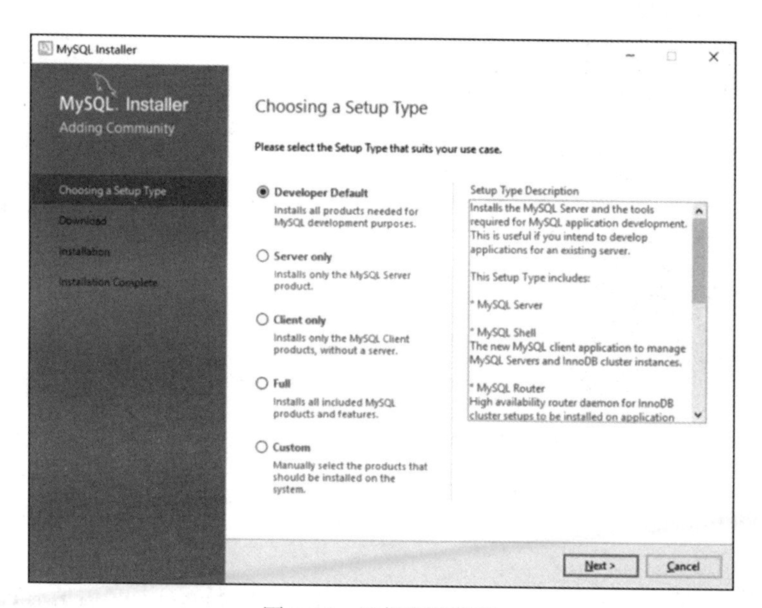

图 2-10　选择安装类型

这里选择默认选项，再单击 NEXT 按钮进入 Installation 界面，如图 2-11 所示。

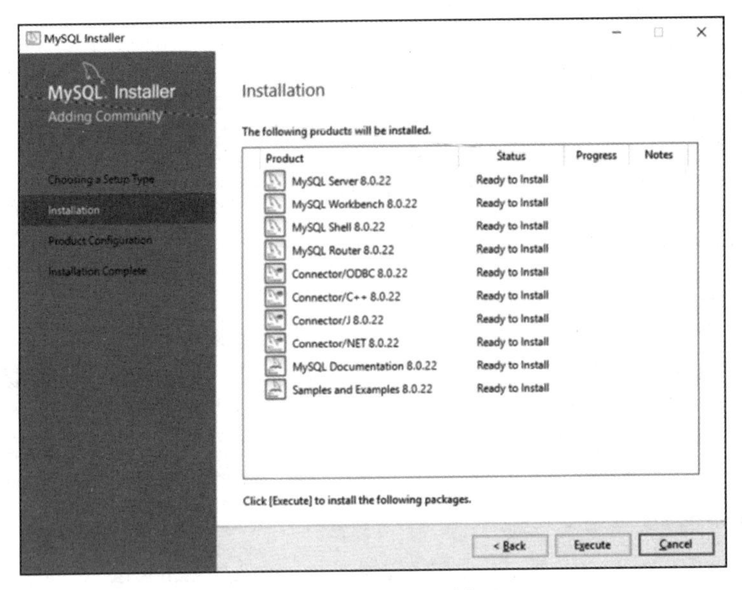

图 2-11 Installation 界面

（2）Installation 界面列出了 MySQL 即将升级或者安装的组件列表。如果组件不是最新版本，需要单击 Execute 按钮进行升级安装，安装完成后的结果如图 2-12 所示。

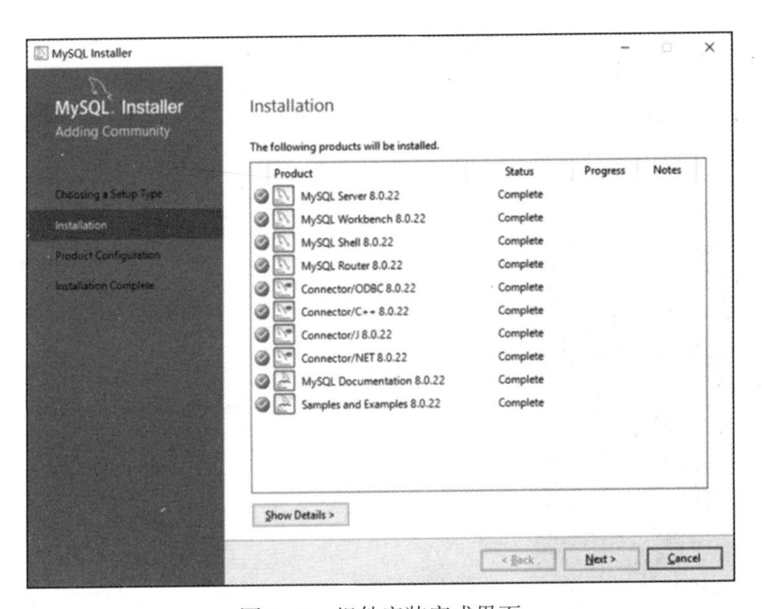

图 2-12 组件安装完成界面

（3）安装完成后单击 NEXT 按钮进入下一步，选择配置 MySQL 组件界面，如图 2-13 所示。

（4）单击 NEXT 按钮进入下一步，开始配置 MySQL Server，之后所有选项选择默认选项，完成安装后进入 MySQL 的 Type and Networking 界面，如图 2-14 所示。

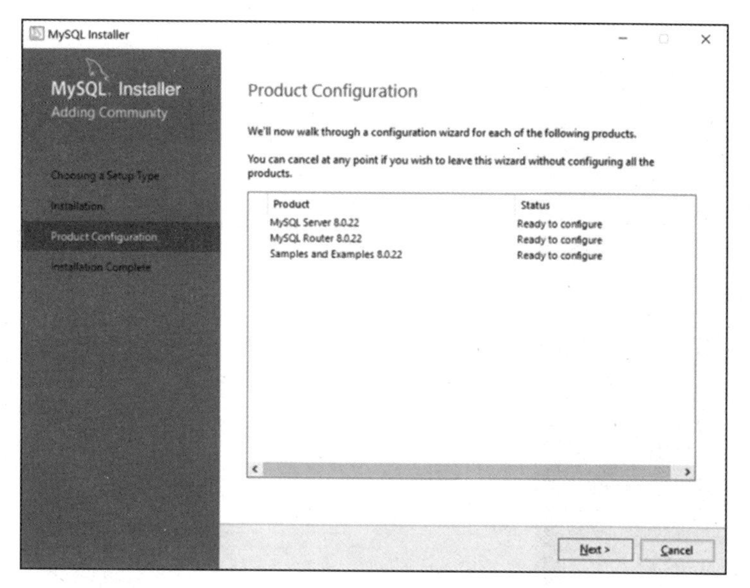

图 2-13　配置 MySQL 组件界面

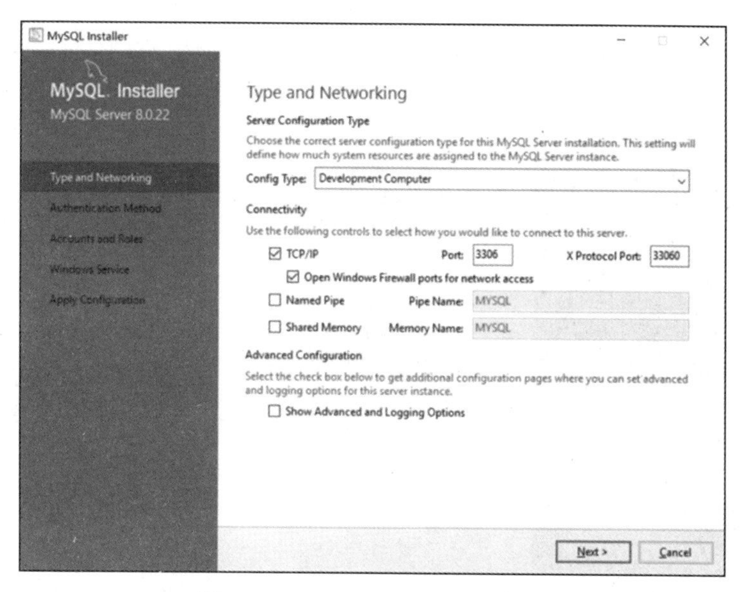

图 2-14　Type and Networking 界面

（5）在此界面中，选择 MySQL 的端口及网络协议。如果本机的 3306 端口已被占用，可更换端口，其他选择默认选项即可。单击 NEXT 按钮，进入 Authentication Method 界面，选择 RECOMMENDED 选项，单击 NEXT 按钮，进入 Accounts and Roles 界面，如图 2-15 所示。

（6）在 Accounts and Roles 界面，输入密码并且确认密码，在下面的选项中可以添加用户，暂时不需要添加任何用户。完成密码设定后单击 NEXT 按钮，进入 Windows Service 界面，选择默认选项后即可进入 Apply Configuration 界面，如图 2-16 所示。

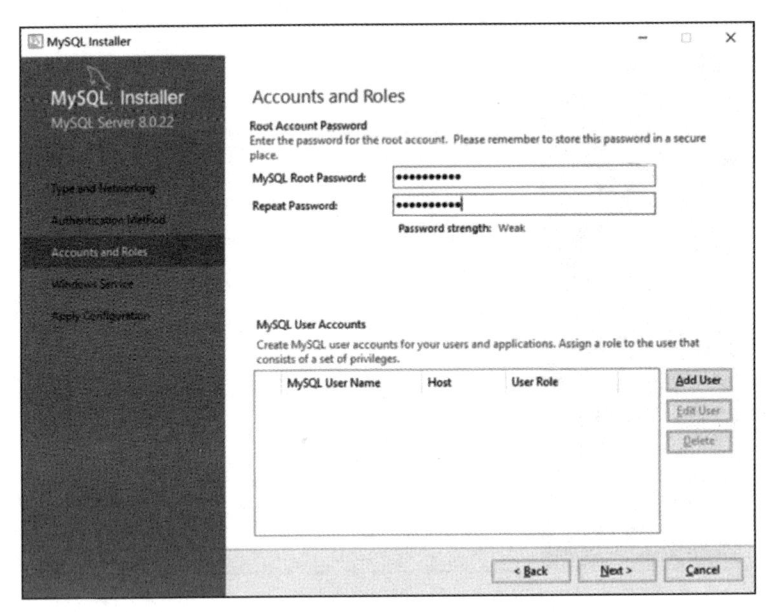

图 2-15 Accounts and Roles 界面

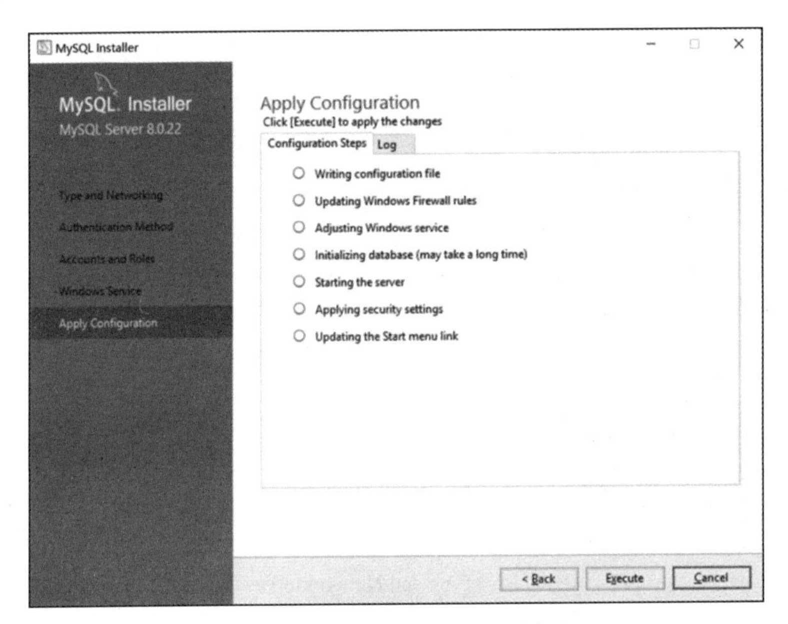

图 2-16 Apply Configuration 界面

（7）在 Apply Configuration 界面，单击 Execute 按钮完成应用，完成后会出现如图 2-17 所示的完成界面。

（8）单击 Finish 按钮进入 Product Configuration 界面，然后单击 NEXT 按钮，进入 MySQL Router Configuration 界面核对设置，如图 2-18 所示。

（9）核对完成后单击 Finish 按钮，进入 Connect To Server 界面，如图 2-19 所示。

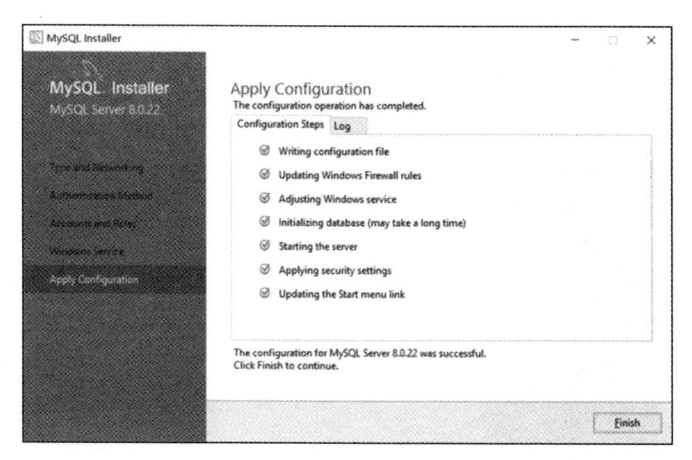

图 2-17　Apply Configuration 完成界面

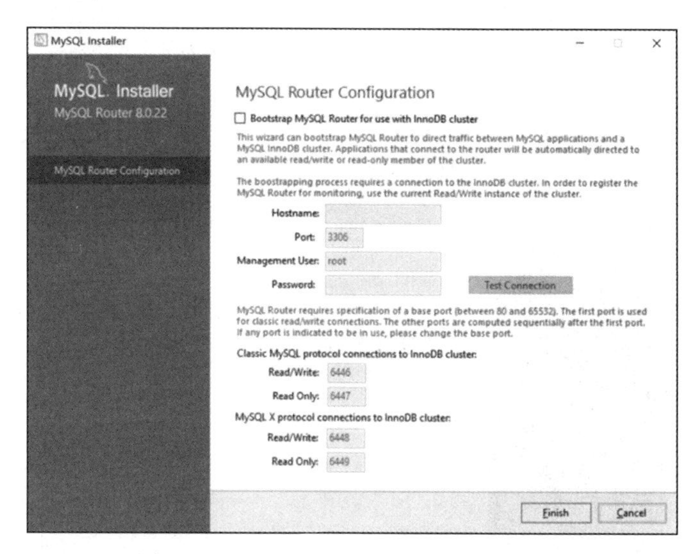

图 2-18　MySQL Router Configuration 界面

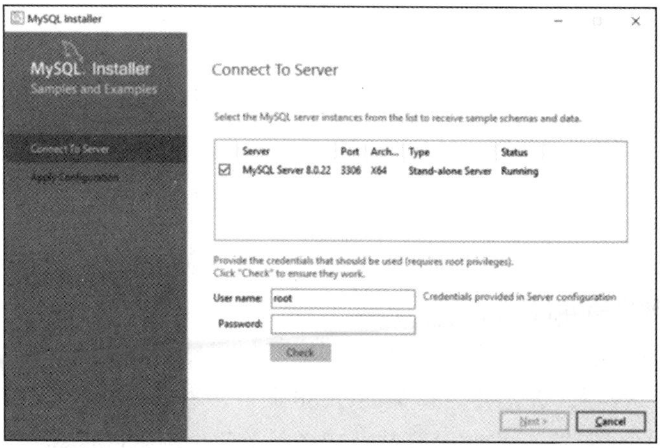

图 2-19　Connect To Server 界面

（10）输入之前设定的密码，单击 Check 按钮完成连接，再单击 NEXT 按钮进入 Apply Configuration 界面，如图 2-20 所示。

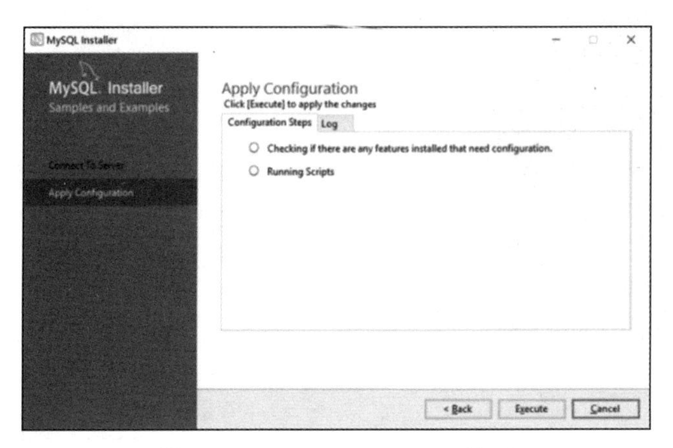

图 2-20　Apply Configuration 界面

（11）单击 Execute 按钮完成应用，之后单击 Finish 按钮，返回 Product Configuration 界面，如图 2-21 所示，显示已经完成的安装。

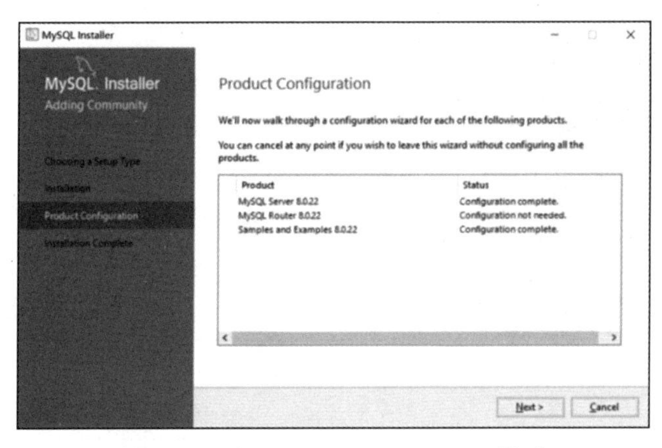

图 2-21　返回 Product Configuration 界面

（12）最后进入 Installation Complete 界面，安装完毕，如图 2-22 所示。

2.6.3　打开 MySQL

MySQL 服务并不总是开启着的。当 MySQL 服务关闭时，我们需要手动启动 MySQL 服务，有以下两种启动方式。

（1）右击“我的电脑”，选择“管理”选项，进入管理界面，如图 2-23 所示。

选择“服务”选项，进入并找到 MySQL80 服务，右击选择启动选项，MySQL 服务启动完成，如图 2-24 所示。同理，MySQL 服务的关闭也可通过此操作完成。

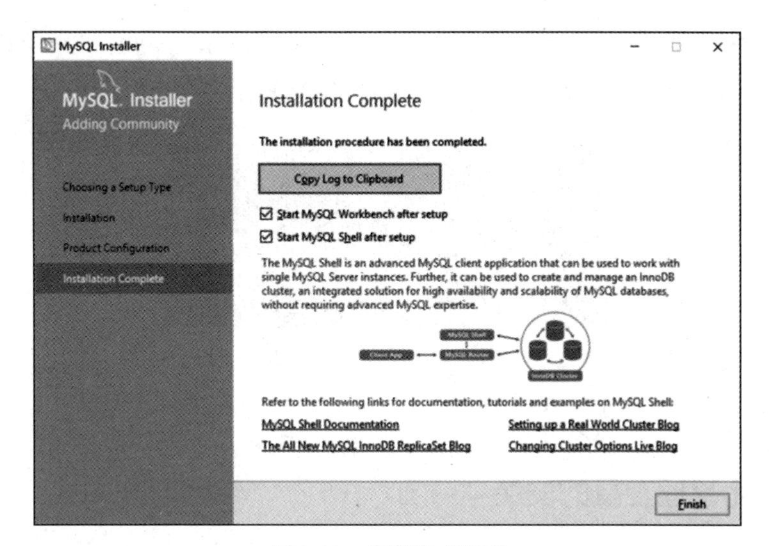

图 2-22　安装完成界面

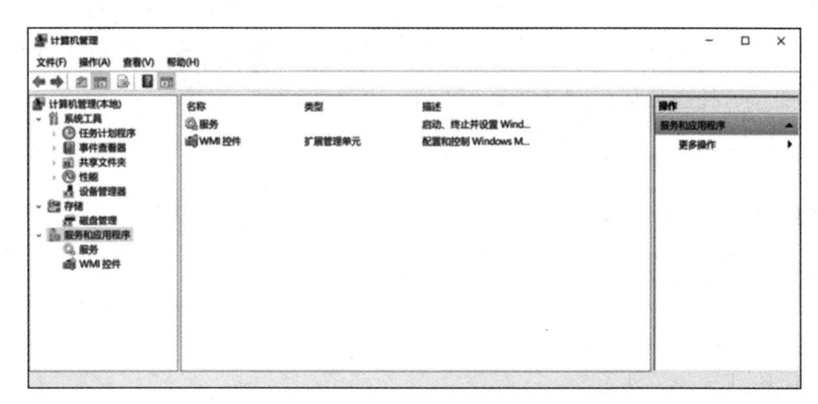

图 2-23　管理界面

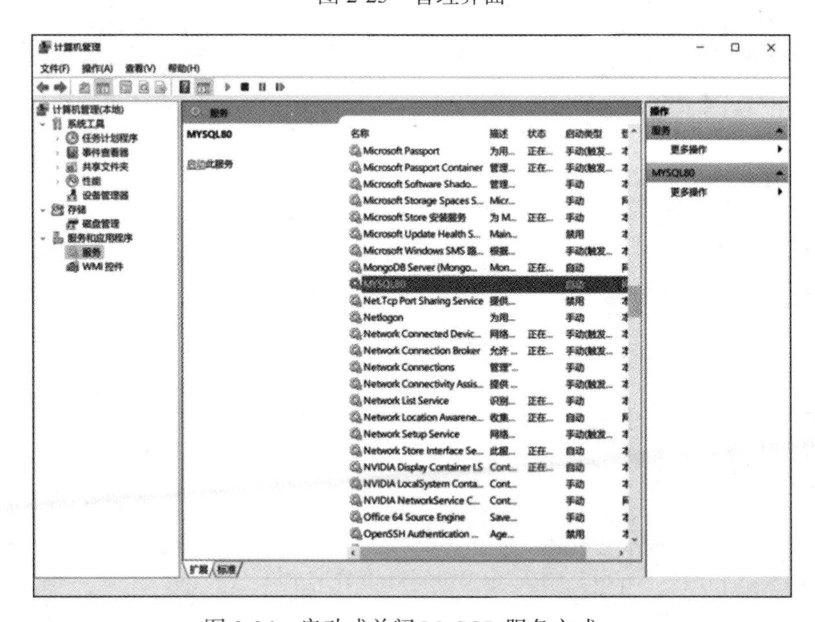

图 2-24　启动或关闭 MySQL 服务方式一

（2）选择以管理员的身份运行命令行，输入 net start mysql80，开启 MySQL 服务；输入 net stop mysql80，关闭 MySQL 服务，如图 2-25 所示。

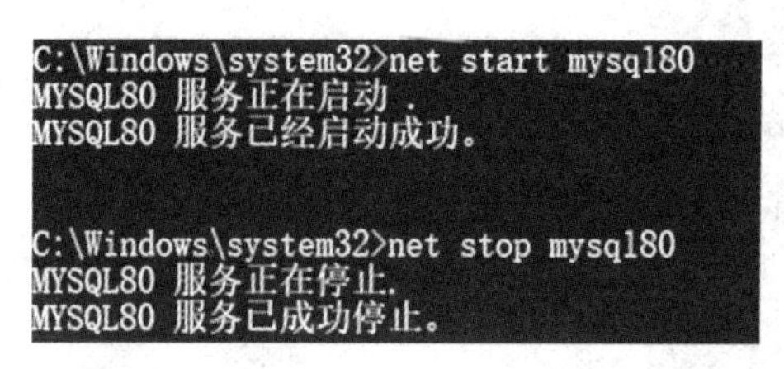

图 2-25　启动或关闭 MySQL 服务方式二

2.7　图形化管理工具的安装

在图形化管理工具出现前，MySQL 一般依赖于命令行进行操作，对于一般用户来说体验效果较差。为了提升用户体验，方便用户对数据库进行操作，图形化管理工具出现了。本节将推荐三种图形化管理工具。

1. MySQL Workbench 8.0 CE

Workbench 是 MySQL 官方推出的一款图形化管理工具，在上面的安装过程中已经安装完成了，不需要再次下载安装包。Workbench 界面干净整洁，我们可以清晰地看到不同数据库的具体情况，同时它可以自动帮助我们检查语法、格式错误等。Workbench 界面示例如图 2-26 所示。

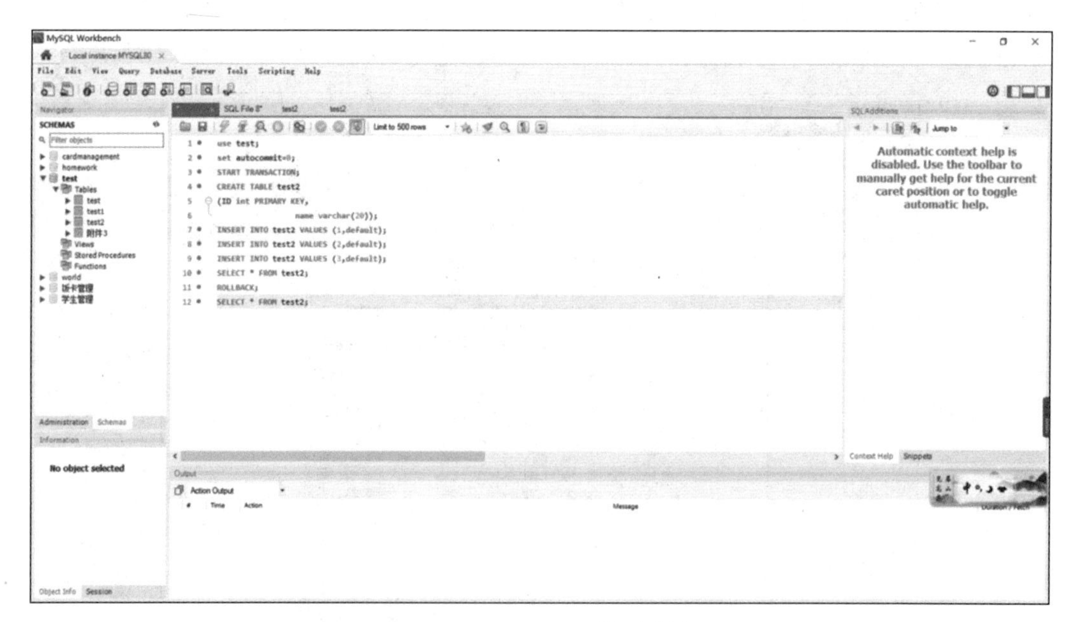

图 2-26　Workbench 界面示例

2. Navicat Premium

Navicat Premium 是目前开发者广泛使用的一款 MySQL 图形化管理工具。其界面简洁，功能也非常强大，同时还可以连接其他多种数据库，包括 SQL、MongoDB、阿里云等，本书中的大部分案例使用的都是此软件。Navicat Premium 界面示例如图 2-27 所示。

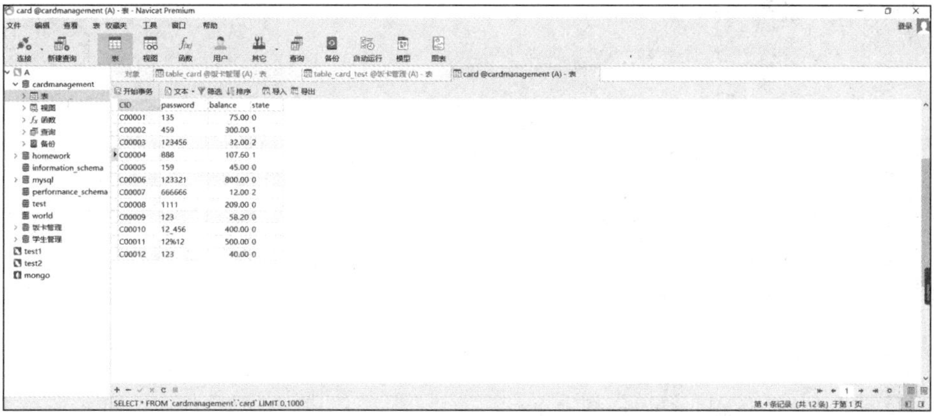

图 2-27　Navicat Premium 界面示例

3. PhpMyAdmin

PhpMyAdmin 是以 Php 为基础开发的架构在网站主机上的 MySQL 数据库管理工具，其管理者可以通过 web 接口管理数据库，方便异地使用。其界面友好、简洁、方便管理，但是对于数据量大的操作容易导致页面请求超时。PhpMyAdmin 界面示例如图 2-28 所示。

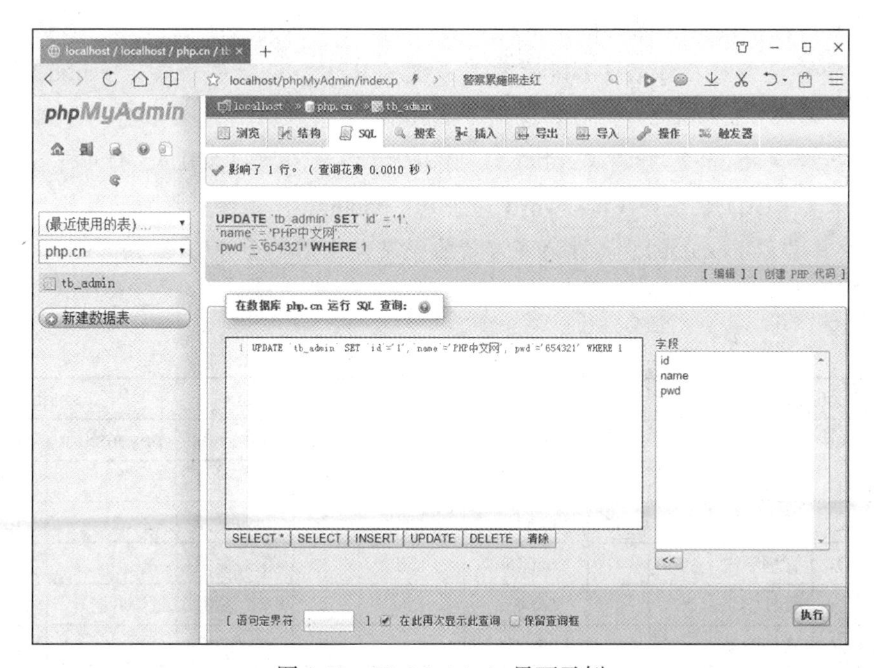

图 2-28　PhpMyAdmin 界面示例

C H A P T E R 3

第3章

关系模式设计

■ 学习目标

- 本章介绍关系模式中属性之间的依赖关系，以及关系型数据库规范化理论。

■ 开篇案例

电子表格“综合征”

假设我们把校园卡管理数据库中所有的属性放在一张表中，用一个关系模式来描述校园卡管理将会怎样？如表3-1所示的关系模式R中，包含属性学生（student）、校园卡（card）、商户（business）和消费清单（salebill）等，其中，属性学生的子属性为学号（SID）、学生名（sname）、学院（college）、学院负责人职工号（MID），属性校园卡的子属性为校园卡号（CID）、密码（password）、余额（balance），属性商户的子属性为商户编号（BID）、商户名称（bname），属性消费清单的子属性为消费金额（payamount）、消费日期（saledate）。

表3-1　关系模式R

student				card			business		salebill	
SID	sname	college	MID	CID	password	balance	BID	bname	payamount	saledate
1	王俊	管理学院	5	1	666456	158	1	东一食堂	3.5	2020/07/70
1	王俊	管理学院	5	1	666456	158	2	韵苑食堂	21	2020/05/13
1	王俊	管理学院	5	1	666456	158	1	东一食堂	8	2020/04/25
1	王俊	管理学院	5	1	666456	158	1	东一食堂	6.8	2020/03/18
2	陈黎	软件学院	7	3	259815	500	3	东华园	36	2020/06/26
3	李伟	人文学院	4	2	698754	856	2	韵苑食堂	8.8	2020/07/11

（续）

student				card			business		salebill	
SID	sname	college	MID	CID	password	balance	BID	bname	payamount	saledate
3	李伟	人文学院	4	2	698754	856	1	东一食堂	16.5	2020/05/16
3	李伟	人文学院	4	2	698754	856	3	东华园	45	2020/05/11
3	李伟	人文学院	4	2	698754	856	2	韵苑食堂	28	2020/04/20
3	李伟	人文学院	4	2	698754	856	1	东一食堂	4.5	2020/03/19

该表的设计是否合理？将所有属性存放在一张表中，貌似一目了然且省去了连接查询或嵌套查询的麻烦，其实不然。开发人员如果倾向于在尽可能少的表中挤下尽可能多的信息，表格将会患上电子表格“综合征”，即表中不仅存在大量的冗余数据，而且在每次数据库有很小的改变时，都要持续不断地重新设计。这可能导致数据的插入操作异常、删除操作异常和更新操作异常。

（1）插入操作异常。例如，当一个学生没有办卡，或者办了卡但是还没有消费，或者刚开业的商户还没有学生来消费时，都会因为主键为空而无法录入实体的基本信息。

（2）删除操作异常。与插入问题相反，删除操作可能会引起信息丢失。例如，一张校园卡注销了，在删除这张校园卡信息的同时，原来拥有这张校园卡的学生的基本信息也会被一起删除。

（3）更新操作异常。大量的冗余数据造成系统要付出很大的代价来维护数据一致性。例如，某学院想更换负责人，就需要更新表中与该学院学生相关的所有行中学院负责人职工号的列值。设该学院有300人，平均每个学生有50次消费记录，则我们需要修改15 000个列值。

由此看来这个关系的表结构设计得不好，表中的属性之间存在不合适的依赖关系。一个好的表结构应该使表中的数据冗余尽可能少，不会发生插入异常、删除异常和数据不一致等情况。

3.1　关系模式的规范化

3.1.1　关系模式的描述方式

表结构在关系数据模型中被称为关系模式。关系模式是对关系型的描述，在关系数据操作的过程中保持稳定。关系模式不仅描述关系中包含的属性、每个属性的数据类型和数据长度，还描述属性之间的依赖关系。关系模式的组成简记为

$$R(U, D, DOM, F)$$

其中，R是关系名，U是属性集合，D是域，DOM是属性到域的映射，F是数据依赖。

例如，学生表student包含属性学号，姓名，性别，学院。其关系模式描述如下：

```
student(U, D, DOM, F)
U=(SID, sname, gender, college)
D:
    D1={ 由 12 个字符组成的字符串 }
    D2={ 长度不超过 20 的任意字符串 }
    D3={M, F}
    D4={ 学校开设的院系 }
DOM:
    DOM(SID)=D1
    DOM(sname)=D2
    DOM(gender)=D3
    DOM(college)=D4
F:
    SID → sname
    SID → gender
    SID → college
```

3.1.2 规范化理论

数据库规范化（Normalization）是由关系型数据库之父埃德加·弗兰克·科德提出的。他在论文《大型共享数据库的关系数据模型》中提到数据库规范化理论研究的是关系模式中各属性之间的依赖关系及其对关系模式性能的影响。规范化理论不仅提供了判别关系模式优劣的标准，还提出了关系模式优化设计方法，是设计关系模式的理论依据。

1. 规范化

想要规范化数据库就需要对现存表结构进行修改，把表转化，使表遵循一系列先进的范式。范式（Normal Form，NF）是指不同的数据依赖条件下关系模式的分离程度。到目前为止，规范化理论提出了六类范式：第一范式（First Normal Form，1NF）、第二范式（Second Normal Form，2NF）、第三范式（Third Normal Form，3NF）、BC 范式（Boyce-Codd Normal Form，BCNF）、第四范式（Fourth Normal Form，4NF）和第五范式（Fifth Normal Form，5NF）。范式之间的规范程度层次关系是：$5NF \subset 4NF \subset BCNF \subset 3NF \subset 2NF \subset 1NF$。范式级别越高，在关系模式中不合适的数据依赖就越少，问题也越少。

进行规范化处理先要了解属性之间数据依赖的类型，以及优化的方法。数据依赖中最重要的是函数依赖（Functional Dependency，FD）和多值依赖（Multi-valued Dependency，MVD）。

2. 函数依赖

设关系模式 R(U) 中，U 是属性集，X 和 Y 是 U 的子集。如果在该关系模式中的任意一个可能的关系都不可能存在两行在 X 上的值相等而在 Y 上的值不等的情况，那么 X 为决定因素，Y 为依赖因素，X 的值决定着 Y 的值，则我们称“Y 函数依赖于 X”或者“X

函数决定 Y”，记为 X → Y。

定义中“任意一个可能的关系”是指根据语义可能存在的关系模式 R 的一切关系，不能只根据关系模式 R 在某一时刻的某个或某些关系判断属性之间是否满足约束条件就判定某函数依赖是否成立。例如，不能根据当前 student 表中没有重名的学生就判断 sname → college 成立，因为有可能存在学生重名的情况，所以该关系模式中 sname 不能函数决定 college。

（1）平凡的函数依赖。

如果 Y ⊆ X，则对于任何一个关系模式，X → Y 都是必然成立的，并没有反映新的语义。这种函数依赖称为平凡的函数依赖。

（2）非平凡的函数依赖。

如果 X → Y 且 Y ⊈ X，这种函数依赖称为非平凡的函数依赖。若不特别声明，总是讨论非平凡的函数依赖。

（3）完全函数依赖。

如果 X → Y 且 X 的任何一个真子集都不能函数决定 Y，则称 Y 完全函数依赖于 X，记为 $X \xrightarrow{f} Y$（f 是 full 的首字母）。

例如，关系模式 R 中，saledate 的数据类型是 datetime 类型，主键是（BID, CID, saledate），其中（BID, CID, saledate）→ payamount，且（BID, CID, saledate）的任何一个真子集都不能函数决定 payamount，故（BID, CID, saledate）$\xrightarrow{f}$ payamount。

属性之间存在完全函数依赖不会带来数据冗余，也不存在由数据冗余造成的插入操作异常，删除操作异常和数据不一致等问题。在关系模式中的完全函数依赖不必进行处理。

（4）部分函数依赖。

如果 X → Y 且 Y 不完全函数依赖于 X，则称 Y 部分函数依赖于 X，记为 $X \xrightarrow{p} Y$（p 是 part 的首字母）。

例如，关系模式 R 中存在函数依赖（BID, CID, saledate）→ password，且 CID → password，故（BID, CID, saledate）$\xrightarrow{p}$ password。如果一张校园卡消费过 100 次，该卡的密码就会存储 100 次。可见部分函数依赖会导致数据冗余，进而产生数据插入异常、删除异常和数据不一致等问题。如果关系模式中存在部分函数依赖，需要通过模式分解进行消除。

（5）传递函数依赖。

如果 X → Y，Y → Z，并且 Y 不是 X 的子集，同时 Y 不能函数决定 X，则称 Z 传递函数依赖于 X，记为 $X \xrightarrow{t} Y$（t 是 transitive 的首字母）。

例如，关系模式 R 中存在函数依赖 SID → CID，CID → password，但因 CID → SID，故 SID 和 password 之间不存在传递函数依赖。又如，关系模式 student 中存在 SID → college，college → MID，且 college 不能函数决定 SID，即 SID $\xrightarrow{t}$ MID。如果一个学院有 500 名

学生，则学院负责人的职工号要被存储500次，会产生大量的数据冗余。因此，如果关系模式中存在传递函数依赖也应该去掉。

3. 多值依赖

设关系模式R(U)中U是属性集，X和Y是U的子集，若一个X的给定值有一组Y值与其对应，同时这组Y值不以任何方式与U-X-Y中的属性相关，则称Y多值依赖于X，记为X→→Y。如果X∪Y=U，即U-X-Y=Ø，则称X→→Y为平凡多值依赖，否则为非平凡多值依赖。多值依赖也会造成数据冗余和数据操作异常等问题。

假设某高校的每位教师都教授一组课程，并且教师教授的课程与教师授课的系没有关系。例如，孙绍刚老师负责信息管理与信息系统系、物流管理系的教学任务，在每个系都教授数据库技术及应用和管理信息系统两门课程；张彦老师负责工商管理系、财务管理系的教学任务，在每个系都教授组织行为学、战略管理和人力资源管理三门课程，如表3-2所示。

表3-2 授课关系

teacher	department	course
孙绍刚	信息管理与信息系统系	数据库技术及应用
孙绍刚	信息管理与信息系统系	管理信息系统
孙绍刚	物流管理系	数据库技术及应用
孙绍刚	物流管理系	管理信息系统
张彦	工商管理系	组织行为学
张彦	工商管理系	战略管理
张彦	工商管理系	人力资源管理
张彦	财务管理系	组织行为学
张彦	财务管理系	战略管理
张彦	财务管理系	人力资源管理
……	……	……

授课关系的键是全码（teacher，department，course），没有非主属性，候选键唯一。授课关系（teacher, department, course）中存在非平凡多值依赖teacher →→ course。

该关系模式中存在数据冗余、数据插入操作异常、删除操作异常和数据不一致等问题。例如，张彦老师增加了对市场营销系的教学任务，我们就需要插入三行对应张彦老师在财务管理系教授的三门课程。又如，孙绍刚老师如果不再教授数据库技术及应用课程，则孙绍刚老师负责的几个系的教学任务就需要删除几行。出现上述数据操作异常的原因是该关系模式的属性teacher和course之间存在一对多的关系，即一个教师对应一组课程。在其他更复杂的关系模式中，属性之间还可能存在多对多的关系，这种数据依赖被称为多值依赖。

多值依赖是现实世界中客观事物之间取值相等与否的表现，该表现是由数据的语义决定的。如果允许同一位教师在不同系教授不同课程，例如孙绍刚在信息管理与信息系统系教授数据库技术及应用，而在物流管理系教授管理信息系统，teacher 和 course 之间的多值依赖就不成立了。

3.2 关系规范化

3.2.1 1NF

在关系模式 R 的每一个具体关系 r 中，如果每个属性值都是不可再分的最小数据单位，即不存在属性有子属性、表中含表的情况，则称 R 是第一范式的关系。记为 R∈1NF。1NF 是最基本的规范化，达到 1NF 的关系就属于规范化的关系。

如表 3-1 所示的关系模式 R 不满足 1NF 要求，去掉关系中的一级属性后得到新的关系模式 R（SID, sname, college, MID, CID, password, balance, BID, bname, payamount, saledate）达到了 1NF 的要求，如表 3-3 所示。

表 3-3　符合 1NF 要求的关系模式 R

SID	sname	college	MID	CID	password	balance	BID	bname	payamount	saledate
1	王俊	管理学院	5	1	666456	158	1	东一食堂	3.5	2020/07/70
1	王俊	管理学院	5	1	666456	158	2	韵苑食堂	21	2020/05/13
1	王俊	管理学院	5	1	666456	158	1	东一食堂	8	2020/04/25
1	王俊	管理学院	5	1	666456	158	1	东一食堂	6.8	2020/03/18
2	陈黎	软件学院	7	3	259815	500	3	东华园	36	2020/06/26
3	李伟	人文学院	4	2	698754	856	2	韵苑食堂	8.8	2020/07/11
3	李伟	人文学院	4	2	698754	856	1	东一食堂	16.5	2020/05/16
3	李伟	人文学院	4	2	698754	856	3	东华园	45	2020/05/11
3	李伟	人文学院	4	2	698754	856	2	韵苑食堂	28	2020/04/20
3	李伟	人文学院	4	2	698754	856	1	东一食堂	4.5	2020/03/19

但是关系中的数据冗余、插入异常、删除异常和数据不一致问题依然存在，因此我们需要对关系进行更高级别的规范化处理。

3.2.2 2NF

根据部分函数依赖中属性的性质，我们把部分函数依赖分为非主属性对候选键的部分函数依赖和主属性对候选键的部分函数依赖。

关系模式 R(U, F) 满足 1NF 的要求且所有非主属性都完全函数依赖于 R 的任意一个候选键，则称关系模式 R 是第二范式，记为 R∈2NF。在 2NF 的关系模式中不存在非主属性对任一候选键的部分函数依赖。

例 3-1 把关系模式 R（SID, sname, college, MID, CID, password, balance, BID, bname, payamount, saledate）规范为 2NF。

先确定关系模式 R 的所有候选键。该模式的候选键有两个，分别是（SID, BID, saledate）和（CID, BID, saledate）。该模式中存在非主属性对键的部分函数依赖，需要把部分依赖的属性从现有模式中拆分出去，组成新的关系模式，如下所示。

```
card (CID, password, balance)
student (SID, CID, sname, college, MID)
business (BID, bname)
salebill (CID, BID, payamount, saledate)
```

3.2.3 3NF

根据传递函数依赖中属性的性质，我们把传递函数依赖分为非主属性对键的部分函数依赖和主属性对键的部分函数依赖。如果关系模式 R(U, F）满足 2NF 的要求且所有非主属性对任何候选键都不存在传递函数依赖，则称关系模式 R 是第三范式，记为 R∈3NF。

例 3-2 student 中的 college 和 MID 都是非主属性，SID $\xrightarrow{t}$ MID 属于非主属性对候选键的传递函数依赖，因此 student 不属于 3NF。将 SID → college，college → MID 拆分到两个关系模式中，分解后的两个关系模式都属于 3NF，如下所示。

```
student (SID, CID, sname, college)
college (college, MID)
```

3.2.4 BCNF

3NF 虽然可以对部分函数依赖、传递函数依赖进行分解，但仅局限于非主属性对候选键的函数依赖，在某些关系模式下仍会存在数据冗余和数据操纵异常等情况。Boyce 和 Codd 提出并以他们的名字命名的 BC 范式（Boyce-Codd Normal Form，BCNF）比 3NF 又进了一步，人们通常认为它是修正后的 3NF。

如果关系模式 **R**(U, F）中的所有非平凡的、完全的函数依赖的决定因素是键，则 R 属于 BC 范式，记为 R ∈ BCNF。

BCNF 要求关系模式 R 满足 3NF 且消除了主属性对任一候选键的部分函数依赖和传递函数依赖，即 R 中不仅所有非主属性对任何候选键都是完全函数依赖，而且所有主属性对每一个不包含它的候选键也是完全函数依赖，且 R 中没有任何属性完全函数依赖于非候选键的任何一组属性。

例 3-3 设关系模式 salebill（SID, CID, BID, payamount, saledate）的候选键为（SID,

BID, saledate) 和（CID, BID, saledate），主属性为 SID、BID、CID 和 saledate，非主属性为 payamount。存在（SID, BID, saledate) $\xrightarrow{f}$ payamount、(CID, BID, saledate) $\xrightarrow{f}$ payamount、(SID, BID, saledate) $\xrightarrow{p}$ CID 和（CID, BID, saledate) $\xrightarrow{p}$ SID，该关系模式的非主属性只有一个，不存在非主属性对键的部分函数依赖和传递函数依赖，属于 3NF，但存在主属性对不包含它的候选键的部分函数依赖，且不属于 BCNF。

将关系模式 R 分解为以下两个关系模式：

```
salebill (CID, BID, payamount, saledate)
SC (SID, CID)
```

salebill 和 SC 中消除了主属性对不包含它的候选键的部分函数依赖后，不存在任何属性对候选键的部分函数依赖和传递函数依赖，属于 BCNF。但是，得到的新关系模式 SC (SID, CID) 与数据库中原有的关系模式 student (SID, CID, sname, college, MID) 具有相同的键，表述的是同一个实体，应该合并。

在函数依赖的范畴内，BCNF 实现了关系模式的彻底分离。

3.2.5 4NF

对于存在多值依赖的关系模式需要分解和优化。如果关系模式 R(U, F) 属于 1NF，对于 R 的每个非平凡多值依赖 X →→ Y(Y ⊄ X)，X 都含有键，则称 R 属于第四范式，记为 R ∈ 4NF。

例 3-4　授课关系（teacher, department, course）中 teacher →→ course 是非平凡多值依赖，其决定因素 teacher 不含键，只是键的一部分，所以授课关系 R 不属于 4NF。我们将其分解为两个属于 4NF 的关系模式，如表 3-4 和表 3-5 所示。

表 3-4　教师 – 院系关系

teacher	department
孙绍刚	信息管理与信息系统系
孙绍刚	物流管理系
张彦	财务管理系
张彦	工商管理系
……	……

表 3-5　教师 – 课程关系

teacher	course
孙绍刚	数据库技术及应用
孙绍刚	管理信息系统
张彦	组织行为学
张彦	战略管理
张彦	人力资源管理
……	……

4NF 虽然能消除非平凡多值依赖带来的数据冗余和数据操作异常的问题，但是我们没必要过度追求更高的规范化程度，因为关系模式分解得越彻底，查询数据时多表连接查询的可能性就越高。我们需要在关系模式的规范化与数据库的时间性能之间做好权衡，并非规范化程度越高越好。

3.3 求解关系模式的候选键

候选键的求解在关系规范化理论中至关重要，只有正确求得了候选键，才能进一步判断一个关系模式中的数据依赖的类型，以及关系模式的范式级别。

3.3.1 候选键的求解方法

关系模式的候选键是指能够唯一标识关系的元组的一个属性或属性组，可以根据候选键的定义从属性之间的联系判断候选键，也可以根据函数依赖的定义判断关系模式的候选键。如果关系模式中所有的属性都函数依赖于某个属性或属性组，则该属性或属性组即为关系模式 R 的候选键。

1. 逻辑蕴涵

只根据关系模式的函数依赖集中的函数依赖判断候选键是不够的，任何能够从函数依赖集推导出的其他函数依赖也是判断候选键的依据。

设关系模式 R(U, F）中的 U 为属性集，F 为函数依赖集，任何一个 F 中的函数依赖或者能够从 F 中推导出来的函数依赖 X → Y，都被称为 F 逻辑蕴涵 X → Y，或 X → Y 被 F 逻辑蕴涵。

例 3-5　设关系模式 student (SID, sname, gender, college, MID）的函数依赖集 F={ SID → sname, SID → gender, SID → college, college → MID}，函数依赖 SID → MID 是否被 F 逻辑蕴涵？

由 SID → college, college → MID 可以推出 SID → MID 在 student 上也成立，则除了 SID → sname, SID → gender, SID → college, college → MID 被 F 逻辑蕴涵外，SID → MID 也被 F 逻辑蕴涵，或称 F 逻辑蕴涵 SID → MID。

2. 函数依赖集 F 的闭包

F 逻辑蕴涵的所有函数依赖的集合被称为 F 的闭包，记为 F^+。

例如，关系模式 student（SID, sname, gender, college, MID）中，函数依赖集合 F 的闭包 F^+={SID → sname, SID → gender, SID → college, college → MID, SID → MID}。

3. 属性或属性集的闭包

基于函数依赖集 F 的闭包，可以求解任何一个属性或属性集能够函数决定的所有属性。属性或属性集能函数决定的所有属性，称为该属性或属性集的闭包，记为 X_F^+。

设关系模式 R 中，U 为属性集，F 为函数依赖集，如果一个属性或属性集 X 能函数决定关系模式的所有属性，即 $X_F^+ = U$，则 X 为关系模式的一个超键。如果 $X_F^+ = U$ 且 X 的任何真子集关于 F 的闭包都不为 U，则 X 是关系模式 R 的一个候选键。

综上，在求解复杂关系模式的候选键时，我们先要求解逻辑蕴涵，再求解函数依赖集的闭包和属性集的闭包。

3.3.2 Armstrong公理

1974年，Armstrong总结了各种函数推理规则，并把其中最主要、最基本的规则整理成了著名的Armstrong公理。Armstrong公理已被证明是一套有效的、完备逻辑蕴涵求解推理规则。

设关系模式R中，U为属性集，F为函数依赖集，则有如下推理规则。

（1）自反律。若属性集Y包含于属性集X，属性集X包含于U，则X→Y在R上成立。

（2）增广律。若X→Y在R上成立，且属性集Z包含于属性集U，则XZ→YZ在R上成立。

（3）传递律。若X→Y和Y→Z在R上成立，则X→Z在R上成立。

（4）合并规则。若X→Y，X→Z同时在R上成立，则X→YZ在R上也成立。

（5）分解规则。若X→W在R上成立，且属性集Z包含于W，则X→Z在R上也成立。

（6）伪传递规则。若X→Y在R上成立，且WY→Z，则XW→Z也成立。

例3-6 设关系模式R中，U={A, B, C, D, E, P }，F={AD→E, AE→BC, BE→DP, CD→E, CEP→D, DE→P, E→C, P→AB}，判断DP→CE是否属于F^+。

由P→AB知P→A，DP→AD。

又知AD→E，E→C，由传递律可得AD→C，由合并规则可得AD→CE。

由传递律可得DP→CE，所以DP→CE属于F^+。

通过上述步骤找到了F的一个逻辑蕴涵DP→CE。反复使用Armstrong公理，可以找出F逻辑蕴涵的所有函数依赖，进而得到F^+。但是对于属性多的关系模式，这种方法的求解过程会比较烦琐。

3.3.3 求解属性集的闭包

由X_F^+的定义可知，若想判断函数依赖X→Y是否成立，只要计算X关于函数依赖集F的闭包，若X的闭包中包含Y，则X→Y成立。计算X_F^+的过程如下。

（1）选X为初值记为$X^{(i)}$，i=0。

（2）求A，这里A满足下列条件：$Y \subseteq X^{(i)}$且F中存在函数依赖Y→Z，而$A \subseteq Z$，$X^{(i+1)} = A \cup X^{(i)}$。

（3）判断$X^{(i+1)}$是否等于$X^{(i)}$。若相等或$X^{(i)}=U$，则$X^{(i)}$就是X_F^+，算法终止。否则i=i+1，返回第（2）步。

例3-7 设关系模式R中，U={ A, B, C, D, E, P }，F={ AE→BC, AP→E, CD→E, CE→D, DE→P, E→C, P→A}，判断DP是否为关系模式的候选键。

设 $X^{(0)}$=DP。

计算 $X^{(1)}$：在 F 中找其左边为 D 或 P 或 DP 的函数依赖，如 P → A，所以 $X^{(1)}$=DP ∪ A=ADP。

计算 $X^{(2)}$：在 F 中找包含 $X^{(1)}$ 的函数依赖，除 P → A 外，还有 AP → E，所以 $X^{(2)}$= ADP ∪ E=ADEP。

计算 $X^{(3)}$：在 F 中找包含 $X^{(2)}$ 的函数依赖，除去已使用过的函数依赖外，还有 E → C，DE → P 和 AE → BC，所以 $X^{(3)}$=ADEP ∪ BC=ABCDEP。

由上述计算可得（DP)$^+$=ABCDEP，DP 是超键，而且它的任何一个真子集 D 或 P 都不能函数决定关系模式的全部属性，因此 DP 是关系 R 的候选键。

3.3.4 简化候选键的求解过程

通过求 X_F^+ 求候选键时的最大问题就是对所有属性都要计算，特别不适合多属性的情况。如果能事先把根本不可能是主属性的属性去掉，将会大大缩短求解过程。

对于关系模式 R 中的任何一个函数依赖 X → Y，左边的属性 X 是决定性属性，右边的属性 Y 是依赖性属性。如果关系模式的某个属性只出现在函数依赖的左边，这个属性不仅是决定性属性，而且不能由其他决定性属性推导出来，一定是任一候选键的组成部分，被称为 L 类属性。对于那些只出现在函数依赖右边的属性，则一定不是主属性，不存在于关系模式的任何候选键中，称为 R 类属性。在函数依赖的左右两边都出现过的属性，称为 LR 类属性。没有办法直接判断 LR 类属性是否包含在候选键中，需要通过属性的闭包进行分析。最后一类是在函数依赖左右两边均未出现的孤立属性，被称为 N 类属性。N 类属性虽然不能决定其他属性，但是也不能由其他属性推导出来，即 N 类属性不可能包含在其他属性的闭包中，因此 N 类属性和 L 类属性一样，是任一候选键的组成部分。

根据以上属性的分类方法，可以排除求解 R 类属性的闭包，简化候选键的求解过程。

例 3-8 设关系模式 R(U, F)，U={A, B, C, D, E}，F={AB → CD, E → D, D → E, AE → BC, B → E}，求所有候选键。

A 不在函数依赖集 F 中任何一个函数依赖的右边出现，R 的候选键必含 A；

A^+ = A，所以 A 不是候选键。

$(AB)^{(0)}$=AB，AB → CD，B → E，所以（AB)$^{(1)}$=ABCDE。$(AB)^+$=ABCDE=U，所以 AB 是候选键。

$(AC)^{(0)}$=AC，$(AC)^+$=AC，所以 AC 不是候选键。

$(AD)^{(0)}$=AD，D → E，所以（AD)$^{(1)}$=ADE。E → D，AE → BC，所以（AD)$^{(2)}$= ADEBC。$(AD)^+$=ADEBC=U，所以 AD 是候选键。

$(AE)^{(0)}$=AE，AE → BC，E → D，所以（AE)$^{(1)}$=AEBCD。$(AE)^+$=AEBCD=U，所以 AE 是候选键。

有 3 个及 3 个以上属性且含 A 的子集都含 AB 或 AD 或 AE，都是超键，不是候选键。

所以 R 的候选键有 AB，AD，AE。

3.4 关系模式的分解原则

关系模式的规范化过程是一个模式分解的过程，对于同一个模式可以有不同的分解方法。

例如，关系模式 R（SID, CID, sname, gender, college, password, balance）的关键字为 SID 或 CID，R 属于 1NF，不属于 2NF，虽然将它们分解为两个关系模式 R_1（SID, sname, gender, college）、R_2（CID, password, balance）后，关系模式都达到了 2NF 甚至 3NF 的要求，但是两个关系模式之间没有公共属性，无法通过连接运算还原成分解前的关系，SID 和 CID 之间的联系丢失了。因此，这样的分解是有损的、不合理的。

又如，关系模式 R（SID, sname, gender, college, MID）虽然属于 2NF，但存在 SID → college, college → MID，不属于 3NF。假设我们分别使用两种分解方法去掉非主属性 MID 对主属性 SID 的传递函数依赖，方法一是将 R 分解为 R_1（SID, sname, gender, college）和 R_2（SID, MID），方法二是将 R 分解为 R_1（SID, sname, gender, college）和 R_2（college, MID）。分解后的关系模式虽然都达到了 3NF 的要求，但是方法一的分解结果中丢失了 college → MID，破坏了属性间的语义联系，是不合理的分解方法。

关系模式向更高范式优化的同时需要遵循两个基本的分解原则：无损连接性和保持函数依赖性。

无损连接性是指分解过程可逆，分解后的关系模式通过连接运算可以恢复到分解前的关系模式，既不增加数据也不丢失数据。设关系模式 R 的一个分解为 $\rho=\{R_1, R_2, \cdots, R_k\}$，如果对于 R 的任一满足函数依赖集合 F 的关系 r 都满足 $r=\Pi_{R_1}(r) \bowtie \Pi_{R_2}(r) \bowtie \cdots \Pi_{Rk}(r)$，则称这个分解 ρ 是函数依赖集合 F 的无损分解，满足无损连接性。

保持函数依赖性是指关系模式分解不破坏原来的语义，分解后函数依赖不丢失。设关系模式 R 的一个分解为 $\rho=\{R_1, R_2, \cdots, R_k\}$，其中，F 为关系模式 R 的函数依赖集，$F_1$, F_2, …, F_k 分别为 R_1, R_2, …, R_k 的函数依赖集。如果（$F_1 \cup F_2 \cup F_3 \cdots \cup F_k$）$^+ = F^+$，则分解 ρ 具有保持函数依赖性。

3.4.1 无损连接性的判断方法

设关系模式 R 的属性集 $U=\{A_1, A_2, \cdots, A_n\}$，函数依赖集为 F。R 的一个分解 $\rho=\{R_1, R_2, \cdots, R_k\}$。判断 ρ 是否具有无损连接性的过程就是分解后的子模式进行连接运算的过程。当子表多、函数依赖多时，我们用图表显示连接运算的过程和结果比文字和公式更直观与高效。

先把关系模式的分解结果表示为一张 k 行 n 列的二维表格，每一行对应一个分解后的子模式 $R_i(1 \leqslant i \leqslant k)$，每一列对应一个属性 $A_j\,(1 \leqslant j \leqslant n)$。单元格的值分为两类，一类是子模式中有的属性，另一类是子模式中没有的属性，表示方法：如果 A_j 在 R_i 中，那么在表格的第 i 行第 j 列处填上符号 a_j，否则填上符号 b_{ij}。

初始化工作完成后，根据 F 中的函数依赖循环修改表中的值，直到某一个子模式所在的行全是 a，即该子模式可以函数决定原关系模式 R 的所有属性，可以断定分解结果能通过自然连接恢复到分解前的关系模式，即 ρ 相对于 F 是无损连接分解。若求解了所有的逻辑蕴涵并反复修改表格直到表格不能修改，表格中仍然不存在全是 a 行，说明不存在某一个子模式中属性组的闭包能包含 R 中的所有属性，即子模式无法通过自然连接还原成原来的关系模式，因此分解不具备无损连接性。

修改方法是循环处理 F 中的每个函数依赖。对于每个函数依赖 X → Y，如果表中存在两行或多行中 X 列上具有相同符号的情况，则将这些行上 Y 列上的值也改为相同情况。如果这些行的 Y 列上有一个值是 a_j，那么其他行的 Y 列上的值也改成 a_j；否则改动行下标最小的 b_{mj}（m 为这些行的最小行号）。若某个 b_{ij} 被改动，则该列中凡是与 b_{ij} 相同的符号均作相同的改动。

例 3-9 设关系模式 R 中的属性集 U={A, B, C, D, E, P}，函数依赖集 F={A → BC, CD → E, B → D, BE → F, EP → A}，那么分解 ρ ={R_1(A, B, C)，R_2(B, D)，R_3(B, E, P)} 是否具备无损连接性?

根据关系模式 R 的函数依赖集 F，可知 R_1 中存在函数依赖 A → BC，R_2 中存在函数依赖 B → D，R_3 中存在函数依赖是 BE → P。

（1）构造初始表格，如表 3-6 所示。

表 3-6 初始表格（例 3-9）

	A	B	C	D	E	P
A → BC	a_1（A 在 A → BC 中，此行第一行第一列）	a_2	a_3	b_{14}	b_{15}	b_{16}
B → D	b_{21}（A 不在 B → D 中，此为第二行第一列）	a_2	b_{23}	a_4	b_{25}	b_{26}
BE → P	b_{31}（A 不在 BE → P 中，此为第三行第一列）	a_2	b_{33}	b_{34}	a_5	a_6

（2）调整表格。分解中有三个函数依赖 A → BC，B → D，BE → P，调整过程就分为三步。

①根据 A → BC 调整表格。根据函数依赖的定义，如果 A 中存在的两个属性值是相同的，则由它推出的 BC 的值肯定是相同的。从表 3-6 中遍历 A 列，没有发现相同的属性组，无法调整 BC 的值。

②根据 B → D 调整表格。根据函数依赖的定义，如果 B 中存在的两个属性值是相同的，则由它推出的 D 的值肯定是相同的。表 3-6 中 B 的三个属性值都是 a_2，而 D 的三个属性值并不相同，其中 D 的第二个属性值是 a_4，所以把 D 的属性值都修改为 a_4。修改后的表格如表 3-7 所示。

表 3-7 根据 B → D 调整后的表格

	A	B	C	D	E	P
A → BC	a_1	a_2	a_3	a_4	b_{15}	b_{16}
B → D	b_{21}	a_2	b_{23}	a_4	b_{25}	b_{26}
BE → P	b_{31}	a_2	b_{33}	a_4	a_5	a_6

③根据 BE → P 修改表。因为表 3-6 中不存在 BE 相同的值，所以无法调整 P 的值。

至此，已无函数依赖可以用来调整表，而且表中不存在某一行是 $\{a_1, a_2, a_3, a_4, a_5, a_6\}$ 这样的序列，即可判断该分解不是无损连接分解。

例 3-10 设有关系模式 R(U, F)，其中 U={A, B, C, D, E, P}，F={A → B, C → P, E → A, CE → D}，判断一个分解 ρ ={R_1 (A, B, E)，R_2 (C, D, E, P)} 是否具有无损连接性。

（1）构造初始表格，如表 3-8 所示。根据关系模式 R 的函数依赖集 F，可知 R_1 中存在函数依赖 A → B，E → A，R2 中存在函数依赖 C → P，CE → D。

表 3-8 初始表格（例 3-10）

	A	B	C	D	E	P
A → B，E → A	a_1	a_2	b_{13}	b_{14}	a_5	b_{16}
C → P，CE → D	b_{21}	b_{22}	a_3	a_4	a_5	a_6

（2）调整表格。

①根据 E → A 调整表格（调整的先后顺序是任意的），调整的结果如表 3-9 所示。

表 3-9 根据 E → A 调整后的表格

	A	B	C	D	E	P
A → B，E → A	a_1	a_2	b_{13}	b_{14}	a_5	b_{16}
C → P，CE → D	a_1	b_{22}	a_3	a_4	a_5	a_6

②根据 A → B 调整表格，调整结果如表 3-10 所示。

表 3-10 根据 A → B 调整后的表格

	A	B	C	D	E	P
A → B，E → A	a_1	a_2	b_{13}	b_{14}	a_5	b_{16}
C → P，CE → D	a_1	a_2	a_3	a_4	a_5	a_6

此时，表中第二行的值已经是 $\{a_1, a_2, a_3, a_4, a_5, a_6\}$ 这样的全 a 序列，不需要继续调整即可判断出该分解是 R 的一个无损分解。

如果分解后的关系模式只有两个，可以使用下述快捷方法。设关系模式 R 的函数依赖集为 F，分解为 ρ={R_1, R_2}，则分解 ρ 是无损分解的充分必要条件为：$R_1 \cap R_2 \rightarrow (R_1 - R_2)$ 或 $R_1 \cap R_2 \rightarrow (R_2 - R_1)$。“或”的意思是 $(R_1 \cap R_2) \rightarrow (R_1 - R_2)$、$(R_1 \cap R_2) \rightarrow (R_2 - R_1)$ 中只要有一个成立即可。

无损连接性的快捷判别方法仅适用于分解结果为两个关系模式的情况，是表格法的一个特例。

例 3-11 设有关系模式 R(U, F)，其中 U={A, B, C}，F={A → B, C → B}，判断一个分解 ρ ={R_1(A, C)，R_2(B, C)} 是否具有无损连接性。

由于 AC ∩ BC=C，BC−AC=B，

由已知条件可知 C → B，故有 AC ∩ BC → (BC−AC)。

根据无损分解的充分必要条件可以判断 ρ ={R_1(A, C)，R_2(B, C)} 是 R 的一个无损分解。

3.4.2 保持函数依赖性的判断方法

如果 F 上的每一个函数依赖都在其分解后的某一个关系模式上成立，则这个分解肯定具有保持函数依赖性。但这是分解具有保持函数依赖性的充分而不必要条件。设 $F_1 \cup F_2 \cup F_3 \cdots \cup F_k = G$ 当且仅当 F 中有但是分解后的子模式中都没有的函数依赖 X → Y 都逻辑蕴涵于 G^+ 时，$G^+ = F^+$ 则可以判定该分解具有保持函数依赖性。

例 3-12 已知 R(U, F)，U = {A, B, C, D, E}，F = {B → A, D → A, A → E, AC → B}，R 的一个分解为 ρ ={R_1(A, B, C, E), R_2(C, D)}，判断这个分解是否具有保持函数依赖性。

分解得到 R_1 的函数依赖集合 F_1={B → A, A → E, AC → B}, R_2 的函数依赖集合 F_2 为空集。令 $F_1 \cup F_2$=G，G 覆盖了 R 的函数依赖集合 F 中的三个函数依赖 B → A、A → E 和 AC → B，但是 D → A 并没有被覆盖，需要进一步通过 D_G^+ 进行判断。

①设 $X^{(0)}$=D。

②计算 $X^{(1)}$：G 中没有左边为 D 的函数依赖，$X^{(1)} = X^{(0)}$。

由此可得：$D_G^+ = D$，并未包含 A，D → A 未被保持，该分解不具有保持函数依赖性。

采用不同的模式分解方法会得到不同的分解结果。理想的分解兼具无损连接性和保持函数依赖性，最差的分解是两个基本的分解原则都没有遵守，还有的分解是只具有无损连接性，或者只具有保持函数依赖性。违背两个分解原则中的任何一个都会导致原有关系模式中部分信息的丢失。

C H A P T E R 4

第4章

SQL概述

■ 学习目标

- 本章主要介绍结构化查询语言（Structured Query Language, SQL）的基本概念、完整性约束，以及MySQL的存储引擎和主要数据类型。

■ 开篇案例

唐·钱伯林（Don Chamberlin）是SQL和XQuery语言的主要创造者之一。1973年，IBM在外部竞争压力下，开始加强在关系数据库方面的投入。钱伯林被调到San Jose研究中心，加入新成立的项目System R。System R是基于Codd提出的关系数据库管理系统模型。

System R项目包括研究高层的关系数据系统（Relational Data System，RDS）和研究底层的存储系统（Research Storage System，RSS）两个小组，钱伯林担任RDS组的经理。RDS实际上就是一个数据库语言编译器，由于Codd提出的关系代数和关系演算过于数学化，影响了易用性，于是钱伯林选择了自然语言作为研究方向，其结果就是诞生了结构化英语查询语言（Structured English Query Language，SEQUEL）。后来，由于商标之争，SEQUEL更名为SQL。

System R是一个具有开创性意义的项目。它第一次实现了结构化查询语言，并以成为标准的关系数据查询语言。同时，它也是第一个证明了关系数据库管理系统可以提供良好事务处理性能的系统。System R系统中的设计决策，以及一些基本算法选择（如查询优化中的动态编程算法）对以后的关系系统都产生了积极影响。System R本身作为原型虽然并未问世，但鉴于其影响，计算机协会（Association for Computing Machinery，ACM）还是把1988年的“软件系统奖”授予了System R开发小组。

随着时间的推移和SQL简洁、直观的优点，SQL在市场上获得了不错的反响，引起了美国国家标准学会的关注，其分别在1986年、1989年、1992年、1999年及2003年发布了SQL标准。数据库生产商在遵循ANSI标准的同时，也会根据自己产品的特点对SQL进行一些改进和增强，于是也就有了SQL Server的Transact-SQL、Oracle的PL/SQL等语言。在学习SQL语言时，没有必要刻意关心哪些语句或关键字是SQL标准，哪些是数据库产品的扩展。事实上，常见的数据库操作在绝大多数支持SQL语言的数据库中差别并不大，所以数据库开发人员在跨越不同的数据库产品时，一般不会遇到什么障碍。但是对于数据库管理员来说，则需要面对很多挑战，不同数据库产品在管理、维护和性能调整方面区别很大。

资源来源：文字根据网络资料整理得到。

4.1 SQL概述

4.1.1 SQL的基本功能

和关系代数一样，SQL也采用集合操作方式，数据操作的对象和操作结果都是集合。与关系代数不同的是，SQL更加简洁，语言风格统一，在9个核心命令中，CREATE、DROP、ALTER命令支持数据定义（Data Definition, DD）功能，SELECT命令支持数据查询（Data Query, DQ）功能，INSERT、UPDATE、DELETE命令支持数据操纵（Data Manipulation, DM）功能，GRANT与REVOKE命令支持数据控制（Data Control, DC）功能，为数据库应用系统开发提供了良好的环境。

4.1.2 SQL与关系型数据库的对应关系

SQL支持数据库三级模式结构，其术语与数据模型的术语略有不同。术语间的对应关系如图4-1所示。

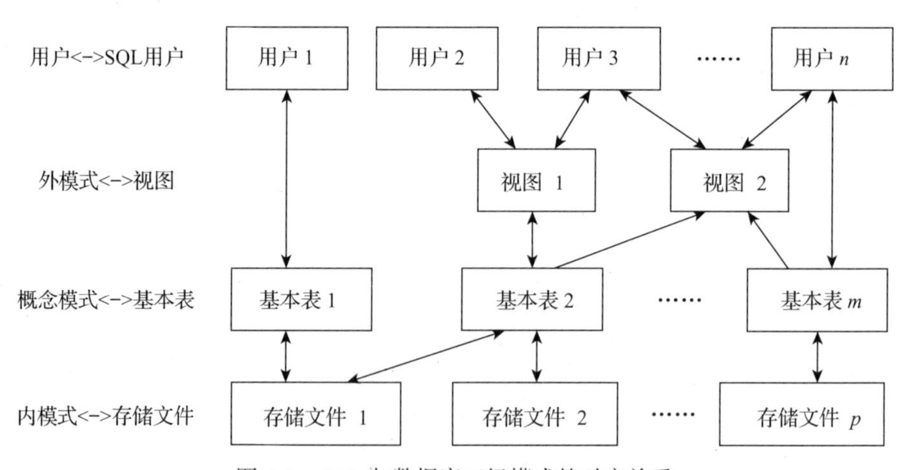

图4-1 SQL与数据库三级模式的对应关系

三级模式中的外模式、概念模式、内模式在 SQL 中分别称为视图（View）、基本表（Base Table）和存储文件（Stored File）。

关系数据模型中的关系、元组和属性在 SQL 中分别称为基本表（Table）、行（Row）和列（Column）。一个基本表可以跨一个或多个存储文件，一个存储文件也可以存放一个或多个基本表。

4.2　完整性约束

关系数据模型的三类完整性约束都可以通过相应的 SQL 语句进行定义，然后由数据库管理系统自动支持。

4.2.1　实体完整性约束

1. 主键约束

主键约束（Primary Key）既可以用于列约束，也可以用于表约束。如果是单个属性做主键，那该主键约束为列约束；如果是组合属性做主键，那该主键约束为表约束。

定义列约束的语法格式为

```
[CONSTRAINT symbol]PRIMARY KEY
```

定义表约束的语法格式为

```
[CONSTRAINT symbol]PRIMARY KEY[index_type](key_part,…)
```

参数：

（1）CONSTRAINT symbol：对约束命名。如果不命名，MySQL 将根据“tbl_name.PRIMARY”生成约束名。

（2）index_type：索引类型。常用的索引类型有聚集索引和非聚集索引。CLUSTERED 表示在主键上建立聚集索引，NONCLUSTERED 表示在主键上建立非聚集索引。默认值是创建聚集索引。

（3）key_part：构成主键的属性，可以是一个属性主键，也可以是组合属性做主键。多属性之间用半角逗号分开。

SQL 语句的语法规则如表 4-1 所示。

表 4-1　SQL 语句的语法规则

规则	描述
|（竖线）	分隔括号。只能选择一个项目
[]（方括号）	可选语法项目。不需要键入括号
{}（花括号）	必选语法项目。不需要键入括号
[,…n]	表示前面的项可重复 *n* 次，每一项由逗号分开

SQL 语句中的所有符号，无论是括号、逗号、分号，还是引号都是半角状态。SQL 忽略语句中的空格，不区分字符串的大小写，但是带引号的字符串中的空格会被当作空字符处理。每个 SQL 语句以分号结束。

2. 空值约束

空值（NULL）表示不知道、不确定、没有数据的意思，不等于零，也不等于空白。空值约束只能用于列约束，语法格式为

```
[CONSTRAINT symbol]NULL/NOT NULL
```

3. 唯一值约束

唯一值约束（UNIQUE）表示在某一列或多个列的组合上的取值是唯一的，系统会自动为其建立唯一索引。UNIQUE 既可以用于列约束，也可以用于表约束，语法格式为

```
[CONSTRAINT symbol]UNIQUE [index_type](key_part,…)
```

主键约束与唯一值约束都要求数据值的唯一性，但是主键约束更严格。一个基本表中只能定义一个主键约束，而唯一值约束没有个数限制。此外，在主键约束的列或列的组合中，任何一个列都不能出现空值，而唯一值约束没有非空的限制。

4.2.2 参照完整性约束

SQL 使用 FOREIGN KEY 子句定义参照完整性约束。FOREIGN KEY 既可用于列约束，也可用于表约束，语法格式为

```
[CONSTRAINT symbol] FOREIGN KEY
    (foreignkey_part,…)
        REFERENCES tbl_name (key_part,…)
            [ON DELETE reference_option]
        [ON UPDATE reference_option]
    reference_option:
        RESTRICT|CASCADE|SET NULL|NO ACTION
```

参数：

（1）CONSTRAINT symbol：如果不指定约束名，MySQL 将根据“tbl_name_ibfk_序数（1，2，3，…）”生成约束名。

（2）foreignkey_part：外键的列名。

（3）tbl_name (key_part,…)：外键引用的主表及其主键的列名。

（4）reference_option：当对数据库中的数据进行删除或修改操作而违反了参照完整性约束时，保证参照完整性规则不会被破坏的处理策略。MySQL 中 FOREIGN KEY 子句的处理策略包括以下几个。

RESTRICT：拒绝主表的删除或更新操作。该值是默认值。

CASCADE：主表中删除或更新行时，自动删除或更新从表中的匹配行。

SET NULL：主表中删除或更新该行时，将子表中的外键列设置为 NULL。

NO ACTION：标准 SQL 中的关键字。在 MySQL 中，等效于 RESTRICT。

4.2.3 用户自定义完整性约束

SQL 用 CHECK 子句定义用户自定义完整性，CHECK 既可用于列约束，也可用于表约束。CHECK 的语法格式为：

```
[CONSTRAINT symbol]CHECK(expr)
```

参数：

（1）如果不指定约束名，MySQL 将根据“tbl_name_chk_ 和序数（1，2，3，…）”生成约束名。

（2）expr：约束条件为布尔表达式，表的每一行的值都必须使该条件等于 TRUE 或 UNKNOWN（对于 NULL 值而言），否则会产生冲突。

4.3 MySQL 存储引擎

4.3.1 存储引擎的概念及其设置

数据库对同样的数据有着不同的存储方式和管理方式，在 MySQL 中被称为存储引擎。对于不同的存储引擎，储存数据的储存结构、储存机制、索引方法、事务处理方式等功能和方法是不同的。例如，在处理大量临时数据时我们一般选择内存存储引擎，这种引擎能更好地调用储存在内存中的数据。而在面临大量并发时，就需要一个支持事务处理的存储引擎。

MySQL 和其他数据库管理系统相比最大的特色就是存储引擎。MySQL 支持多种不同的存储引擎，我们可以根据不同的需要来选择不同的存储引擎，如在 MySQL 命令中可以通过 SHOW ENGINES；命令来查询 MySQL 支持的存储引擎，如图 4-2 所示。

Engine	Support	Comment	Transactions	XA	Savepoints
MEMORY	YES	Hash based, stored i	NO	NO	NO
MRG_MYISAM	YES	Collection of identic	NO	NO	NO
CSV	YES	CSV storage engine	NO	NO	NO
FEDERATED	NO	Federated MySQL st	(Null)	(Null)	(Null)
PERFORMANCE_SCH	YES	Performance Schem	NO	NO	NO
MyISAM	YES	MyISAM storage en	NO	NO	NO
InnoDB	DEFAULT	Supports transactior	YES	YES	YES
BLACKHOLE	YES	/dev/null storage en	NO	NO	NO
ARCHIVE	YES	Archive storage eng	NO	NO	NO

图 4-2 MySQL 支持的存储引擎

其中，Support 不同值的含义为：YES 表示支持并启用；DEFAULT 表示支持并启用，且为默认存储引擎，MySQL 5.5 之前默认的存储引擎为 MyISAM，5.5 版本之后默认的推荐引擎为 InnoDB；NO 表示不支持；DISABLED 表示支持，但是数据库启动时被禁用。Comment 是针对不同引擎的推荐使用场景。

创建数据库的过程中，可以选择不同的存储引擎。例如，在创建用户表 S 时，SQL 语句最后的 ENGINE=MyISAM 就是设置该表的存储引擎为 MyISAM，如图 4-3 所示。

```
1 CREATE TABLE  S(
2     id      int(100) unsigned NOT NULL AUTO_INCREMENT,
3     name    varchar(32) NOT NULL DEFAULT '' COMMENT '姓名',
4     PRIMARY KEY (`id`)
5   )ENGINE=MyISAM;
```

图 4-3 创建数据库时选择存储引擎

表创建完成之后，可以通过 SHOW 命令来显示表的完全格式，包括默认设置。

```
1  SHOW CREATE TABLE S;
```

结果如下。

```
CREATE TABLE 's' (
    'id' INT unsigned NOT NULL AUTO_INCREMENT,
    'name' VARCHAR(32) NOT NULL DEFAULT " COMMENT '姓名',
    PRIMARY KEY ('id')
) ENGINE=MyISAM DEFAULT CHARSET=utf8mb4 COLLATE=utf8mb4_0900_ai_ci
```

SHOW 的结果不仅仅显示了选择的存储引擎，还将未设置的字符集的默认值等显示了出来。

使用哪种引擎需要根据需求灵活选择，在一个数据库中，多个表可以使用不同的引擎以满足各种性能和实际需求。使用合适的存储引擎，将会提高整个数据库的性能。接下来的部分我们将介绍 MySQL 中的几种主流存储引擎。

4.3.2 MyISAM 存储引擎

MyISAM 是 MySQL 在 5.5 版本之前的默认存储引擎，此搜索引擎既不支持事务，也不支持外键。在 5.5 之前的版本中，其访问速度相较于其他存储引擎较快，但由于其不支持事务，因而目前已经极少使用了。MyISAM 在磁盘上的储存格式与其他的存储引擎较为不同，它将存储表定义、存储数据，以及存储索引分为不同的文件储存在磁盘中，以获得更快的速度。第一个文件的名字以表的名字开始，扩展名指出文件类型，.sdi 文件描述表的元数据信息；数据文件的扩展名为 .MYD（MYData）；索引文件的扩展名是 .MYI（MYIndex），如图 4-4 所示。

MyISAM 的表格在储存的时候支持三种不同的储存格式，分别是静态表、动态表及压缩表。

myisam_test.MYD	2021-2-19 22:05	MYD 文件
myisam_test.MYI	2021-2-19 22:05	MYI 文件
myisam_test_553.sdi	2021-2-19 22:05	SDI 文件

图 4-4　MyISAM 在磁盘上的储存格式

1. 静态表

静态表中的字符都是固定长度的字符，优点是储存迅速，容易缓存，出现问题时也较为容易恢复，缺点是占用的空间通常较多。静态表的数据在储存的时候会自动按照设定的长度补足空格，而在读取的时候又会将空格去掉。但是这也造成一个问题，即原本保存的内容中包含的空格也会在访问的时候被去掉。

例 4-1　测试在 MyISAM 存储引擎中存储的方式，结果如图 4-5 所示。

```
CREATE TABLE MyISAM_test (k VARCHAR(8))ENGINE=MyISAM;
INSERT MyISAM_test VALUES ('aaaa'),('aaaa    '),('    aaaa'),('    aaaa    ');
SELECT k,LENGTH(k) FROM MyISAM_test;
```

2. 动态表

动态表包含变长字段，不是固定长度的，这样储存的优点是占用的空间相对较少，但是频繁更新和删除记录会产生很多的日志碎片，长期下来会影响到整体的性能，同时在出现问题时恢复也较为困难，需要定期使用 OPTIMIZE 语句或者 myisamchk -r 执行清理。

k	LENGTH(k)
aaaa	8
aaaa	8
aaaa	8
aaaa	4

图 4-5　静态表示例

3. 压缩表

压缩表是由 myisampack 工具创造占用的空间更小的表，压缩率一般为 40%—70%。访问数据时，服务器会将所需要的信息读入内存中。由于数据是被压缩过的，因此压缩后的表不能进行修改，除非先将表解除压缩、修改好数据后再次压缩。压缩表支持索引，但索引同样是只读的。

4.3.3　InnoDB 存储引擎

InnoDB 作为 MySQL 5.5 之后的默认存储引擎，提供提交回滚和崩溃恢复功能，同时支持事务，提供更小的封锁粒度，以及更强的并发能力。为了性能的提升，InnoDB 会占有更多的磁盘空间以保留数据和索引，但是相较于 MyISAM 存储引擎而言，InnoDB 是更好的选择。

下面我们介绍 InnoDB 存储引擎的具体特征，以便更好地使用此存储引擎。

1. 自动增长列

创建数据表时，可以设置自动增长列，也可以通过 alter table table_name auto_

increment=n 来修改自动增长列的初始值。向表中插入记录时，自动增长列在不插入数据时能自动增长。

例 4-2 测试 InnoDB 存储引擎中自动增长列的使用。

首先创建拥有两个属性的数据表，其中一个设置为自动增长列，并且向其中插入一些测试数据如图 4-6 所示。

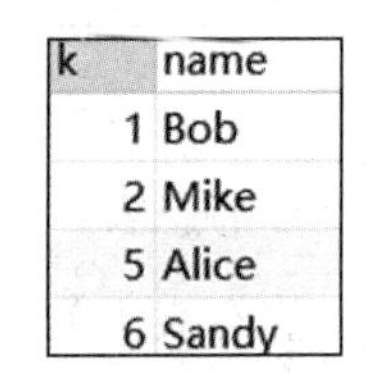

k	name
1	Bob
2	Mike
5	Alice
6	Sandy

图 4-6 自动增长列应用示例

```
CREATE TABLE aut_incre
(k INT not null auto_increment,
    name VARCHAR(10),
    PRIMARY key(k)
);
INSERT INTO aut_incre VALUES(null,'Bob'),(null,'Mike'),(5,'Alice'),(null,'Sandy') ;
```

从图 4-6 的结果中我们可以看出，当插入的数据没有设定为任何值的时候，InnoDB 存储引擎会自动地填入默认值 1，并且自动增长。但是一旦插入了某个特定的值 5，就相当于修改了 auto_increment 的值，在之后的数据中，自动增长的值不再按照默认值，而是紧接着按修改的值自动增长。

接下来删除最后一行，再向其中插入新的数据，新增的自动增长列会是什么结果？

```
DELETE FROM aut_incre WHERE name='Sandy';
INSERT INTO aut_incre VALUES(null,'Sandy2');
```

从图 4-7 的结果中我们可以看出删除操作不会影响 auto_increment 的值。删除一个数据之后，即使这个数据是最后一个数据，再向表中插入新数据的时候，新增的自动增长列依然会在原来的基础上加 1。

假如不是删除数据而是修改数据，新增的自动增长列的变化如图 4-8 所示。

```
UPDATE aut_incre SET k=8 WHERE name='Sandy2';
INSERT INTO aut_incre VALUES(null,'Sandy3');
```

k	name
1	Bob
2	Mike
5	Alice
7	Sandy2

图 4-7 删除最后一行后自动增长列值的变化示例

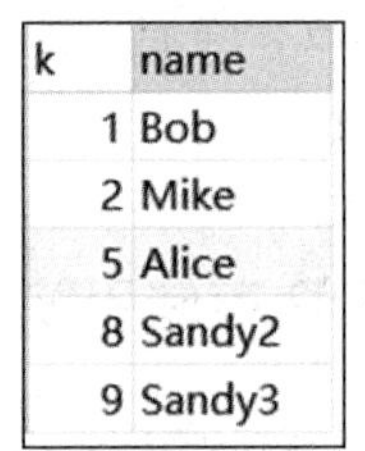

k	name
1	Bob
2	Mike
5	Alice
8	Sandy2
9	Sandy3

图 4-8 修改最后一行后自动增长列值的变化示例

从图 4-8 的结果可以看出，将之前的一行的 k 值修改为 8，新插入的值变成了 9，说明 auto_increment 的值发生了改变。我们在这里改变的是最后一个值，假如改变的是之前的数据会怎么样呢？

```
UPDATE aut_incre SET k=6 WHERE name='Bob';
INSERT INTO aut_incre VALUES(null,'Sandy4');
```

从图 4-9 的结果可以看出，即使修改的不是最后一行数据，新插入的值还是 11 而不是 10。这说明即使修改的值不是最后一行的数据，只要进行了 UPDATE 操作，auto_increment 的值依旧增加了。

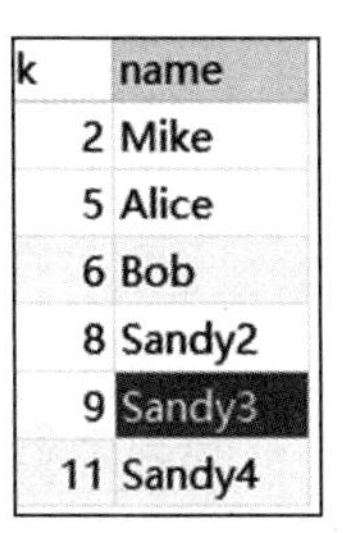

k	name
2	Mike
5	Alice
6	Bob
8	Sandy2
9	Sandy3
11	Sandy4

图 4-9 修改任意一行后自动增长列值的变化示例

利用 SHOW 命令可以查看 auto_increment 的值，并且通过 ALTER 命令来修改。

```
SHOW CREATE TABLE aut_incre;
CREATE TABLE `aut_incre` (
    `k` INT NOT NULL AUTO_INCREMENT,
    `name` VARCHAR(10) DEFAULT NULL,
    PRIMARY KEY (`k`)
) ENGINE=InnoDB AUTO_INCREMENT=12 DEFAULT
    CHARSET=utf8mb4 COLLATE=utf8mb4_0900_ai_ci
```

此时的 AUTO_INCREMENT=12，我们用 ALTER 命令对其进行修改。

```
ALTER TABLE aut_incre auto_increment=100;
INSERT INTO aut_incre VALUES(null,'Jack')
```

k	name
2	Mike
5	Alice
6	Bob
8	Sandy2
9	Sandy3
11	Sandy4
100	Jack

图 4-10 使用 ALTER 命令修改自动增长列的初始值

从图 4-10 的结果可以看出，新插入的数据自动增长列值已经变成了 100。

如果设置了自动增长列为主键，修改 auto_increment 的时候需要谨慎考虑，因为这种操作可能会违反主键约束，导致插入失败。

2. 外键约束

外键约束，即参照完整性约束。在 MySQL 诸多存储引擎中，支持外键的存储引擎只有 InnoDB。在创建外键的时候，要求主表必须有对应的索引，而从表在创建外键的时候，也会自动创建对应的索引。在使用外键的时候需要慎重，使用不当可能会带来性能下降或者数据不一致等问题。

3. 主键和索引

InnoDB 的数据文件是以聚族索引的形式保存的，被称为主索引，也称为主键。如果创建表的时候没有指定主键，那么 InnoDB 存储引擎会自建一个 long 类型的隐藏字段作为主键。

索引是提高数据查询操作性能的有效方法。InnoDB 存储引擎至少支持 16 个索引，且存储引擎默认创造的都是 B+Tree 索引。InnoDB 存储引擎和 MyISAM 存储引擎的索引虽然同为 B+Tree，但是两者区别很大。MyISAM 类型的表的数据文件及索引文件是分开的，索引文件中叶子节点存储的是数据记录的地址，需要通过地址来获取数据，如图 4-11 所示。InnoDB 存储引擎中的表数据文件本身就是 B+Tree 的索引结构，索引的关键字即数据表的主键，叶子节点中完整地保存了所有数据记录，如图 4-12 所示。因此，InnoDB 存储引擎要求必须设置主键。

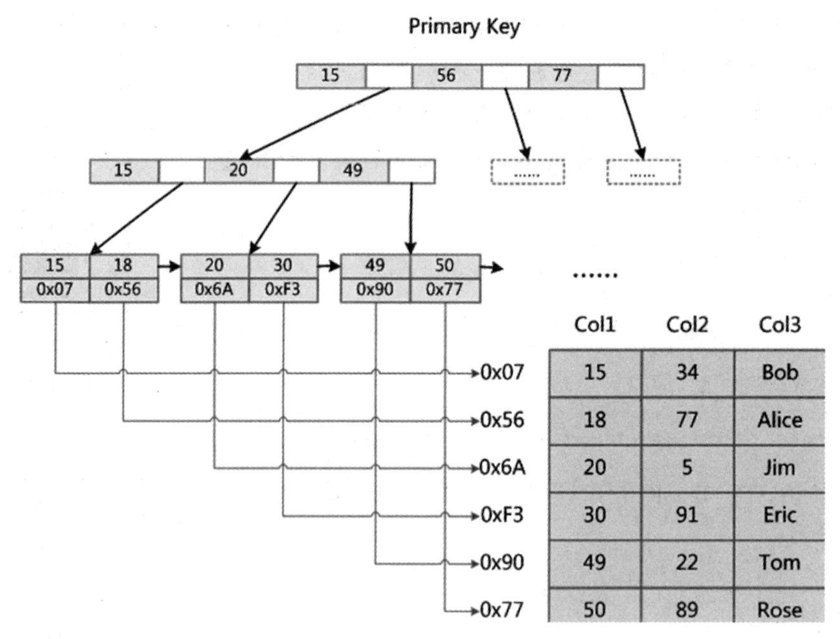

图 4-11 MyISAM 索引方式

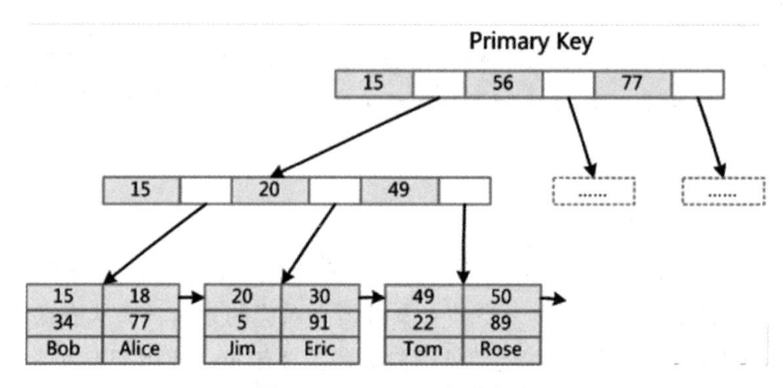

图 4-12 InnoDB 索引方式

4.3.4 MEMORY 存储引擎

与其他存储引擎将内容储存在磁盘不同的是，Memory 存储引擎只有一个 SDI 文件记录表的结构，数据文件都被储存在内存中并且默认使用 HASH 作为索引，如图 4-13 所示。

Memory 表的数据并没有写入磁盘中，访问速度非常快，但是一旦服务关停，表中的所有数据都会丢失。所以对 Memory 类型的表进行处理时要谨慎，以免造成数据丢失。Memory 存储引擎主要用来处理内容变化不频繁的数据或者中间数据，以便更高效地对中间结果进行分析并且得到最终结果。

aut_incre.ibd	2021-2-22 16:45	IBD 文件	112 K
myisam_test.MYD	2021-2-19 22:05	MYD 文件	1 K
myisam_test.MYI	2021-2-23 14:26	MYI 文件	1 K
myisam_test_553.sdi	2021-2-19 22:05	SDI 文件	2 K
tab_memory_561.sdi	2021-2-23 14:20	SDI 文件	3 K

图 4-13　Memory 存储引擎的数据存储文件

例 4-3　创建一个 Memory 存储引擎的表并向其中插入一行数据，结果如图 4-14 所示。

```
CREATE TABLE tab_memory(
k INT not null ,
name VARCHAR(10)
)ENGINE=MEMORY;
INSERT INTO tab_memory VALUES(1,' 张三 ')
```

接下来关闭 MySQL 服务，再重启 MySQL 服务，如图 4-15 所示。

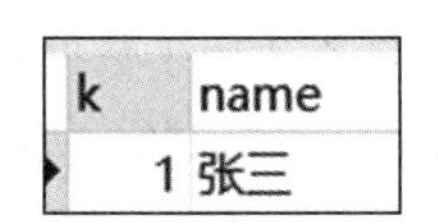

k	name
1	张三

图 4-14　Memory 存储引擎的表插入数据示例

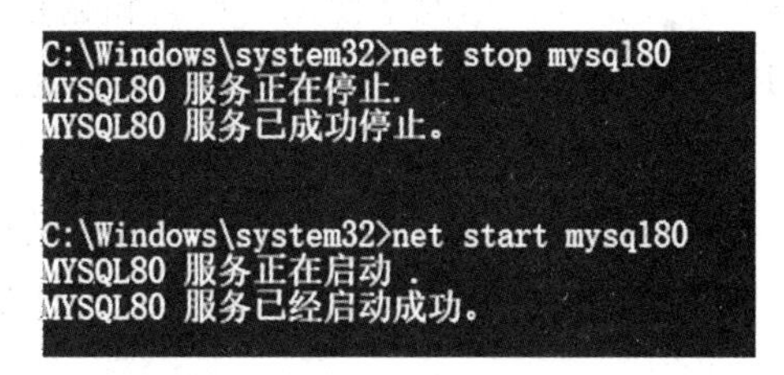

图 4-15　关闭再重启 MySQL 服务

然后，再打开 tab_memory 表，结果如图 4-16 所示，此时该表中已经没有任何数据。

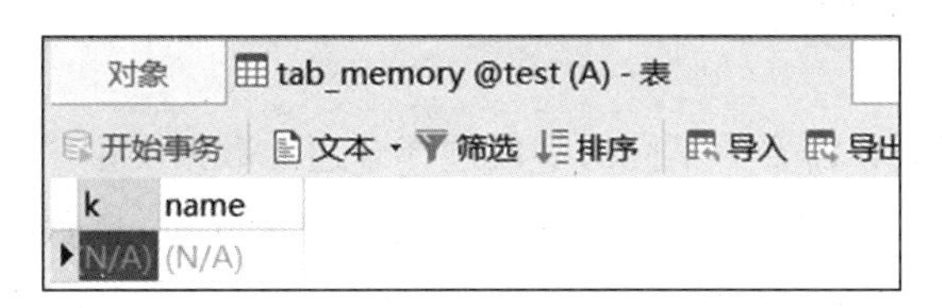

图 4-16　Memory 存储引擎的表丢失数据示例

4.3.5　存储引擎的选择

选择存储引擎时，应该根据应用程序的要求和存储引擎的特点，并结合实际测试的结果选出合适的存储引擎。表 4-2 为 MySQL 常用存储引擎的特点。

表 4-2　MySQL 常用存储引擎的特点

特点	MyISAM	InnoDB	Memory
BTREE 索引	支持	支持	支持
备份与恢复	支持	支持	支持

（续）

特点	MyISAM	InnoDB	Memory
聚族索引	—	支持	—
数据压缩	支持	支持	—
外键约束	—	支持	—
HASH 索引	—	—	支持
锁粒度	表级	行级	表级
MVCC 多版本控制	—	支持	—
事务	—	支持	—

MyISAM 存储引擎以读操作和插入操作为主，只有少量的更新和删除操作，并且对于事务完整性没有要求，没有并发操作。在对速度有较高要求且满足上述特点的情况下适合使用 MyISAM。

InnoDB 存储引擎可用于事务处理，支持外键，比较适合在对事务完整性有较高要求且有并发操作的情况下使用。更新和删除操作较多时，应该优先选择 InnoDB 存储引擎，因为它支持回滚和提交保证事务的完整性，能避免很多不必要的麻烦。

Memory 存储引擎在内存中存储和读取数据，可以提供极快的访问速度，比较适合在需要快速查询记录，以及其他类似数据的情况下使用，但是不适用于数据量较大的情况，因为太大的数据无法缓存在内存中，同时在因数据产生异常中止后可能会导致数据丢失并无法恢复。

4.4 MySQL 数据类型

创建数据表的时候，需要为不同的字段选择合适的数据类型。例如，创建 salebill 表时，将 number 设置为 INT 数据类型，payamount 设置为 decimal 数据类型，saledate 设置为 DATE 数据类型等。MySQL 提供了丰富的数据类型。本节介绍部分常用的数据类型，以便读者创建数据库时能够合理选择数据类型。

4.4.1 数值类型

MySQL 的数据类型分为两种，即严格数值数据类型和近似数值数据类型。

1. 严格数值数据类型

严格数值数据类型包括 TINYINT，SMALLINT，MEDIUMINT，INT，BIGINT，DECIMAL（P, D）等，具体如表 4-3 所示。

表 4-3　严格数值数据类型

MySQL 数据类型	数据范围（有符号型）	大小
TINYINT	(–128，127)	1 byte
SMALLINT	(–32 768，32 767)	2 bytes
MEDIUMINT	(–8388608~8388607)	3 bytes
INT	(–2147483648~2147483647)	4 bytes
BIGINT	(+–9.22*10 的 18 次方)	8 bytes
DECIMAL(P, D)	依赖于 P, D	依赖于 P, D

如果取值范围增加了 UNSIGNED，则以上所有类型除 DECIMAL 的最大值扩大一倍，最小值为 0，如 TINYINT UNSIGNED 取值范围为（0, 256），DECIMAL 类型的数据仅保留非负数区域。基础类型这里就不再赘述了，下面主要讲解 DECIMAL 类型的用法。

DECIMAL（P, D）表示数值中共有 P 位数，其中整数 P-D 位，小数 D 位。

例 4-4　创建表 TEST，其中一个属性 Money 为 DECIMAL 数据类型，共有 6 位数，其中整数占 2 位，小数占 4 位。

```
CREATE TABLE test (
    number INT AUTO_INCREMENT PRIMARY KEY,
    Money DECIMAL(6,4) NOT NULL
    );
```

例 4-5　向例 4-4 创建的表中插入数据（1, 1.11155）和（3,1000000）。

```
INSERT INTO test(number,money) values(1,1.11155)
```

从图 4-17 的测试结果可知，当数值在其取值范围之内时，小数位超过设定的长度，则四舍五入后直接截断多出的小数位。

number	Money
1	1.1116

图 4-17　数据被截断示例

```
INSERT INTO test(number,money) values(3,1000000)
```

图 4-18 的测试结果显示数值在其取值范围之外，系统直接给出错误提示。

```
> 1264 - Out of range value for column 'Money' at row 1
> 时间: 0s
```

图 4-18　数据超出取值范围示例

2. 近似数值数据类型

近似数值数据类型包括 FLOAT，DOUBLE 等，如表 4-4 所示。

FLOAT 和 DOUBLE 也可以添加 UNSIGNED，效果同上。FLOAT 和 DOUBLE 类型为浮点型，支持使用标准的浮点运算进行近似计算。而 DECIMAL 为定点型，在 MySQL 5.0 及更高版本中，MySQL 服务器自身实现了 DECIMAL 的高精度计算。因此，FLOAT 和 DOUBLE 的浮点运算明显更快。

表 4-4 近似数值数据类型

MySQL 数据类型	数据范围（有符号型）	大小
FLOAT(M,D)	默认（–3.402 823 466 E+38，–1.175 494 351 E–38），0，(1.175 494 351 E–38，3.402 823 466 351 E+38)，可根据 M, D 改变	4 bytes
DOUBLE(M,D)	默认（–1.797 693 134 862 315 7 E+308，–2.225 073 858 507 201 4 E-308)，0，(2.225 073 858 507 201 4 E–308，1.797 693 134 862 315 7 E+308)，可根据 M, D 改变	8 bytes

例 4-6 分别对如图 4-19 所示的 FLOAT 类型和如图 4-21 所示的 DECIMAL 类型的数据进行加法运算。

对图 4-19 的数据进行加法运算，结果如图 4-20 所示。

```
SELECT SUM(Money) FROM test;
```

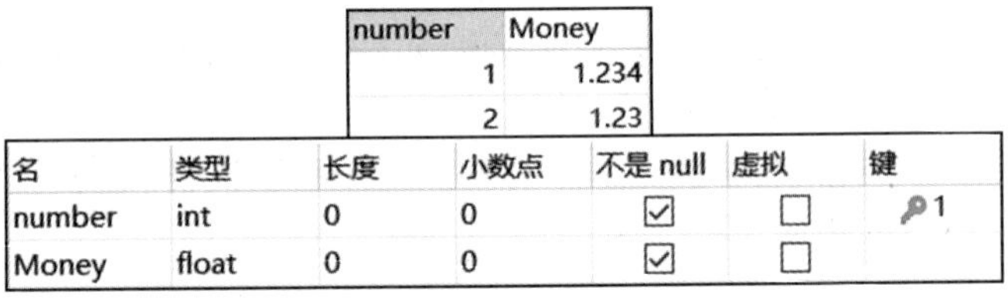

number	Money
1	1.234
2	1.23

名	类型	长度	小数点	不是 null	虚拟	键
number	int	0	0	☑	☐	1
Money	float	0	0	☑	☐	

图 4-19 待处理的 FLOAT 类型的数据示例

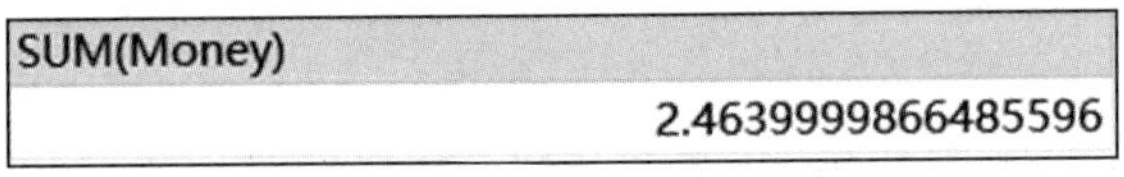

SUM(Money)
2.4639999866485596

图 4-20 FLOAT 类型的数据加法运算示例

对图 4-21 的数据进行加法运算，结果如图 4-22 所示。

```
SELECT SUM(Money) FROM test;
```

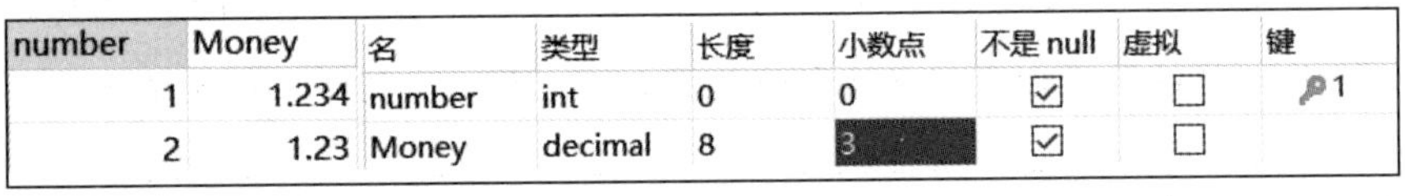

number	Money
1	1.234
2	1.23

名	类型	长度	小数点	不是 null	虚拟	键
number	int	0	0	☑	☐	1
Money	decimal	8	3	☑	☐	

图 4-21 待处理的 DECIMAL 类型的数据示例

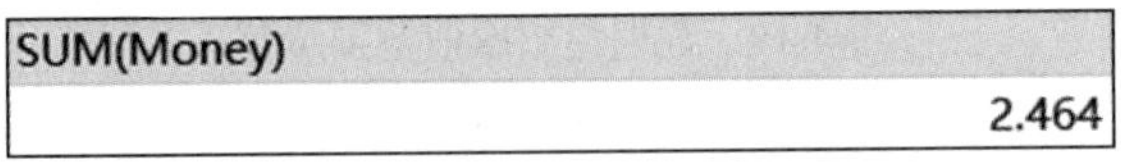

SUM(Money)
2.464

图 4-22 DECIMAL 类型的数据加法运算示例

对比图 4-20 和图 4-22 的运算结果我们可以看出浮点数与定点数的区别。使用浮点数与定点数时要注意：①浮点数有误差，不建议直接进行比较。②在对精度有严格要求时，尽量使用定点数。③注意浮点数中一些特殊值的处理。这有助于合理选择数据类型，例如，财务数据就应选择 DECIMAL 类型的数据进行精确计算，以免出现浮点误差。

4.4.2　字符串类型

字符串的类型主要有：CHAR，VARCHAR，BINARY，VARBINARY，TEXT，BLOB 等。

1. CHAR 类型和 VARCHAR 类型

CHAR 类型和 VARCHAR 类型都用于储存字符串，但是两者在保存和检索的方式上有所不同。CHAR 类型属于固定长度的字符串类型，VARCHAR 类型属于可变长度的字符串类型，同时 CHAR 类型的最大长度为 255 个字符，VARCHAR 类型的最大长度为 65 535 个字符。CHAR(n) 是固定长度，不管存入几个字符，都将占用 n 个字节，如果存入的字符数小于 n，则以空格补于其后，查询之时再将空格去掉。所以 CHAR 类型存储的字符串末尾不能有空格，VARCHAR 类型不受此限制。VARCHAR 类型的长度是存入的实际字符数 +1 个字节（n<=255）或 2 个字节（*n*>255）。

例 4-7　将字符串保留到 CHAR(4) 和 VARCHAR(4) 的结果，如表 4-5 所示。

表 4-5　CHAR 类型和 VARCHAR 类型应用示例

值	CHAR(4)	存储需求	VARCHAR(4)	存储需求
" "	" "	4 bites	" "	1 bites
"aa"	"aa"	4 bites	"aa"	3 bites
"aaaa"	"aaaa"	4 bites	"aaaa"	5 bites
"aaaaaaaa"	"aaaa"	4 bites	"aaaa"	5 bites

从表 4-5 可以看出，CHAR(4) 不管存入几个字符，都占用 4 个字节；VARCHAR(4) 的长度是存入的实际字符数 +1 个字节。

CHAR 类型在处理速度上比 VARCHAR 类型快，但是浪费存储空间。长度变化不大且对查询速度有要求的数据适合使用 CHAR 类型进行存储，而长度变化较大的数据则适合使用 VARCHAR 类型进行存储。不过载使用 VARCHAR 类型时也最好定义合适的长度，这样可以避免过长的 VARCHAR 类型影响程序的效率。

需要注意的是，不同的存储引擎对 CHAR 类型和 VARCHAR 类型的使用原则是不同的。MyISAM 存储引擎中存储的不同表类型可能会影响 CHAR 类型和 VARCHAR 类型的使用效果；Memory 存储引擎中目前使用的都是固定长度的数据行，因此无论使用 CHAR 类型还是 VARCHAR 类型，都将作为 CHAR 类型处理。在 InnoDB 存储引擎中，CHAR 类型与 VARCHAR 类型相比，占用的空间更多，为了最小化数据行的存储总量及提升 I/O 速度，推荐使用 VARCHAR 类型。

2. BINARY 类型和 VARBINARY 类型

BINARY 类型和 VARBINARY 类型存储的是二进制的字符串，而非字符型字符串。也就是说，BINARY 类型和 VARBINARY 类型没有字符集的概念，对其排序和比较都是按照二进制值的每个字节进行的，而不是按字符进行的。这也是 BINARY 类型区分大小写的原因。

例 4-8 比较向 BINARY 类型和 CHAR 类型的字段插入字符的区别。

```
CREATE TABLE a(
    txt BINARY(1));
    INSERT INTO a VALUES('我');

CREATE TABLE b(
    txt CHAR(1));
INSERT INTO a VALUES('我');
```

虽然两个插入操作插入了同样的数据，但是产生了不同的结果。第一个报错 Data too long for column 'txt'，第二个成功插入。因为在 GBK 中，中文字符需要两个字节，而作为字符的话只是一个字符，因此在插入 BINARY(1) 时，会产生数据太长的错误。

此外，二进制的字符串和字符型字符串的比较方式不同，CHAR 类型和 VARCHAR 类型在比较时会忽略字符后填充的空格字符，但 BINARY 类型和 VARBINARY 类型不会。

例 4-9 举例说明 CHAR 类型和 BINARY 类型在数据比较时的不同。其中，HEX 函数的作用是把字符串中的每一个字符转换成两个十六进制数。图 4-23 显示出 CHAR 类型在比较时忽略了字符串后的空格，得到两个字符串相等的结果。

```
SELECT HEX('a'),HEX('a  '),CHAR('a')=CHAR('a  ');
```

HEX('a')	HEX('a ')	CHAR('a')=CHAR('a ')
61	612020	1

图 4-23　CHAR 类型数据比较结果

图 4-24 显示出 BINARY 类型在比较时没有忽略尾部的空格，得到两个字符串不相等的结果。

```
SELECT HEX(BINARY('a')),HEX(BINARY('a  ')),BINARY('a')=BINARY('a  ');
```

HEX(BINARY('a'))	HEX(BINARY('a '))	BINARY('a')=BINARY
61	612020	0

图 4-24　BINARY 类型数据比较结果

3. TEXT 类型和 BLOB 类型

CHAR 类型和 VARCHAR 类型主要用于长度较小的字符串，处理较大的文本时需要选择 TEXT 类型或者 BLOB 类型。TEXT 类型和 BLOB 类型的主要差别是储存方式不同，TEXT 类型以文本方式存储，英文存储区分大小写，而 BLOB 类型以二进制方式存储，不分大小写。由于 TEXT 类型和 BLOB 类型一般存储的都是很长的字符串，所以若非必需，应尽量避免检索 TEXT 和 BLOB 值，否则这种类似 SELECT * 的操作有可能占用大量的服务器资源。用户可以搜索索引列，决定需要哪些数据行，然后从中分离需要的 BLOB 和 TEXT 值。

4.4.3　时间和日期数据类型

时间和日期数据类型主要包括 DATE，TIME，DATETIME，TIMESTAMP，YEAR。每种日期数据都有一个有效值范围，超过这个范围之后系统会用零值来储存，如表 4-6 所示。但是在不同的平台上，情况可能有所不同。

表 4-6　时间和日期数据类型的属性

数据类型	取值范围	大小	零值
DATE	1000-01-01/9999-12-31	3 bites	0000-00-00
DATETIME	1000-01-01 00:00:00/9999-12-31 23:59:59	8 bites	0000-00-00 00:00:00
TIMESTAMP	1970-01-01 00:00:00/2038 某个时间点	4 bites	00000000000000
TIME	-838:59:59'/'838:59:59	3 bites	00:00:00
YEAR	1901/2155	1 bites	0000

1. DATE，TIME 和 DATETIME 数据类型

这是常用的三种数据类型，DATETIME 是由 DATE 和 TIME 这两种数据类型组合而成的，在实际使用中可以用 now() 函数插入当前数值。

例 4-10　创建表 t，字段分别为 DATE，TIME，DATETIME 数据类型，如图 4-25 所示。

```
CREATE table t (d DATE,t time,dt datetime);
INSERT INTO t VALUES(now(),now(),now())
```

d	t	dt
2021-02-15	14:09:36	2021-02-15 14:09:36

图 4-25　DATE，TIME 和 DATETIME 应用示例

2. TIMESTAMP

TIMESTAMP 为时间戳，默认值为系统当前时间 CURRENT_TIMESTAMP()。检索时系统会自动转换时区；插入、修改数据时一般不需要指定它的值，系统会根据当前时间自动修改，也可以设置 DEFAULT CURRENT_TIMESTAMP 取消自动修改。

例 4-11　创建表 t，将字段 d1 和 d2 分别设置为 TIMESTAMP 和 DATETIME 类型。

```
CREATE TABLE t(
d1 TIMESTAMP NOT NULL DEFAULT CURRENT_TIMESTAMP ON UPDATE CURRENT_TIMESTAMP,
d2 DATETIME );
INSERT INTO t(d2) VALUES(NOW());
```

插入的记录如图 4-26 所示。

系统默认时间为北京时间，默认时区为 default-time_zone = '+8:00'，即北京所在的东八区，将时区修改为东二区之后再查看记录值。从图 4-27 所示的结果我们可以看出，时

区发生改变后，TIMESTAMP 类型的数据值也发生了改变。

```
SET time_zone='+2:00'
```

d1	d2
2021-02-15 14:53:54	2021-02-15 14:53:54

图 4-26　TIMESTAMP 类型应用示例

d1	d2
2021-02-15 08:53:54	2021-02-15 14:53:54

图 4-27　修改时区后 TIMESTAMP 类型的应用示例

4.4.4　其他数据类型

1. 枚举类型 ENUM

如果属性的取值限制在某几个特定的值之间，那么使用 ENUM 类型会比使用 CHAR 类型更直观，且提升了系统的效率。

例 4-12　创建表 t，将属性 gender 设置为枚举类型并向其中插入若干数据。

```
CREATE TABLE t (gender ENUM('M','F','both','unknow')));
INSERT INTO t VALUES('M'),('2'),('f'),(null);
```

ENUM 在插入数据时忽略大小写，并且系统在储存时全部转换成大写。此外除了直接插入指定内容，还可以通过插入数字来插入对应的枚举元素，如图 4-28 所示。如果插入的数据不在指定范围之内或者超出了最大数量，系统会提示“Data truncated for column ‘gender’ at row 1”错误。

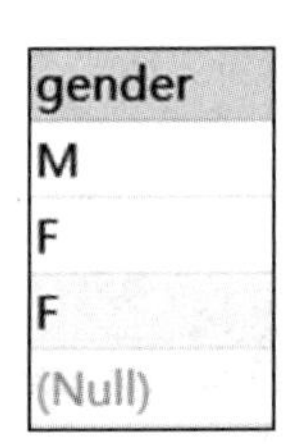

gender
M
F
F
(Null)

图 4-28　ENUM 类型应用示例

2. 集合类型 SET

集合类型 SET 和枚举类型 ENUM 非常相似，不同的是 ENUM 类型每次只能选择一个值，而 SET 类型可以选择多个值。

例 4-13　创建表 t，将属性 k 设置为集合类型并向其中插入若干数据。

```
CREATE TABLE t (k SET('A','B','C','D'));
INSERT INTO t VALUES('a,C'),(2),('a,d,a'),(null);
```

k
A,C
B
A,D
(Null)

图 4-29　SET 类型应用示例

和 ENUM 类型一样，SET 类型也会自动分辨和修改大小写，同时也支持数值对应，只要在 SET 类型之内的值可以一次插入多个，而且重复的集合成员只取一次。图 4-29 中（'a, d, a'）的插入结果为（'a, d'）。超出范围的值将无法插入，例如插入（'a, c, f'）会出错。

C H A P T E R 5

第5章

SQL数据定义语句

学习目标

- 一个数据库管理系统的实例中通常包含多个数据库，一个数据库通常包含表、索引、视图、存储过程、触发器、用户等数据库对象。SQL的数据定义语言（Data Definition Language, DDL）中的CREATE语句用来创建数据库对象，ALTER语句用来修改数据库对象，DROP语句用来删除数据库对象。本章介绍数据库、基本表、索引的定义方法，其他数据库对象的定义将在数据库编程、并发控制、安全性等章节介绍。

开篇案例

迈克尔·斯通布雷克（Michael Stonebraker）在数据库领域以多产而著称。早在20世纪70年代前期，迈克尔就在Edgar Codd的关系型数据库论文的启发下开始开发最早的两个关系型数据库之一的Ingres（另一个是IBM的System R）。在Ingres的基础上产生了很多商业数据库软件，包括后来的Sybase和SQL Server两大主流数据库。Ingres在关系型数据库的查询语言设计、查询处理、存取方法、并发控制和查询重写等技术上都有重大贡献。80年代，他又开发了Postgres项目，目的是在关系型数据库之上增加对更复杂的数据类型的支持，包括对象、地理数据、时间序列数据等。后来这个系统演变为开源的PostgreSQL。Greenplum、Aster Data、Netezza和迈克尔自己创办的Ilustra（后被Informix收购）等多个商业公司和开源的产品都是基于PostgreSQL开发的。90年代，他启动了联邦数据库系统Mariposa，并基于此创办了Cohera公司（后被PeopleSoft收购）。联邦数据库系统Mariposa和稍早的XPRS与Distributed Ingres开创了一代分布式数据库风气的先河。

资料来源：文字根据网络资料整理得到。

5.1 定义数据库

1. 创建数据库

CREATE DATABASE 创建给定名称的数据库。CREATE SCHEMA 是 CREATE DATABASE 的同义词。语法格式为

```
CREATE {DATABASE | SCHEMA} [IF NOT EXISTS] db_name;
```

参数：

（1）IF NOT EXISTS：防止数据库已经存在时系统报错。

（2）db_name：拟创建的数据库的名字。

例 5-1 创建名称为 cardmanagement 的数据库。

```
CREATE DATABASE cardmanagement;
```

例 5-2 创建名称为 cardmanagement 的数据库（该数据库已存在）。

```
CREATE DATABASE cardmanagement;
CREATE DATABASE IF NOT EXISTS cardmanagement;
```

第一个语句执行时系统提示错误，因为数据库已存在。第二个语句执行成功。

2. 删除数据库

DROP DATABASE 删除数据库中的所有表并删除数据库。DROP SCHEMA 是 DROP DATABASE 的同义词。执行删除操作时一定要慎重。语法格式为

```
DROP {DATABASE | SCHEMA} [IF EXISTS] db_name;
```

参数：

IF EXISTS：防止数据库不存在时发生错误。

例 5-3 删除数据库 cardmanagement 及其下属所有的对象。

```
DROP SCHEMA cardmanagement;
```

或者：

```
DROP DATABASE cardmanagement;
```

例 5-4 删除数据库 cardmanagement（不存在该数据库）。

```
DROP DATABASE cardmanagement;
DROP DATABASE IF EXISTS cardmanagement;
```

第一个语句执行时系统提示错误，因为数据库不存在。第二个语句执行成功。

5.2　定义基本表

1. 创建基本表

基本表（Table）也有型和值之分。型是指基本表的结构，包括基本表的名称、列名、列的数据类型和域以及基本表中的完整性约束。值是指基本表中具体存放的数据，称为数据记录。创建基本表时，我们只需要定义型，然后会得到具有表结构的一张空表。

在 SQL 中使用 CREATE TABLE 语句定义基本表，语法格式为

```
CREATE TABLE [IF NOT EXISTS] tbl_name
 (col_name column_definition,…)
```

参数：

（1）tbl_name：基本表的表名。

（2）col_name column_definition：列定义子句，其中 col_name 为列名，column_definition 定义列的数据类型和列的完整性约束。一个基本表由多个列组成，多个列定义语句之间用逗号分开（最后一个列定义语句除外）。

表级的完整性约束需要单独的子句进行定义。列级的完整性约束可以在列定义子句中进行说明，也可以用单独的子句定义在表级。

例 5-5　定义基本表 card，结构如表 5-1 所示。

表 5-1　card 表的结构

列	数据类型	约束条件	备注
CID	CHAR (6)	PRIMARY KEY	卡号
password	VARCHAR (6)	NOT NULL	密码
balance	DECIMAL(10,2)	NOT NULL，非负	余额
state	CHAR (1)	0 正常，1 挂失，2 禁用	状态

```
CREATE TABLE card (
    CID CHAR (6) PRIMARY KEY,
    password VARCHAR (6) NOT NULL,
    balance DECIMAL(10,2) NOT NULL CHECK (balance>=0),
    state CHAR (1) CONSTRAINT state_1 CHECK (state in ('0','1','2'))));
```

其中，卡号 CID 是主键，PRIMARY KEY 是列约束。如果该约束没有被明确命名，MySQL 会为其生成一个约束名称。如果该约束没有明确索引类型，MySQL 会为其建立升序的聚集索引。

密码 password 上有用户定义约束，要求属性非空。

两个 CHECK 约束都是列约束：第一个 CHECK 约束没有被明确命名，因此 MySQL 会为其生成一个名称。第二个 CHECK 约束被明确命名为 state_1。

例 5-6　定义基本表 student，结构如表 5-2 所示。

表 5-2　student 表的结构

列	数据类型	约束条件	备注
SID	CHAR (12)	PRIMARY KEY	学号
CID	CHAR (6)	FOREIGN KEY	卡号
sname	VARCHAR (20)	—	学生名
gender	CHAR (1)	—	性别
college	VARCHAR (20)	NOT NULL	所属学院

```
CREATE TABLE student (
SID CHAR (12),
CID CHAR (6),
sname VARCHAR (20),
gender CHAR (1),
college VARCHAR (20) NOT NULL,
CONSTRAINT SID_pk PRIMARY KEY
NONCLUSTERED (SID DESC),
FOREIGN KEY (CID) REFERENCES card (CID)
ON DELETE CASCADE);
```

PRIMARY KEY 约束名为 SID_pk，在该列上建立的是非聚集索引，并按照降序排列。

CID 是外键，参照 card 表的主键 CID，允许主表进行级联式删除，但拒绝主表的更新操作。该参照完整性约束是列约束，没有明确命名，因此 MySQL 会为其生成一个名称。

例 5-7　定义基本表 business，结构如表 5-3 所示。

表 5-3　business 表的结构

列	数据类型	约束条件	备注
BID	CHAR (4)	PRIMARY KEY	商户编号
bname	VARCHAR (20)	UNIQUE	商户名称

```
CREATE TABLE business (
    BID CHAR (4) PRIMARY KEY ,
    bname VARCHAR (20) UNIQUE);
```

其中，bname 属性定义了唯一值约束，要求商户名称不能重复。

例 5-8　定义基本表 salebill，结构如表 5-4 所示。

表 5-4　salebill 表的结构

列	数据类型	约束条件	备注
number	INT	PRIMARY KEY	流水号（自增）
CID	CHAR (6)	FOREIGN KEY	卡号
BID	CHAR (4)	FOREIGN KEY	商户编号
payamount	DECIMAL(10,2)	NOT NULL	消费金额
saledate	DATE	NOT NULL	消费日期

```
CREATE TABLE salebill (
    number INT AUTO_INCREMENT PRIMARY KEY,
    CID CHAR (6) NOT NULL,
    BID CHAR (4) NOT NULL,
    payamount DECIMAL(10,2) NOT NULL,
    saledate DATE NOT NULL,
    CONSTRAINT `salebill_CIDfk` FOREIGN KEY (CID)
    REFERENCES card (CID) ON DELETE CASCADE,
    FOREIGN KEY (BID) REFERENCES business (BID)
    ON DELETE CASCADE);
```

其中，主键number使用AUTO_INCREMENT关键字实现主键值自动增长。默认条件下，AUTO_INCREMENT的初始值是1，每条新记录递增1。

有两个外键CID和BID，分别参照card表的主键和business表的主键，均允许主表进行级联式删除，但拒绝主表的更新操作。第一个外键约束自定义名称salebill_CIDfk，第二个外键约束由MySQL生成名称salebill_ibfk_1。

2. 修改基本表

基本表中的列、完整性约束都可以进行修改。SQL使用ALTER TABLE语句修改基本表的表结构，其基本格式为：

```
ALTER TABLE tbl_name
    [alter_option [, alter_option] …]
```

参数：

（1）tbl_name：需要修改表结构的基本表。

（2）alter_option：修改项。

修改项包含两大类，一类是对列的修改，另一类是对完整性约束的修改。如下所示：

```
alter_option: {
        table_options
    | RENAME COLUMN old_col_name TO new_col_name        //改列名
    | RENAME [TO | AS] new_tbl_name                     //改表名
    | ADD [COLUMN] (col_name column_definition,…)       //增加列
| ALTER [COLUMN] col_name {SET DEFAULT {literal | (expr)} | DROP DEFAULT}
                                                        //设置或删除列的默认值
    | DROP [COLUMN] col_name                            //删除列
    | MODIFY [COLUMN] col_name column_definition        //修改列
    | CHANGE [COLUMN] old_col_name new_col_name column_definition
                                                        //修改列
| ADD [CONSTRAINT [symbol]] PRIMARY KEY [index_type]. (key_part,…)
                                                        //增加主键约束
    | ADD [CONSTRAINT [symbol]] FOREIGN KEY (col_name, …)   reference_definition
                                                        //增加外键约束
    | ADD [CONSTRAINT [symbol]] CHECK(expr)             //增加用户定义约束
    | DROP PRIMARY KEY                                  //删除主键约束
    | DROP FOREIGN KEY fk_symbol                        //删除外键约束
    | DROP {CHECK | CONSTRAINT} symbol                  //删除用户定义约束
}
```

例 5-9 在 student 表中添加“专业（major)”列。

```
ALTER TABLE student ADD major CHAR (8);
```

语句执行结果如图 5-1 所示。

例 5-10 向 student 表中添加 birthday 属性和 phone 属性。

ALTER TABLE student ADD birthday DATE, ADD phone VARCHAR (20);

语句执行结果如图 5-2 所示。

Name	Type	Length
SID	char	12
CID	char	6
sname	varchar	20
gender	char	1
college	varchar	20
major	char	8

图 5-1 表中增加单个列示例

Name	Type	Length
SID	char	12
CID	char	6
sname	varchar	20
gender	char	1
college	varchar	20
major	char	8
birthday	date	0
phone	varchar	20

图 5-2 表中增加多列示例

无论基本表中是否已有数据，新增加的列中一律为空值，如图 5-3 所示。

SID	CID	sname	gender	college	major	birthday	phone
20200301001	C00007	黄磊	M	经济学院	(NULL)	(NULL)	(NULL)
202003010005	(NULL)	张子新	M	计算机学院	(NULL)	(NULL)	(NULL)
202003010004	(NULL)	张萌	M	经济学院	(NULL)	(NULL)	(NULL)
202003010003	C00009	刘杰	M	计算机学院	(NULL)	(NULL)	(NULL)
202003010002	C00008	刘杰	M	经济学院	(NULL)	(NULL)	(NULL)
20190201002	C00006	赵榕	F	机械学院	(NULL)	(NULL)	(NULL)
20190201001	C00005	陈亮	M	机械学院	(NULL)	(NULL)	(NULL)
201901010004	C00004	李子欣	F	管理学院	(NULL)	(NULL)	(NULL)
201901010003	C00003	孙琦	M	管理学院	(NULL)	(NULL)	(NULL)
201901010002	C00002	周萍	F	管理学院	(NULL)	(NULL)	(NULL)
201901010001	C00001	张伟	M	管理学院	(NULL)	(NULL)	(NULL)

图 5-3 表中新增列为空值示例

例 5-11 使用 CHANGE 将 student 表中的 SID 列的数据类型由 CHAR (12）改为 CHAR (15)。

```
ALTER TABLE student CHANGE SID SID CHAR (15);
```

语句执行结果如图 5-4 所示。

例 5-12 使用 MODIFY 将 student 表中的 SID 列的数据类型改为 CHAR (20)。

```
ALTER TABLE student MODIFY column SID CHAR (20);
```

语句执行结果如图 5-5 所示。

Name	Type	Length
SID	char	15
CID	char	6
sname	varchar	20
gender	char	1
college	varchar	20
birthday	date	0
phone	varchar	20
major	varchar	20

图 5-4　使用 CHANGE 修改字段类型示例

Name	Type	Length
SID	char	20
CID	char	6
sname	varchar	20
gender	char	1
college	varchar	20
birthday	date	0
phone	varchar	20
major	char	20

图 5-5　使用 MODIFY 修改字段类型示例

例 5-13　student 表中的 SID 列原有的数据类型是 CHAR (12)，且已有数据。我们把该列的数据类型改为 CHAR (10)。

```
ALTER TABLE student CHANGE SID SID CHAR (10);
```

或者：

```
ALTER TABLE student MODIFY column SID CHAR (10);
```

修改原有的列定义会使列中数据做新旧类型的自动转化，有可能会破坏已有数据。而 student 表中的 SID 列已有数据，我们在把该列的数据类型由 CHAR (12) 改为 CHAR (10) 时，原有数据被截断，系统会给出错误信息 1265-Data truncated for column ‘SID’ at row 1。

例 5-14　使用 CHANGE 将 student 表中的 phone 列的名称改为 phone_number。

```
ALTER TABLE student CHANGE phone phone_number VARCHAR (20);
```

语句执行结果如图 5-6 所示。

Name	Type	Length
SID	char	15
CID	char	6
sname	varchar	20
gender	char	1
college	varchar	20
birthday	date	0
phone_number	varchar	20
major	varchar	20

图 5-6　使用 CHANGE 修改字段名称示例

例 5-15　将 student 表中的 gender 列设置为非空且默认值为 F。

```
ALTER TABLE student MODIFY gender CHAR NOT NULL DEFAULT 'F';
```

例 5-16　将 student 表中 gender 列的默认值改为 M。

```
ALTER TABLE student ALTER gender SET DEFAULT 'M';
```

例 5-17 删除 student 表中 gender 列的默认值。

```
ALTER TABLE student ALTER gender DROP DEFAULT;
```

例 5-18 删除列。删除 student 表中的 major 列。

```
ALTER TABLE student DROP major;
```

语句执行结果如图 5-7 所示。

Name	Type	Length
SID	char	15
CID	char	6
sname	varchar	20
gender	char	1
college	varchar	20
birthday	date	0
phone_number	varchar	20

图 5-7 删除列示例

例 5-19 删除 salebill 中的外键约束。

修改之前，salebill 表的外键如图 5-8 所示。

Name	Fields	Referenced Database	Referenced Table	Referenced Fields
salebill_CIDfk	CID	cardmanagement	card	CID
salebill_ibfk_1	BID	cardmanagement	business	BID

图 5-8 修改前 salebill 表的两个外键

salebill 表中的两个外键，约束名分别是 `salebill_CIDfk_1` 和 `salebill_ibfk_1`。

```
ALTER TABLE salebill DROP FOREIGN KEY `salebill_CIDfk`;
    ALTER TABLE salebill DROP FOREIGN KEY `salebill_ibfk_1`;
```

执行上述两个 ALTER TABLE 语句后，salebill 表的外键如图 5-9 所示，可见两个外键约束已被删除。

Name	Fields	Referenced Data...	Referenced Table	Referenced Fields

图 5-9 删除外键约束示例

例 5-20 在 salebill 表的 CID 列上增加外键约束，参照 card 表的主键 CID。

```
ALTER TABLE salebill ADD FOREIGN KEY (CID)
REFERENCES card (CID);
```

语句执行后，salebill 表的 CID 列上建立了一个名为“salebill_ibfk_1”的外键约束，如图 5-10 所示。

Name	Fields	Referenced Database	Referenced Table	Referenced Fields
salebill_ibfk_1	CID	cardmanagement	card	CID

图 5-10 增加外键约束示例

例 5-21 将 student 表的表名改为 S。

```
RENAME TABLE student to S;
```

执行该语句后，cardmanagement 数据库中基本表的名称如图 5-11 所示，原来的 student 表已经改名为 S。

3. 删除基本表

不再使用的基本表应该及时删除。SQL 使用 DROP TABLE 语句删除基本表，基本语法格式为

```
DROP TABLE [IF EXISTS] tbl_name [, tbl_name]…
 [RESTRICT | CASCADE]
```

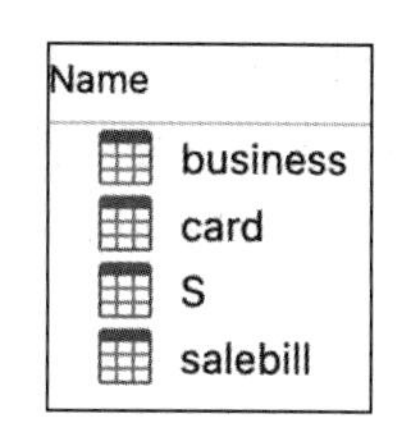

图 5-11　重命名表名示例

参数：

（1）IF EXISTS：不使用 IF EXISTS 子句，删除的表不存在时，系统会给出错误提示；使用 IF EXISTS 子句，删除的表不存在时系统不报错。

（2）RESTRICT：拒绝删除主表。该值是默认值。

（3）CASCADE：删除主表时，自动删除从表中的匹配行。

基本表被删除后，不仅该基本表的表结构和表中数据在数据库中不复存在，而且与该基本表相关的索引、视图等数据库对象也将同时被删除。如果允许基本表进行级联式删除，该基本表的从表也会受影响。因此我们在删除基本表时一定要慎重。

例 5-22　删除 salebill 表。

```
DROP TABLE salebill;
```

执行该语句后，cardmanagement 数据库中的基本表如图 5-12 所示，可见 salebill 表已被删除。

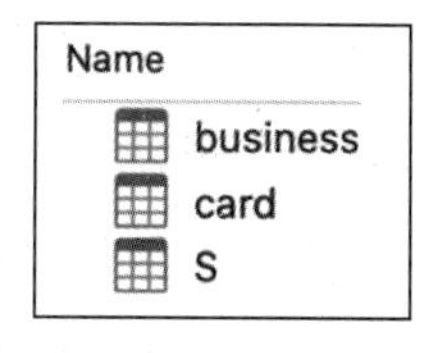

图 5-12　删除基本表示例

5.3　定义索引

5.3.1　索引的概念

关系型数据库的表是线性结构，随着表中行数的增多，表的顺序查找效率会越来越低。索引是提高查询效率的重要手段。索引（Index）也是一种数据库对象，定义的是关键字与其存储地址的对应关系。索引依附于基本表，不能独立存在。当删除基本表时，表上建立的索引会一并被删除。

基本表中的数据是动态变化的。当在基本表中插入、删除、修改数据时，行的存储地址可能发生变化，索引需要同步进行更新，即数据库不仅要更新基本表，还要更新基本表上的索引。索引可以提高基本表的查询速度，但会降低基本表的更新速度。因此，是否建立索引，该在哪些列上建立索引要以能显著提高查询速度为基本原则。

如果基本表中的行不多，有没有索引的查询速度可能没有太大区别，反而会使系统的总效率降低。对于行多的大表，很少被查询的列上没必要建立索引，经常被查询但是重

复值太多的列上也不适合建立索引。

排除以上不适合建立索引的情况后，经常被查询、排序、分组的列上适合建立索引，值域很大的列上适合建立索引。经常被组合在一起查询的列上适合建立组合索引，且把使用最频繁的列作为组合索引的前导列。

当基本表更新大量数据时，索引的维护成本高，此时删除并重建索引可以提高更新速度。

5.3.2 索引类型

常见的索引类型有：单列索引、组合索引、主键索引、唯一索引、普通索引和全文索引。

1. 单列索引与组合索引

单列索引是在单个列上创建索引。组合索引是由多个列组合构建的索引，多个列中的值都不允许有空值。使用组合索引时遵循“最左前缀规则”，只有当查询条件使用了组合索引的第一个列时，索引才会被使用。例如，组合索引由（col1, col2, col3）组成，相当于建立了 col1，col1col2，col1col2col3 三个索引，其他情况都不会用到组合索引。因此，创建组合索引时应该将最常被检索或排序的列放在最左边，从左向右列的使用频率依次递减。

2. 主键索引

主键索引是建立在主键上的索引，列的值不允许重复，也不允许有空值。主键索引一般是在创建表、定义主键时由系统自动创建的。

3. 唯一索引

唯一索引是指列的值必须唯一，但允许有空值。如果是组合索引，则列值的组合必须唯一。

4. 普通索引

普通索引是用表中的普通列构建的索引，对列值没有任何限制。

5. 全文索引

全文索引是大文本适用的一种索引类型。全文索引会为文本生成一份单词的清单，并根据清单来索引。生成的全文索引非常消耗时间和空间，但是对于大文本或者较大的字符型数据的查询来说，速度比普通索引快。

5.3.3 创建索引

用 CREATE TABLE 语句创建基本表时可以同步创建索引，也可以用 CREATE INDEX 语句创建索引。如果创建基本表时没有定义索引，还可以使用 ALTER TABLE 语句修改基本表，在已经存在的基本表上新增索引。下面分别介绍创建索引的三种方法。

1. 用 CREATE TABLE 语句创建索引

CREATE TABLE 语句在基本表上定义 PRIMARY KEY、FOREIGN KEY 或者 UNIQUE 约束时，数据库管理系统会自动在主键上创建主键索引，在外键上创建普通索引，在唯一值约束的列上创建唯一索引。

在 MySQL 中，InnoDB 要求表必须有主键（MyISAM 可以没有主键），并且数据文件要按主键聚集。聚集索引是指索引的逻辑顺序与表中相应行的物理存储顺序一致，因此一个表只能包含一个聚集索引。非聚集索引是指索引的逻辑顺序与磁盘上行的物理存储顺序不同，一个表可以包含多个非聚集索引。InnoDB 按照如下规则设置主键索引：如果表中显式定义了主键，就在主键上建立主键索引。主键索引默认是聚集索引，也可以指定为非聚集索引。如果表中没有定义主键，则在该表的第一个定义了唯一、非空约束的列上建立主键索引。如果既没有主键也没有唯一且非空的列，InnoDB 会生成一个自增型的列作为该表隐藏的主键，并建立主键索引。MyISAM 的索引文件和数据文件是分离的，索引文件仅保存数据记录的地址，没有聚集索引的概念。

此外，可以在 CREATE TABLE 语句中使用 INDEX 子句在其他列上创建索引。INDEX 子句的语法格式为

```
[UNIQUE | FULLTEXT] INDEX index_name (key_part, …)
key_part: col_name [ (length)] [ASC | DESC]
```

参数：

（1）index_name：索引的名称。

（2）UNIQUE | FULLTEXT：索引类型。UNIQUE 是唯一索引，FULLTEXT 是全文索引，默认值为普通索引，即 NORMAL 类型。

（3）key_part：可以是单列索引，也可以是多列组成的组合索引。组合索引中多个列用逗号分开。

（4）length：用作索引的列名长度过长会造成索引的关键字太大，导致效率降低，在允许的情况下，我们可以只取索引列的前几个字符作为索引。

（5）ASC | DESC：ASC 为升序排列，DESC 为降序排列。默认值是 ASC。

例 5-23 创建 student 表时定义了主键和外键，也定义了 CID 列的唯一约束，系统自动创建主键索引、外键索引和唯一索引。

```
CREATE TABLE student (
    SID CHAR (12) PRIMARY KEY,
    CID CHAR (6) UNIQUE,
    sname VARCHAR (20),
    gender CHAR (1) DEFAULT 'M' CHECK (gender in ('M','F')) ,
    college VARCHAR (20) NOT NULL,
    FOREIGN KEY (CID) REFERENCES card (CID)
    ON DELETE CASCADE);
```

该语句执行成功后，SID列自动建立主键索引，CID列自动建立唯一索引，CID列是外键，系统会为其自动建立普通索引，但被该列上的唯一索引覆盖。使用SHOW INDEX FROM tbl_name；后可以查看表中的索引。主键上的索引和外键上的索引不在结果中显示出来，结果如图5-13所示。

Name	Fields	Index Type
CID	\`CID\`	UNIQUE

图5-13 创建唯一索引示例

例5-24 创建student表时在CID列建立名为normal_index的单列、普通索引，在college列建立名为single_index的单列、普通索引，索引长度为8。

```
    CREATE TABLE student (
SID CHAR (12) PRIMARY KEY,
CID CHAR (6),
sname VARCHAR (20),
gender CHAR (1) DEFAULT 'M' CHECK (gender in ('M','F') ),
college VARCHAR (20) NOT NULL,
FOREIGN KEY (CID) REFERENCES card (CID)
ON DELETE CASCADE,
INDEX normal_index (sname),
INDEX single_index (college (8)) );
```

该语句的执行结果如图5-14所示。

Name	Fields	Index Type
CID	\`CID\`	NORMAL
normal_index	\`sname\`	NORMAL
single_index	\`college\`(8)	NORMAL

图5-14 创建普通索引示例

例5-25 创建student表时在该语句的CID列建立名为uniquel_index的唯一索引，在college列建立名为fulltext_index的全文索引。

```
CREATE TABLE student (
    SID CHAR (12) PRIMARY KEY,    //SID列自动建立主键索引
    CID CHAR (6),
    sname VARCHAR (20),
    gender CHAR (1) DEFAULT 'M' CHECK (gender in ('M','F') ),
    college VARCHAR (20) NOT NULL,
    FOREIGN KEY (CID) REFERENCES card (CID)
    ON DELETE CASCADE,
    UNIQUE INDEX uniquel_index (CID),
    FULLTEXT INDEX fulltext_index (college) );
```

该语句的执行结果如图5-15所示。

Name	Fields	Index Type
uniquel_index	\`CID\`	UNIQUE
fulltext_index	\`college\`	FULLTEXT

图5-15 创建唯一索引和全文索引示例

例5-26 创建student表时在college列和sname列建立名为multi_index的组合索引，索引长度分别为8和6。

```
CREATE TABLE student (
    SID CHAR (12) PRIMARY KEY,    //SID列自动建立主键索引
    CID CHAR (6),
    sname VARCHAR (20),
```

```
    gender CHAR (1) DEFAULT 'M' CHECK (gender in ('M','F')) ,
    college VARCHAR (20) NOT NULL,
    FOREIGN KEY (CID) REFERENCES card (CID)
    ON DELETE CASCADE,
    INDEX multi_index (college (8), sname (6)) );
```

该语句的执行结果如图 5-16 所示。

Name	Fields	Index Type
CID	\`CID\`	NORMAL
multi_index	\`college\`(8), \`sname\`(6)	NORMAL

图 5-16 创建组合索引示例

2. 用 ALTER TABLE 语句创建索引

ALTER TABLE 语句中的 INDEX 子句可以在已经存在的表上新增索引，INDEX 子句的语法格式为：

```
ADD [UNIQUE | FULLTEXT] INDEX index_name (key_part,…)…
key_part: col_name [ (length) ] [ASC | DESC]
```

例 5-27 创建 student 表时，除了主键和外键上建有索引之外，没有定义其他索引。为了提高查询效率，需要在 sname 列建立名为 normal_index 的普通索引，并在 CID 列建立名为 unique_index 的唯一索引，在 college 列和 sname 列上建立名为 multi_index 的组合索引。

```
ALTER TABLE student
    ADD INDEX normal_index (sname),
    ADD UNIQUE INDEX unique_index (CID),
    ADD INDEX multi_index (college (8), sname (6));
```

语句执行结果如图 5-17 所示。

Name	Fields	Index Type
unique_index	\`CID\`	UNIQUE
normal_index	\`sname\`	NORMAL
multi_index	\`college\`(8), \`sname\`(6)	NORMAL

图 5-17 ALTER TABLE 新增索引示例

3. 用 CREATE INDEX 语句创建索引

用 CREATE INDEX 语句创建索引的基本语法格式为：

```
CREATE [UNIQUE | FULLTEXT] INDEX index_name
    ON tbl_name (key_part, …)
key_part: col_name [ (length) ] [ASC | DESC]
```

例 5-28 在 salebill 表的主键索引和外键索引的基础上，在 saledate 列建立名为 normal_index 的普通索引。

```
CREATE INDEX normal_index on salebill (saledate);
```

语句执行结果如图 5-18 所示。

例 5-29 在 salcbill 表的 CID 列和 saledate 列建立名为 multi_index 的组合索引，并按照 CID 升序、saledate 降序排序。

```
CREATE INDEX multi_index ON salebill (CID, saledate DESC);
```

语句执行结果如图 5-19 所示。

Name	Fields	Index Type
CID	`CID`	NORMAL
BID	`BID`	NORMAL
normal_index	`saledate`	NORMAL

图 5-18 CREATE INDEX 新增普通索引示例

Name	Fields	Index Type
BID	`BID`	NORMAL
normal_index	`saledate`	NORMAL
multi_index	`CID`, `saledate`	NORMAL

图 5-19 CREATE INDEX 新增组合索引示例

例 5-30 在 student 表的 CID 列建立名为 unique_index 的唯一索引。

```
CREATE UNIQUE INDEX unique_index ON student (CID);
```

该语句在 CID 列建立唯一索引，执行结果如图 5-20 所示。

Name	Fields	Index Type
unique_index	`CID`	UNIQUE

图 5-20 CREATE INDEX 新增唯一索引示例

5.3.4 删除索引

不需要使用的索引应及时删除。删除索引时可以用 DROP INDEX 语句直接删除，也可以使用 ALTER TABLE 语句通过修改表结构删除。无论用哪种方法删除索引，数据库管理系统都会自动删除数据库中该索引的描述。

1. 直接删除索引

DROP INDEX 语句的基本语法格式为：

```
DROP INDEX index_name ON tbl_name;
```

2. 通过修改表结构删除索引

ALTER TABLE 语句删除索引的基本语法格式为：

```
ALTER TABLE tbl_name DROP INDEX index_name;
```

例 5-31 删除 student 表上的 multi_index 索引。

```
DROP INDEX multi_index ON student;
```

或者：

```
ALTER TABLE student DROP INDEX multi_index;
```

3. 删除主键索引

主键索引因主键而存在，不能使用 DROP INEDX 删除，可以使用 ALTER TABLE 语句通过删除主键约束来删除主键索引。其基本的语法格式为：

```
ALTER TABLE tab_name DROP PRIMARY KEY;
```

当有其他表参照该主键时，即该主键是其他表的外键，则不能删除该主键索引。例如，删除 card 表的主键索引会出错，因为 salebill 表中的外键 CID 是参照该表的主键 CID 的。此外，如果主键是自增型变量，不能直接删除该列的主键索引，修改变量类型后才能删除主键索引。

例 5-32 创建 salebill 表的语句：

```
CREATE TABLE salebill (
    number INT AUTO_INCREMENT PRIMARY KEY,
    CID CHAR(6) NOT NULL,
    BID CHAR(4) NOT NULL,
    payamount decimal(10,2) NOT NULL,
    saledate DATE NOT NULL,
CONSTRAINT 'salebill_CIDfk' FOREIGN KEY (CID) REFERENCES card(CID) ON DELETE
    CASCADE ,
FOREIGN KEY (BID) REFERENCES business(BID) ON DELETE CASCADE);
```

salebill 表的主键 number 是自增型变量，表上建有主键索引和两个外键索引，如图 5-21 所示。

Table	Non_unique	Key_name	Seq_in_index	Column_name	Collation	Cardinality	Sub_part	Packed	Null	Index_type
salebill	0	PRIMARY	1	number	A	0	(NULL)	(NULL)		BTREE
salebill	1	salebill_CIDfk	1	CID	A	0	(NULL)	(NULL)		BTREE
salebill	1	BID	1	BID	A	0	(NULL)	(NULL)		BTREE

图 5-21 索引初始状态

当不能直接删除主键索引时，系统会提示错误，如图 5-22 所示。

sql	message
ALTER TABLE salebill DROP PRIMARY KEY	1075 - Incorrect table definition; there can be only one auto column and it must be defined as a key

图 5-22 自增型变量的主键索引不能删除示例

这时我们需要先修改主键 number 的数据类型，再删除主键索引：

```
ALTER TABLE salebill modify number INT;
ALTER TABLE salebill DROP PRIMARY KEY;
```

执行成功后，主键索引被删除，salebill 表中的索引情况如图 5-23 所示。

Table	Non_unique	Key_name	Seq_in_index	Column_name	Collation	Cardinality	Sub_part	Packed	Null	Index_type
salebill	1	salebill_CIDfk	1	CID	A	0	(NULL)	(NULL)		BTREE
salebill	1	BID	1	BID	A	0	(NULL)	(NULL)		BTREE

图 5-23 删除主键索引示例

因为 SQL 没有提供修改索引的语句，所以对于需要修改的索引只能先删除后重建。

C H A P T E R 6

第6章

SQL 数据操纵语句

■ 学习目标

- CREATE TABLE 语句定义的表结构是一张空表，没有任何数据，需要使用 SQL 的数据操纵语言（Data Manipulation Language, DML）插入、修改、删除数据。数据操纵语言处理的对象是表中的数据，不会对表结构产生影响。本章我们将介绍数据操纵语言的基本概念及相关数据操作。

■ 开篇案例

杰弗里·乌尔曼（Jeffrey D. Ullman），斯坦福大学名誉教授，在线学习平台 Gradiance Corporation 的首席执行官，主要研究兴趣为编译器设计和数据库系统。

国际计算机协会（ACM）将 2020 年图灵奖授予哥伦比亚大学计算机科学名誉教授阿尔弗雷德·瓦伊诺·阿霍（Alfred V. Aho）和斯坦福大学计算机科学名誉教授杰弗里·乌尔曼，以表彰他们在编程语言实现（Programming Language Implementation）领域基础算法和理论方面的成就。

乌尔曼和阿霍的研究奠定了编程语言理论、编程语言实现及算法设计和分析的基础，他们通过技术创新和影响甚广的教材为编程语言领域做出了重大贡献。阿霍和乌尔曼合著了多本影响深远的教材，其中最广为人知的两本书是：《编译程序设计原理》和《计算机算法设计与分析》，他们的书籍一直是培训学生、研究人员和从业者的经典、权威、实用的教科书。

资料来源：文字根据网络资料整理得到。

6.1　插入数据

利用 INSERT 操作向基本表中插入数据时，根据插入需求的不同，可以使用 VALUES 赋值或 VALUE 赋值、SET 赋值、SELECT 赋值等多种语法格式。

6.1.1　VALUES 赋值或 VALUE 赋值

```
INSERT [INTO] tbl_name
    [ (col_name [, col_name] …)]
    {VALUES | VALUE} (value_list) [, (value_list)] …

value:
    {expr | DEFAULT}

value_list:
value [, value] …
```

参数：

[(col_name [, col_name] …)]：如果给表中所有列赋值，表名后面不需要指明列名，并且值列表中值的顺序必须与表中列的顺序完全一致，不可跳过或颠倒。空数据用 NULL 表示，否则按照指定的列名依次赋值。有 NOT NULL 约束的字段必须全部列出，否则操作不能成功。

值列表中字符型、日期型等数据类型的数据用单引号或双引号界定，数值型的数据不用引号；每个数据之间用逗号隔开。

例 6-1　将一条商户数据插入商户表中，商户编号为 B009，商户名为东华园。

```
INSERT INTO business VALUES ('B009','东华园');
```

语句执行后 business 表中新增一行，如图 6-1 所示。

BID	bname
B009	东华园

图 6-1　对所有列赋值后在表中插入一行

如果指定对表中的某些列赋值，列名、列值之间用逗号隔开，值列表中的数据值与列名表中的列按位置顺序对应，其数据类型一致。

向表中插入一行且该行的部分列没有提供数据时，若没有提供数据的列有默认值，则该列的值为默认值；若该列没有 NOT NULL 约束而且没有默认值，则该列的值为 NULL；若该列有 NOT NULL 约束而且没有定义默认值，系统会报错；若该列的数据类型是 AUTO_INCREMENT(自增）类型，则会自动产生一个新值作为该列的值。

例 6-2　向 student 表中插入一条新记录，学号为 20200301001，姓名为黄磊，院系为经济学院，其他信息暂缺。

```
INSERT INTO student (SID, sname, college)
    VALUES ('20200301001', '黄磊', '经济学院');
```

在 student 表中新增一行，其中 SID，sname 和 college 分别为输入的值，其他未输值的列中，CID 列的值为 NULL，gender 列的值为默认值 M，如图 6-2 所示。

SID	CID	sname	gender	college
20200301001	(NULL)	黄磊	M	经济学院

图 6-2 对指定列赋值后在表中插入一行

例 6-3 向 student 表中插入一条新记录，学号为 20200301006，其他信息暂缺。

```
INSERT INTO student (SID) VALUES ('20200301006');
```

在 student 表中，college 属性不允许为空，执行该指令时系统会给出错误提示 1364-Field 'college' doesn’t have a default value。

例 6-4 向 salebill 表中插入一行，校园卡号为 C00005，商户号为 B001，消费金额为 13 元，消费日期为 2020-5-10。

```
INSERT INTO salebill (CID, BID, payamount, saledate)
    VALUES ('C00005', 'B001',13,'2020-5-10');
```

number 列的数据类型为 AUTO_INCREMENT（自增类型），增加新行时该字段会自动递增。该语句的执行结果如图 6-3 所示。

number	CID	BID	payamount	saledate
1	C00005	B001	13	2020-05-10

图 6-3 number 列自增赋值

例 6-5 向 salebill 表中插入两行，一行校园卡号为 C00004，商户号为 B001，消费金额为 8 元，消费日期为 2020-5-10，另一行校园卡号为 C00001，商户号为 B001，消费金额为 10.5 元，消费日期为 2020-5-26。

```
INSERT INTO salebill (CID, BID, payamount, saledate)
    VALUES ('C00004', 'B001',8,'2020-5-10'),
        ('C00001', 'B001',10.5,'2020-5-26');
```

待插入的多行值之间用逗号分开，语句的执行结果如图 6-4 所示。

number	CID	BID	payamount	saledate
1	C00005	B001	13	2020-05-10
2	C00004	B001	8	2020-05-10
3	C00001	B001	10.5	2020-05-26

图 6-4 VALUES 赋值示例

6.1.2　SET 赋值

如果使用 SET 子句插入行，则必须至少为一列赋值。如果某一个字段使用了默认值或自增值，那么在 SET 子句中可以省略这些字段。语法格式为：

```
INSERT [INTO] tbl_name
    SET col_name = value [, col_name = value] …
```

例 6-6　向 salebill 表中插入一行，校园卡号为 C00004，商户号为 B003，消费金额为 25 元，消费日期为 2020 年 5 月 28 日，number 为自增值。

```
INSERT INTO salebill
    SET CID = 'C00004', BID = 'B003', payamount = 25,
        saledate = CURRENT_DATE;
```

在该语句中插入一行，number 为 4，如图 6-5 所示。

number	CID	BID	payamount	saledate
1	C00005	B001	13	2020-05-10
2	C00004	B001	8	2020-05-10
3	C00001	B001	10.5	2020-05-26
4	C00004	B003	25	2020-05-28

图 6-5　SET 赋值示例

6.1.3　SELECT 赋值

与前两种方式不同的是，SELECT 赋值可以用一个 INSERT 操作向基本表中插入多行。SELECT 赋值的基本语法格式为：

```
INSERT [INTO] tbl_name
    [ (col_name [, col_name] …)]
    {SELECT … | TABLE table_name}
```

该语句的执行过程是先执行 SELECT 语句，再把 SELECT 语句的查询结果批量插入指定的基本表中。若查询结果中列的个数或顺序与基本表中列的个数或顺序不同，则需要在表名后用（col_name [, col_name] ...）子句指定查询结果的数据值与基本表中列的对应关系。没有被赋值的列如果有默认值就取默认值；如果没有默认值但可以为空值，则系统在新行中将该列自动设置为 NULL 值。如果没有被赋值的列有 NOT NULL 约束，则违反了完整性约束，系统会提示错误，无法插入该行。

例 6-7　求每个院系的学生人数，并把结果存入数据库中。

首先建立一个存储院系名称和学生人数的 table_sum 表。

```
CREATE TABLE table_sum
    (college VARCHAR (20) PRIMARY KEY,
    total_number INT);
```

然后向 table_sum 表中插入行：

```
INSERT INTO table_sum
    SELECT college, COUNT (*) 学生人数 FROM student
        GROUP BY college;
```

如果 student 表中学生所在学院一共有四个，该语句执行后，table_sum 表就会插入四行，如图 6-6 所示。

college	total_number
机械学院	2
管理学院	4
经济学院	3
计算机学院	2

图 6-6　SELECT 赋值示例

6.2　更新数据

在 SQL 中，UPDATE 语句用于更新数据。其基本语法格式为：

```
UPDATE tbl_name
    SET col_name = {value | DEFAULT} [, … n]
    [WHERE where_condition]
```

参数：

（1）SET 子句：指明要修改的列，以及应提供的数据值，数据值可以是表达式或 DEFAULT。

（2）WHERE 子句：指定修改数据的条件，如果不提供 WHERE 子句，表中的所有行都将被更新。

例 6-8　将 card 表中所有禁用的校园卡的余额清零。

```
UPDATE card SET balance = 0 WHERE state = '2';
```

该语句是基于本表条件的更新，执行结果如图 6-7 所示。

例 6-9　将 C00004 校园卡的状态由挂失改为正常使用，并充值 500 元。

修改前该卡的信息如图 6-8 所示。

CID	password	balance	state
C00003	123456	0	2
C00007	666666	0	2

图 6-7　修改单个数据示例

CID	password	balance	state
C00004	888	107.6	1

图 6-8　修改前该卡的信息

```
UPDATE card SET state = '0', balance = balance+500
    WHERE CID = 'C00004';
```

该语句修改了 C00004 校园卡的两个列值，修改后的结果如图 6-9 所示。

CID	password	balance	state
C00004	888	607.6	0

图 6-9　修改后的结果

例 6-10　给管理学院的学生每人的校园卡补贴 200 元。

管理学院学生的校园卡余额如图 6-10 所示。

```
    UPDATE card SET balance = balance+200 WHERE CID IN
(SELECT CID FROM student WHERE college = '管理学院');
```

该语句是基于其他表条件的更新，执行结果如图 6-11 所示。

CID	balance	sname	college
C00004	107.6	李子欣	管理学院
C00003	32	孙琦	管理学院
C00002	86.5	周萍	管理学院
C00001	500	张伟	管理学院

图 6-10　管理学院学生的校园卡余额

CID	balance	sname	college
C00004	307.6	李子欣	管理学院
C00003	232	孙琦	管理学院
C00002	286.5	周萍	管理学院
C00001	700	张伟	管理学院

图 6-11　基于其他表条件的修改示例

6.3　删除数据

在 SQL 中，DELETE 语句用于删除数据，但不会改变表结构。其基本语法格式为：

```
DELETE [FROM] tbl_name
    [WHERE condition]
```

参数：

WHERE 子句：定义删除条件，符合条件的数据将被删除。如果不使用 WHERE 子句，表中的所有行将被删除。

例 6-11　删除 C00004 校园卡的消费记录。

```
DELETE FROM salebill WHERE CID = 'C00004';
```

这是基于基本表条件的删除。

例 6-12　删除管理学院“周萍”的消费记录。

```
DELETE FROM salebill WHERE CID IN
(SELECT CID FROM student
    WHERE college = '管理学院' AND sname = '周萍');
```

这是基于其他表条件的删除。

C H A P T E R 7

第7章

SQL 数据查询语句

■ 学习目标

● 本章将介绍 SQL 中数据查询语言的基本概念及数据操作。

■ 开篇案例

1978 年，萨师煊等学者最早引入“信息”一词作为我国高等院校经济管理类的专业名称，创建了中国人民大学经济信息管理系。1982 年，萨师煊起草了国内第一个计算机专业本科“数据库系统概论”课程的教学大纲。

萨师煊老师将“数据库”带给了进入大学的年轻学子，燃起了中国数据库的第一批星星之火。1983 年，由萨师煊与弟子王珊合作编写的《数据库系统概论》正式出版发行。这是国内第一部系统阐明数据库原理、技术和理论的教材。该书被公认为国内数据库领域的经典权威教材。

资料来源：文字根据网络资料整理得到。

7.1 数据查询语句基本结构

在 SQL 中，数据查询语言（Data Query Language，DQL）只有一个语句——SELECT 语句。SELECT 语句的查询功能强大，能实现关系代数中的选择、投影、连接、除法等功能，也能实现结果排序、分组统计等功能。SELECT 语句的基本语法格式为：

```
SELECT [ALL | DISTINCT] col_name1 (, … n)
    FROM table_references
    [WHERE where_condition]
```

```
[GROUP BY col_name , …]
[HAVING where_condition]
[ORDER BY col_name [ASC | DESC], …]
```

参数：

（1）SELECT：指定查询结果的列或列表达式。

（2）FROM：指定查询范围。

（3）WHERE：指定查询条件。不使用 WHERE 子句时返回所有行。

（4）GROUP BY：指定分组依据。

（5）HAVING：指定对分组结果的筛选条件。不使用 HAVING 子句时返回所有分组结果。

（6）ORDER BY：对查询结果按照指定的列进行排序，ASC 是升序，DESC 是降序，默认值是升序。

其中，SELECT 子句和 FROM 子句是必选项，其他四个子句都是可选项。在六个子句齐全的情况下，应按照 FROM，WHERE，GROUP BY，HAVING，ORDER BY，SELECT 的顺序执行。在 FROM 子句指定的表中（查询范围可以是一张表，也可以是多张表，如果是多张表相当于执行了关系代数中的连接运算）查找满足 WHERE 子句条件表达式的行（相当于执行了关系代数中的选择运算）。如果有 GROUP BY 子句，将会对满足 WHERE 条件的行按照 GROUP BY 的分组依据列进行分组，列值相等的行分为一个组，分组的目的通常是进行分类统计，因此会在每组中使用聚集函数产生一个统计结果。如果有 HAVING 子句，则对分组结果进行筛选，只输出满足 HAVIGN 子句指定条件的组。如果有 ORDER BY 子句，则对查询结果按照排序列进行排序。最后，按照 SELECT 子句中的目标列形成结果表（相当于执行了关系代数中的投影运算）。

书写 SELECT 语句时，应注意提高语句的易读性。易读性不会影响 SELECT 语句的性能，但易读的 SELECT 语句可以让使用者清楚地看出要查询的内容是什么、要访问哪些表，以及查询条件是什么。

7.2 简单查询

在 SQL 中，简单查询只需要使用 SELECT 子句、FROM 子句和 WHERE 子句。它们分别指定查询的范围及选择条件等。

7.2.1 SELECT 子句指定查询列

SELECT 子句指定所查询列，以及查询结果中列的排列顺序，语法格式为：

```
SELECT [ALL | DISTINCT] col_name1 (, … n)
```

参数：

（1）col_name1 (,… n)：查询结果中显示的列，可以是星号、一个或一组列名、表达式、函数、变量等。

（2）ALL | DISTINCT：使用 ALL 选项时，显示符合条件的所有行。使用 DISTINCT 选项时，所有重复的数据行在结果集合中只会保留一行，默认为 ALL。

1. “*”表示显示表中所有列

例 7-1 显示 student 表中所有数据。

```
SELECT * FROM student;
```

这是最基础的查询语句，作用是全表查询，结果如图 7-1 所示。

2. 仅显示部分列

SELECT 后面罗列需要显示的列，列之间用逗号分开。

例 7-2 查询 student 表中的学号和学生名。

```
SELECT SID,sname FROM student;
```

执行结果如图 7-2 所示。

SID	CID	sname	gender	college
20200301001	C00007	黄磊	M	经济学院
202003010005	(NULL)	张子新	M	计算机学院
202003010004	(NULL)	张萌	M	经济学院
202003010003	C00009	刘杰	M	计算机学院
202003010002	C00008	刘杰	M	经济学院
20190201002	C00006	赵榕	F	机械学院
20190201001	C00005	陈亮	M	机械学院
201901010004	C00004	李子欣	F	管理学院
201901010003	C00003	孙琦	M	管理学院
201901010002	C00002	周萍	F	管理学院
201901010001	C00001	张伟	M	管理学院

图 7-1 全表查询示例

SID	sname
20200301001	黄磊
202003010005	张子新
202003010004	张萌
202003010003	刘杰
202003010002	刘杰
20190201002	赵榕
20190201001	陈亮
201901010004	李子欣
201901010003	孙琦
201901010002	周萍
201901010001	张伟

图 7-2 仅显示部分列示例

3. 显示 / 删除重复行

使用 ALL 选项显示所有满足条件的行，使用 DISTINCT 选项删除重复行。

例 7-3 查询 student 表中学生所在的院系，有多少人就显示多少个学院名称。

```
SELECT ALL college FROM student;
```

或者：

```
SELECT college FROM student;
```

如果一个学院有多名学生，那么该学院名称会在查询结果中多次出现。例如，经济学院有 3 名学生，管理学院有 4 名学生，则经济学院出现 3 次，管理学院出现 4 次，如图 7-3 所示。

例 7-4 查询 student 表中学生所在的院系，同一院系只显示一次。

```
SELECT DISTINCT college FROM student;
```

使用 DISTINCT 后，结果中不再有重复的行，如图 7-4 所示。

college
经济学院
计算机学院
经济学院
计算机学院
经济学院
机械学院
机械学院
管理学院
管理学院
管理学院
管理学院

图 7-3 显示所有行示例

college
经济学院
计算机学院
机械学院
管理学院

图 7-4 删除重复行示例

4. 限制返回的行数

在现实生活中，经常需要从数据库表中提取位于表中特定位置的部分数据，而不是全部数据，例如，要查看某一天营业额最高的 10 个商家，这时我们就要用到 LIMIT 选项。语法格式为：

```
LIMIT n [, m]
```

参数：

（1）LIMIT n：返回前 *n* 行。

（2）LIMIT n, m：返回第 *n* 行之后的 *m* 行。

例 7-5 查询 student 表中前 5 名学生的校园卡号和姓名。

```
SELECT * FROM student LIMIT 5;
```

执行结果如图 7-5 所示。

SID	CID	sname	gender	college
20200301001	C00007	黄磊	M	经济学院
202003010005	(NULL)	张子新	M	计算机学院
202003010004	(NULL)	张萌	M	经济学院
202003010003	C00009	刘杰	M	计算机学院
202003010002	C00008	刘杰	M	经济学院

图 7-5 显示 student 表的前 5 行示例

例 7-6 查询 student 表中第 6—10 名学生的详细记录信息。

```
SELECT * FROM student LIMIT 5,5;
```

执行结果如图 7-6 所示。

SID	CID	sname	gender	college
20190201002	C00006	赵榕	F	机械学院
20190201001	C00005	陈亮	M	机械学院
201901010004	C00004	李子欣	F	管理学院
201901010003	C00003	孙琦	M	管理学院
201901010002	C00002	周萍	F	管理学院

图 7-6　显示 student 表的 6—10 行示例

5. 重命名

为了提高查询结果的可读性或提高语句的简洁性，SQL 提供列名、表名的重命名功能。语法格式为：

```
oldname [AS] newname
```

例 7-7　查询 student 表中的 sname 和 college，把表名命名为学生表，把各列命名为对应的中文。

```
SELECT SID AS 学号 ,CID 卡号 , sname 姓名 , gender 性别 ,
    college AS 院系 FROM student;
```

该语句执行后查询结果显示中文列名，如图 7-7 所示。

学号	卡号	姓名	性别	院系
20200301001	C00007	黄磊	M	经济学院
202003010005	(NULL)	张子新	M	计算机学院
202003010004	(NULL)	张萌	M	经济学院
202003010003	C00009	刘杰	M	计算机学院
202003010002	C00008	刘杰	M	经济学院
20190201002	C00006	赵榕	F	机械学院
20190201001	C00005	陈亮	M	机械学院
201901010004	C00004	李子欣	F	管理学院
201901010003	C00003	孙琦	M	管理学院
201901010002	C00002	周萍	F	管理学院
201901010001	C00001	张伟	M	管理学院

图 7-7　重命名列名示例

7.2.2　WHERE 子句设置查询条件

WHERE 子句的作用是设置条件表达式，过滤掉不符合条件的数据行。WHERE 子句可使用多种条件运算符。

1. 比较运算符（大小比较）

```
>、>=、=、<、<=、<>、!=
```

例 7-8 查询消费金额大于等于 50 元的消费信息。

```
SELECT * FROM salebill WHERE payamount>=50;
```

该语句的执行结果如图 7-8 所示。

number	CID	BID	payamount	saledate
11	C00001	B005	56	2020-07-04
14	C00006	B003	380	2020-07-06

图 7-8 salebill 表中 payamount 大于等于 50 的消费记录

例 7-9 查询消费金额小于 10 元的消费信息。

```
SELECT * FROM salebill WHERE payamount<10;
```

该语句的执行结果如图 7-9 所示。

number	CID	BID	payamount	saledate
2	C00004	B001	8	2020-05-10
7	C00003	B005	8.9	2020-06-29
8	C00001	B004	9	2020-07-02
12	C00001	B006	1	2020-07-05

图 7-9 salebill 表中 payamount 小于 10 的消费记录

2. 范围运算符（表达式值是否在指定的范围内）

```
BETWEEN…AND… 和 NOT BETWEEN…AND…
```

例 7-10 查询消费金额在 20 元至 30 元之间的消费信息。

```
SELECT * FROM salebill WHERE payamount BETWEEN 20 AND 30;
```

或者

```
SELECT * FROM salebill WHERE payamount>=20 AND payamount <=30;
```

该语句的执行结果如图 7-10 所示。

number	CID	BID	payamount	saledate
4	C00004	B003	25	2020-05-28
5	C00001	B002	20	2020-05-30
9	C00005	B003	21	2020-07-03
13	C00001	B007	21	2020-07-05

图 7-10 salebill 表中 payamount 在 20 元至 30 元之间的消费记录

3. 列表运算符（判断表达式是否为列表中的指定项）

```
IN （项1，项2，…） 或者 NOT IN （项1，项2，…）
```

例 7-11 查询管理学院和机械学院的学生信息。

```
SELECT * FROM student WHERE college IN ('管理学院','机械学院');
```

该语句的执行结果如图 7-11 所示。

SID	CID	sname	gender	college
20190201002	C00006	赵榕	F	机械学院
20190201001	C00005	陈亮	M	机械学院
201901010004	C00004	李子欣	F	管理学院
201901010003	C00003	孙琦	M	管理学院
201901010002	C00002	周萍	F	管理学院
201901010001	C00001	张伟	M	管理学院

图 7-11 student 表中管理学院和机械学院的学生信息

例 7-12 查询管理学院和机械学院之外其他院系的学生信息。

```
SELECT * FROM student
    WHERE college NOT IN ('管理学院','机械学院');
```

该语句的执行结果如图 7-12 所示。

SID	CID	sname	gender	college
20200301001	C00007	黄磊	M	经济学院
202003010005	(NULL)	张子新	M	计算机学院
202003010004	(NULL)	张萌	M	经济学院
202003010003	C00009	刘杰	M	计算机学院
202003010002	C00008	刘杰	M	经济学院

图 7-12 student 表中非管理学院、机械学院的学生信息

4. 空值判断符（判断表达式是否为空）

```
IS NULL 和 IS NOT NULL
```

例 7-13 查询尚未办理校园卡的学生姓名和院系。

```
SELECT sname,college FROM student WHERE CID IS NULL;
```

该语句的执行结果如图 7-13 所示。

sname	college
张子新	计算机学院
张萌	经济学院

图 7-13 未办理校园卡的学生信息

例 7-14 查询已经办理校园卡的学生姓名和院系。

```
SELECT sname,college FROM student WHERE CID IS
    NOT NULL;
```

该语句的执行结果如图 7-14 所示。

sname	college
张伟	管理学院
周萍	管理学院
孙琦	管理学院
李子欣	管理学院
陈亮	机械学院
赵榕	机械学院
黄磊	经济学院
刘杰	经济学院
刘杰	计算机学院

图 7-14 已办理校园卡的学生信息

5. 逻辑运算符 AND、NOT、OR（用于多条件的逻辑连接）

其优先级从高到低依次是 NOT、AND、OR。

例 7-15 查询 2020 年 5 月 28 日 B003 商户的销售情况。

```
SELECT * FROM salebill
    WHERE BID='B003' AND saledate='2020-5-28';
```

该语句的执行结果如图 7-15 所示。

number	CID	BID	payamount	saledate
4	C00004	B003	25	2020-05-28

图 7-15 指定日期、指定商户的销售记录

例 7-16 查询管理学院和机械学院的学生信息。

```
SELECT * FROM student
    WHERE college='管理学院' OR college='机械学院';
```

该语句的执行结果如图 7-16 所示。

SID	CID	sname	gender	college
20190201002	C00006	赵榕	F	机械学院
20190201001	C00005	陈亮	M	机械学院
201901010004	C00004	李子欣	F	管理学院
201901010003	C00003	孙琦	M	管理学院
201901010002	C00002	周萍	F	管理学院
201901010001	C00001	张伟	M	管理学院

图 7-16 student 表中管理学院和机械学院的学生信息

在查询条件中尽量避免使用逻辑操作符 OR，因为通常情况下 IN 比 OR 要快。

此外，在查询条件中使用正逻辑比使用非逻辑（如 NOT BETWEEN、NOT IN、NOT NULL）的查询速度快。因为非逻辑操作要检查所有数据行后才能判断条件是否为真。

6. 模式匹配符（用于字符串的模糊匹配）

LIKE 和 NOT LIKE

模式匹配符需要与通配字符结合使用。常用的通配字符包括百分号、下划线、转义符等。

（1）百分号 %。

可匹配任意类型和长度的字符。

例 7-17 查询姓“张”的学生的姓名。

```
SELECT sname FROM student WHERE sname LIKE '张%';
```

该语句的执行结果如图 7-17 所示。

（2）下划线 _。

匹配单个任意字符，常用来限制表达式的字符长度。

例 7-18 查询姓“张”且姓名中一共三个字的学生的姓名。

```
SELECT sname FROM student WHERE sname LIKE '张_ _';
```

该语句的执行结果如图 7-18 所示。

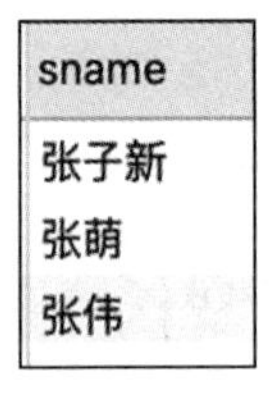
sname
张子新
张萌
张伟

图 7-17 student 表中姓张的学生姓名

sname
张子新

图 7-18 student 表中姓张且姓名为三个字的学生姓名

（3）转义符。

如果要查询的字符串中包含 % 或 _，需要使用转义符。\ 为默认的转义符，也可以使用 ESCAPE 子句指定其他转义符。\ 的语法格式为：

```
\% 匹配一个 % 字符
\_ 匹配一个 _ 字符
```

例 7-19 查询密码以“12_”开头的校园卡信息。

```
SELECT CID, password FROM card WHERE 'password' LIKE '12_%';
```

该语句的执行结果如图 7-19 所示。

CID	password
C00003	123456
C00006	123321
C00009	123
C00010	12_456
C00011	12%12

图 7-19 密码以“12_”开头的校园卡信息（一）

如果使用上述查询语句，所有前两位是“12”的校园卡都会被输出，不符合查询要求。

使用转义符的查询语句：

```
SELECT CID, password FROM card WHERE password LIKE
    '12\_%';
```

该语句的执行结果如图 7-20 所示，这次查询的结果是正确的。

例 7-20　使用 ESCAPE 子句指定 | 为转义符，查询密码以“12_”开头的校园卡卡号。

```
SELECT CID, password FROM card
WHERE password LIKE '12|_%' ESCAPE '|';
```

该语句的执行结果如图 7-21 所示。

CID	password
C00010	12_456

图 7-20　密码以“12_”开头的校园卡信息（二）

CID	password
C00010	12_456

图 7-21　密码以“12_”开头的校园卡信息（三）

由于模式匹配的查询速度低于确定性查询，因此，能用确定性查询的就尽量避免使用含模式匹配的查询。

7.2.3　聚合函数

聚合函数也称为聚集函数，是对一组值进行统计并返回一个单一的统计结果。SQL 中的聚合函数有计数函数 COUNT、求和函数 SUM、求平均值函数 AVG、求最大值函数 MAX 和求最小值函数 MIN。除 COUNT (*) 外，其他函数在计算过程中均忽略 NULL 值。

1. 计数函数 COUNT

```
COUNT (*) 或者 COUNT ([ALL | DISTINCT] col_name)
```

参数：

（1）COUNT (*)：统计表的行数，无论它们是否包含 NULL 值。

（2）COUNT (col_name)：统计指定列中非空列值的个数。

（3）ALL：统计全部非空列值的个数。

（4）DISTINCT：统计去掉重复值后的非空列值的个数，默认为 ALL。

如果没有匹配的行，则返回 0。

例 7-21　统计 student 表中的学生总人数。

```
SELECT COUNT (*) FROM student;
```

该表共存储了 11 个学生的信息，COUNT (*) 返回总行数，如图 7-22 所示。

例 7-22　统计 student 表中的院系数。

使用 ALL 统计表中全部的院系数目，重复的院系都计算在内。

```
SELECT COUNT (ALL college) FROM student;
```

该语句的执行结果如图 7-23 所示。

COUNT(*)
11

图 7-22　学生总人数

使用 DISTINCT 统计去掉重复值后的院系个数。

```
SELECT COUNT (DISTINCT college) FROM student;
```

该语句的执行结果如图 7-24 所示。

例 7-23 统计 student 表中的校园卡数量。

```
SELECT COUNT (CID) FROM student;
```

COUNT ([ALL | DISTINCT] col_name) 仅仅统计非空列值的个数。student 表中共有 11 位学生，其中两位学生没有办理校园卡，即有两行的 CID 列值为空值。该语句返回的是 CID 列非空列值的个数，执行结果如图 7-25 所示。

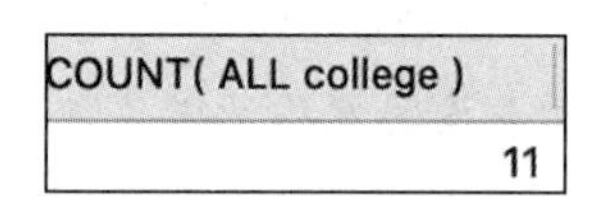

COUNT(ALL college)
11

图 7-23 院系数

COUNT(DISTINCT college)
4

图 7-24 不含重复值的院系数

COUNT(CID)
9

图 7-25 校园卡数（不含空值）

2. 求和函数 SUM

```
SUM (col_name)
```

计算指定列的列值之和，列的数据类型必须是数值型。

3. 求平均值函数 AVG

```
AVG (col_name)
```

计算指定列的列值平均值，列的数据类型必须是数值型。

4. 求最大值函数 MAX

```
MAX (col_name)
```

计算指定列中列值的最大值。

5. 求最小值函数 MIN

```
MIN (col_name)
```

计算指定列中列值的最小值。

例 7-24 统计消费清单中单笔消费的最大值和最小值，以及总金额和平均消费水平。

```
SELECT MAX (payamount), MIN (payamount),
    SUM (payamount), AVG (payamount) FROM salebill;
```

该语句的执行结果如图 7-26 所示。

为了更直观地显示查询结果，一般情况下，我们会对聚合函数重命名。SELECT 语句可改为：

```
SELECT MAX (payamount) 最大值 , MIN (payamount) 最小值 ,
SUM (payamount) 总金额 , AVG (payamount) 平均值 FROM salebill;
```

该语句的执行结果如图 7-27 所示。

MAX(payamount)	MIN(payamount)	SUM(payamount)	AVG(payamount)
380	1	666.4	39.2

图 7-26　聚合函数的结果

最大值	最小值	总金额	平均值
380	1	666.4	39.2

图 7-27　重命名后聚合函数的结果

7.2.4　GROUP BY 子句进行分组计算

GROUP BY 的作用是对数据进行分组后，在组内使用聚合函数进行统计。如统计每个学院的学生人数、统计每个人的累计消费金额等。GROUP BY 子句的基本语法格式为：

```
GROUP BY col_name
```

例 7-25　统计每个院系的学生人数。

```
SELECT college AS 院系 ,COUNT (*) AS 学生人数
    FROM student
    GROUP BY college;
```

该语句的执行结果如图 7-28 所示。

例 7-26　统计每张校园卡的消费总额。

```
SELECT CID AS 校园卡号 , SUM (payamount) AS 消费总额
    FROM salebill
    GROUP BY CID;
```

该语句的执行结果如图 7-29 所示。

院系	学生人数
经济学院	3
计算机学院	2
机械学院	2
管理学院	4

图 7-28　按院系分组后统计每个院系的学生人数

校园卡号	消费总额
C00001	149.5
C00003	23.9
C00004	49
C00005	49
C00006	380
C00008	15

图 7-29　统计每张校园卡的消费总额

7.2.5 HAVING 子句对分组结果进行筛选

HAVING 子句必须用在 GROUP BY 子句之后。HAVING 子句的基本语法格式为：

```
HAVING where_condition
```

参数：

where_condition：HAVING 的条件表达式中一般都包含聚合函数，以此来筛选符合条件的分组。

例 7-27 查询学生人数多于 2 人的院系及其学生人数。

```
SELECT college AS 院系 ,COUNT (*) AS 学生人数
    FROM student
    GROUP BY college
    HAVING COUNT (*) >2;
```

该语句的执行结果如图 7-30 所示。

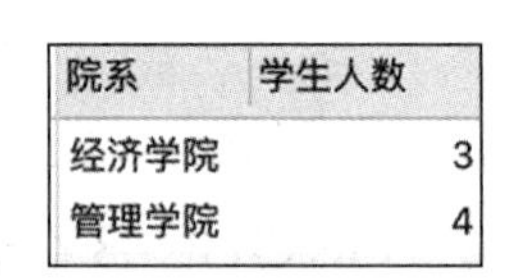

院系	学生人数
经济学院	3
管理学院	4

图 7-30 学生人数在 2 人以上的院系及其学生人数

例 7-28 列出消费总额达到 200 元的校园卡及该卡的消费总额。

```
SELECT CID AS 校园卡号 ,SUM (payamount) AS 消费总额
    FROM salebill
    GROUP BY CID
    HAVING (SUM (payamount) >=200);
```

该语句的执行结果如图 7-31 所示。

校园卡号	消费总额
C00006	380

图 7-31 消费总额达到 200 元的校园卡信息

7.2.6 ORDER BY 子句对查询结果排序

现实生活中，我们常需要对查询结果进行排序等。例如，按照学号由小到大显示学生信息，按照营业额由大到小对商户排序等。ORDER BY 子句可以对查询结果排序。ORDER BY 子句的语法格式为：

```
ORDER BY col_name [ASC|DESC] [,…n]
```

参数：

ASC 表示升序，为默认值，DESC 表示降序；

对多个列排序，列名之间用逗号分开，每个列都可以指定按升序或降序排序。

例 7-29 查询校园卡的卡号和消费总额，并将查询结果按消费总额的升序排序。

```
SELECT CID, SUM (payamount) 消费总额
    FROM salebill
    GROUP BY CID
    ORDER BY SUM (payamount);
```

该语句的执行结果如图 7-32 所示。

例 7-30　按消费日期升序排序，消费日期相同时按消费金额降序排序，前两列的值都相同时按流水号降序排序。

```
SELECT saledate, payamount, number FROM salebill
    ORDER BY saledate, payamount DESC, number ASC;
```

该语句的执行结果如图 7-33 所示。

CID	消费总额
C00008	15
C00003	23.9
C00004	49
C00005	49
C00001	149.5
C00006	380

图 7-32　按消费总额的升序对校园卡排序

saledate	payamount	number
2020-05-10	13	1
2020-05-10	8	2
2020-05-26	10.5	3
2020-05-28	25	4
2020-05-30	20	5
2020-06-01	16	6
2020-06-29	8.9	7
2020-07-02	9	8
2020-07-03	21	9
2020-07-04	56	11
2020-07-04	32	10
2020-07-05	21	13
2020-07-05	1	12
2020-07-06	380	14
2020-07-06	15	15
2020-07-06	15	16
2020-07-06	15	17

图 7-33　多排序关键字的查询结果

7.3　联合查询

SELECT 的查询结果可以看作一个集合，可进行进一步的联合查询。在标准 SQL 的联合查询中，可以使用的集合运算包括 UNION、INTERSECT 和 EXCEPT。其中，UNION 运算符取两个 SELECT 语句查询结果的并集；INTERSECT 运算符取两个 SELECT 语句查询结果的交集；EXCEPT 运算符取在第一个 SELECT 语句查询结果中存在，但是不存在于第二个 SELECT 语句查询结果中的数据。

MySQL 仅支持 UNION 集合运算，语法格式为：

```
SELECT … UNION [ALL | DISTINCT] SELECT …
[UNION [ALL | DISTINCT] SELECT …]
```

参数：

SELECT：集合运算符所涉及的查询应当具有相同的列数，并且数据类型兼容。集合运算符比较行时，认为两个 NULL 是相等的。集合运算符应用于两个集合，集合是无序的，因此所涉及的 SELECT 语句都不能有 ORDER BY 子句，但是可以在运算符结果中使用 ORDER BY 进行排序。

ALL：不会消除重复行，直接返回联合运算的结果。

DISTINCT：消除重复行。

在使用联合查询时，查询结果的列标题为第一个查询语句的列标题。因此，要定义列标题必须在第一个查询语句中定义。对联合查询结果排序时，也必须使用第一个查询语句中的列名、列标题或者列序号。

在使用联合查询时，应保证每个联合查询语句的选择列表中的列数相同，对应列的数据类型相同，或是可以自动将它们转换为相同的数据类型。在自动转换时，对于数值类型，系统会将低精度的数据类型转换为高精度的数据类型。

例 7-31 查询消费总额低于 100 元或高于 300 元的校园卡信息。

```
SELECT CID 校园卡号 , SUM (payamount) 消费总额 FROM salebill
    GROUP BY CID HAVING SUM (payamount) <100
UNION
SELECT CID 校园卡号 ,SUM (payamount) 消费总额 FROM salebill
    GROUP BY CID HAVING SUM (payamount) >300;
```

该语句的执行结果如图 7-34 所示。

校园卡号	消费总额
C00003	23.9
C00004	49
C00005	49
C00008	15

a）消费总额低于 100 元的校园卡

校园卡号	消费总额
C00006	380

b）消费总额高于 300 元的校园卡

校园卡号	消费总额
C00003	23.9
C00004	49
C00005	49
C00008	15
C00006	380

c）最终结果

图 7-34 集合运算的过程及最终结果

该查询也可以用逻辑运算 OR 来实现，如下所示：

```
SELECT CID 校园卡号 , SUM (payamount) 消费总额 FROM salebill
    GROUP BY CID
    HAVING SUM (payamount) <100 OR SUM (payamount) >300;
```

当在 WHERE 子句中使用了 OR 或者 IN 时，系统会放弃索引而使用全表扫描。因此，对于索引列，用 UNION 比用 OR、IN 查询效率高。对于非索引列，用 OR、IN 比用 UNION 查询效率高，因为非索引列的查询本来就要全表扫描，而 UNION 会成倍增加表扫描的次数。对于既包含索引列又包含非索引列的查询，使用 OR、IN 或者 UNION 都可以。

INTERSECT 和 EXCEPT 集合运算可以用连接查询替代。

7.4 连接查询

需要查询的数据存在于多个表中时，关系代数使用专门的集合运算——连接运算实现查询功能，SQL 在 SELECT 语句的 FROM 子句中实现连接查询，通过一个 SELECT 语句满足多种查询需求，使语句的统一性更高。

连接查询在 SELECT 语句的 FROM 子句中实现，语法格式为：

```
tbl1_name join_type tbl2_name ON join_condition
```

参数：

tbl1_name，tbl2_name：参与连接操作的表名，连接可以对同一个表操作，也可以对多表操作。对同一个表操作的连接又称为自连接。

join_type：连接类型，可分为内连接（Inner Join 或 Join）、外连接（Outer Join）和交叉连接（Cross Join）三种类型。

ON join_condition：连接条件，由被连接表中的列和比较运算符、逻辑运算符等构成。

7.4.1　内连接

内连接的作用是把两个表中符合条件的行拼接起来，执行过程是首先从表 1 中找到第一行，然后从头开始按顺序扫描或按索引扫描表 2，查找满足连接条件的行，每找到一行，就将表 1 中的第一行与该行拼接起来，形成结果集中的一行。表 2 全部扫描完毕后，再到表 1 中找第二行，然后从头开始按顺序扫描或按索引扫描表 2，查找满足连接条件的行，每找到一行，就将表 1 中的第二行与该行拼接起来，形成结果集中的一行。重复上述操作，直到表 1 中全部行都处理完毕为止。

内连接的基本语法格式为：

```
tbl1_name [INNER] JOIN tbl2_name ON join_condition
```

参数：

[INNER] JOIN：内连接是最常用的连接类型，可以简写为 JOIN。

ON jion_condition：连接条件可以是使用等于（=）运算符的等值连接，也可以是使用 >、>=、<=、<、!>、!< 和 <> 等运算符的不等连接。

当连接条件是等值连接时，公共列都会重复显示。自然连接可以在查询结果中删除重复列。自然连接的语法格式为：

```
tbl1_name NATURAL [INNER] JOIN tbl2_name
```

自然连接是等值连接的特殊情况，不需要 ON 子句。

例 7-32　查询 2020 年 7 月 4 日营业总额累计超过 40 元的商户名称及其营业总额。

商户名称在 business 表中，金额在 salebill 表中，该查询需要用连接条件 business.BID = salebill.BID，把这两张表等值连接起来再进行查询。

```
SELECT bname 商户 , SUM (payamount) 营业总额
    FROM business INNER JOIN salebill ON business.BID = salebill.BID
    WHERE saledate = '2020-7-4'
```

```
    GROUP BY business.BID
    HAVING SUM (payamount) >40;
```

该语句的执行结果如图 7-35 所示。

商户	营业总额
学二超市	56

图 7-35 等值连接的结果

例 7-33 查询校园卡及其消费情况的完整信息。

```
SELECT * FROM business INNER JOIN salebill
    ON business.BID = salebill.BID;
```

两个表的公共属性 BID 会在结果中重复出现。该语句的执行结果如图 7-36 所示。

BID	bname	number	CID	BID(1)	payamount	saledate
B004	学一超市	6	C00004	B004	16	2020-06-01
B004	学一超市	8	C00001	B004	9	2020-07-02
B005	学二超市	7	C00003	B005	8.9	2020-06-29
B005	学二超市	11	C00001	B005	56	2020-07-04
B007	校医院	13	C00001	B007	21	2020-07-05
B003	百景园餐厅	4	C00004	B003	25	2020-05-28
B003	百景园餐厅	9	C00005	B003	21	2020-07-03
B003	百景园餐厅	10	C00001	B003	32	2020-07-04
B003	百景园餐厅	14	C00006	B003	380	2020-07-06
B001	第一食堂	1	C00005	B001	13	2020-05-10
B001	第一食堂	2	C00004	B001	8	2020-05-10
B001	第一食堂	3	C00001	B001	10.5	2020-05-26
B002	第二食堂	5	C00001	B002	20	2020-05-30
B002	第二食堂	15	C00008	B002	15	2020-07-06
B002	第二食堂	16	C00005	B002	15	2020-07-06
B002	第二食堂	17	C00003	B002	15	2020-07-06
B006	车队	12	C00001	B006	1	2020-07-05

图 7-36 等值连接的结果中 BID 列重复出现

例 7-34 用自然连接查询校园卡及其消费情况的完整信息。

```
SELECT * FROM business NATURAL INNER JOIN salebill;
```

该语句的查询结果中删除了重复列，如图 7-37 所示。

7.4.2 外连接

如果需要查询所有校园卡的使用状况，包括有消费记录的卡（card 表和 salebill 表中都有此校园卡的记录）和开卡后还没有消费过的卡（card 表中有记录，但 salebill 表中没有此校园卡的记录），该如何满足这个查询需求呢？内连接的查询结果仅是符合等值连接条件 card.CID = salebill.CID 和查询条件（WHERE 搜索条件或 HAVING 条件）的行。存在于 card 表中但不存在于 salebill 表中的校园卡不满足等值连接条件，在内连接的查询结果中是不会出现的。这种情况需要使用外连接来实现。

BID	bname	number	CID	payamount	saledate
B004	学一超市	6	C00004	16	2020-06-01
B004	学一超市	8	C00001	9	2020-07-02
B005	学二超市	7	C00003	8.9	2020-06-29
B005	学二超市	11	C00001	56	2020-07-04
B007	校医院	13	C00001	21	2020-07-05
B003	百景园餐厅	4	C00004	25	2020-05-28
B003	百景园餐厅	9	C00005	21	2020-07-03
B003	百景园餐厅	10	C00001	32	2020-07-04
B003	百景园餐厅	14	C00006	380	2020-07-06
B001	第一食堂	1	C00005	13	2020-05-10
B001	第一食堂	2	C00004	8	2020-05-10
B001	第一食堂	3	C00001	10.5	2020-05-26
B002	第二食堂	5	C00001	20	2020-05-30
B002	第二食堂	15	C00008	15	2020-07-06
B002	第二食堂	16	C00005	15	2020-07-06
B002	第二食堂	17	C00003	15	2020-07-06
B006	车队	12	C00001	1	2020-07-05

图 7-37 自然连接的结果中 BID 列不再重复显示

根据连接谓词左边的表、右边的表，还是双边的表中所有符合搜索条件的行全部列出，标准 SQL 把外连接分为左外连接、右外连接和全外连接，MySQL 中没有全外连接。外连接的基本语法格式为：

```
tbl1_name {LEFT|RIGHT} [OUTER] JOIN tbl2_name
ON join_condition
```

参数：

LEFT [OUTER] JOIN：左外连接，列出左表 tbl1_name 中所有符合搜索条件的行。将左表中符合连接条件的行与对应的右表中的行匹配，对于左表中连接不成功的行，右表会用一个空行与之匹配。

RIGHT [OUTER] JOIN：右外连接，列出右表 tbl2_name 中所有符合搜索条件的行。将右表中符合连接条件的行与对应的左表中的行匹配，而对于右表中连接不成功的行，左表会用一个空行与之匹配。

ON jion_condition：连接条件。和内连接一样，外连接的连接条件也包括等值连接和不等连接。当连接条件是等值连接时，公共列会重复显示，可以使用自然连接删除查询结果中的重复列。

自然连接的语法格式为：

```
tbl1_name NATURAL {LEFT|RIGHT} [OUTER] JOIN tbl2_name
```

自然连接是等值连接的特殊情况，不需要 ON 子句。

例 7-35 查询所有校园卡的消费情况，包括没有消费记录的校园卡和有消费记录的校园卡。

使用左外连接进行查询：

```
SELECT * FROM card
    LEFT OUTER JOIN salebill ON card.CID = salebill.CID;
```

左外连接语句的执行结果如图 7-38 所示。

CID	password	balance	state	number	CID(1)	BID	payamount	saledate
C00001	135	500	0	3	C00001	B001	10.5	2020-05-26
C00001	135	500	0	5	C00001	B002	20	2020-05-30
C00001	135	500	0	8	C00001	B004	9	2020-07-02
C00001	135	500	0	10	C00001	B003	32	2020-07-04
C00001	135	500	0	11	C00001	B005	56	2020-07-04
C00001	135	500	0	12	C00001	B006	1	2020-07-05
C00001	135	500	0	13	C00001	B007	21	2020-07-05
C00002	459	86.5	1	(NULL)	(NULL)	(NULL)	(NULL)	(NULL)
C00003	123456	32	2	7	C00003	B005	8.9	2020-06-29
C00003	123456	32	2	17	C00003	B002	15	2020-07-06
C00004	888	107.6	1	2	C00004	B001	8	2020-05-10
C00004	888	107.6	1	4	C00004	B003	25	2020-05-28
C00004	888	107.6	1	6	C00004	B004	16	2020-06-01
C00005	159	145	0	1	C00005	B001	13	2020-05-10
C00005	159	145	0	9	C00005	B003	21	2020-07-03
C00005	159	145	0	16	C00005	B002	15	2020-07-06
C00006	123321	800	0	14	C00006	B003	380	2020-07-06
C00007	666666	12	2	(NULL)	(NULL)	(NULL)	(NULL)	(NULL)
C00008	1111	209	0	15	C00008	B002	15	2020-07-06
C00009	123	58.2	0	(NULL)	(NULL)	(NULL)	(NULL)	(NULL)
C00010	12_456	400	0	(NULL)	(NULL)	(NULL)	(NULL)	(NULL)
C00011	12%12	500	0	(NULL)	(NULL)	(NULL)	(NULL)	(NULL)

图 7-38 左外连接语句的执行结果

该问题也可以使用右外连接进行查询：

```
SELECT * FROM salebill
    RIGHT OUTER JOIN card ON card.CID = salebill.CID;
```

右外连接语句的执行结果如图 7-39 所示。

以上两个语句的执行结果中，card 表中的所有行，包括没有消费记录的校园卡都会显示出来。但是没有消费记录的校园卡对应的 salebill.CID，payamount，saletdate 等列的值均为 NULL。即对于 card 表中不满足连接条件行，salebill 表就用一个空行与之匹配。同时我们可以看到，公共列 CID 输出了两次。

number	CID	BID	payamount	saledate	CID(1)	password	balance	sta
3	C00001	B001	10.5	2020-05-26	C00001	135	500	0
5	C00001	B002	20	2020-05-30	C00001	135	500	0
8	C00001	B004	9	2020-07-02	C00001	135	500	0
10	C00001	B003	32	2020-07-04	C00001	135	500	0
11	C00001	B005	56	2020-07-04	C00001	135	500	0
12	C00001	B006	1	2020-07-05	C00001	135	500	0
13	C00001	B007	21	2020-07-05	C00001	135	500	0
(NULL)	(NULL)	(NULL)	(NULL)	(NULL)	C00002	459	86.5	1
7	C00003	B005	8.9	2020-06-29	C00003	123456	32	2
17	C00003	B002	15	2020-07-06	C00003	123456	32	2
2	C00004	B001	8	2020-05-10	C00004	888	107.6	1
4	C00004	B003	25	2020-05-28	C00004	888	107.6	1
6	C00004	B004	16	2020-06-01	C00004	888	107.6	1
1	C00005	B001	13	2020-05-10	C00005	159	145	0
9	C00005	B003	21	2020-07-03	C00005	159	145	0
16	C00005	B002	15	2020-07-06	C00005	159	145	0
14	C00006	B003	380	2020-07-06	C00006	123321	800	0
(NULL)	(NULL)	(NULL)	(NULL)	(NULL)	C00007	666666	12	2
15	C00008	B002	15	2020-07-06	C00008	1111	209	0
(NULL)	(NULL)	(NULL)	(NULL)	(NULL)	C00009	123	58.2	0
(NULL)	(NULL)	(NULL)	(NULL)	(NULL)	C00010	12_456	400	0
(NULL)	(NULL)	(NULL)	(NULL)	(NULL)	C00011	12%12	500	0

图 7-39 右外连接语句的执行结果

例 7-36 查询没有消费过的校园卡的卡号和余额。

```
SELECT card.CID ,balance
    FROM card LEFT OUTER JOIN salebill ON card.CID = salebill.CID
    WHERE salebill.CID IS NULL;
```

或者

```
SELECT card.CID ,balance
    FROM salebill RIGHT OUTER JOIN card ON card.CID = salebill.CID
    WHERE salebill.CID IS NULL;
```

查询结果中只显示没有消费记录的校园卡的卡号和余额，语句执行结果如图 7-40 所示。

如果不是为了满足特殊查询的需要，应尽量避免使用外连接。外连接比内连接消耗资源更多，因为它们包含与 NULL 数据匹配的数据，代价非常高。

CID	balance
C00002	86.5
C00007	12
C00009	58.2
C00010	400
C00011	500

图 7-40 使用外连接求等值连接不匹配行示例

例 7-37 使用自然连接查询所有校园卡的消费情况，包括没有消费记录的校园卡和有消费记录的校园卡。

```
SELECT * FROM card NATURAL LEFT OUTER JOIN salebill;
```

或者

```
SELECT * FROM salebill NATURAL RIGHT OUTER JOIN card;
```

两个语句的执行结果中都删除了重复列，执行结果如图 7-41 所示。

CID	password	balance	state	number	BID	payamount	saledate
C00001	135	500	0	3	B001	10.5	2020-05-26
C00001	135	500	0	5	B002	20	2020-05-30
C00001	135	500	0	8	B004	9	2020-07-02
C00001	135	500	0	10	B003	32	2020-07-04
C00001	135	500	0	11	B005	56	2020-07-04
C00001	135	500	0	12	B006	1	2020-07-05
C00001	135	500	0	13	B007	21	2020-07-05
C00002	459	86.5	1	(NULL)	(NULL)	(NULL)	(NULL)
C00003	123456	32	2	7	B005	8.9	2020-06-29
C00003	123456	32	2	17	B002	15	2020-07-06
C00004	888	107.6	1	2	B001	8	2020-05-10
C00004	888	107.6	1	4	B003	25	2020-05-28
C00004	888	107.6	1	6	B004	16	2020-06-01
C00005	159	145	0	1	B001	13	2020-05-10
C00005	159	145	0	9	B003	21	2020-07-03
C00005	159	145	0	16	B002	15	2020-07-06
C00006	123321	800	0	14	B003	380	2020-07-06
C00007	666666	12	2	(NULL)	(NULL)	(NULL)	(NULL)
C00008	1111	209	0	15	B002	15	2020-07-06
C00009	123	58.2	0	(NULL)	(NULL)	(NULL)	(NULL)
C00010	12_456	400	0	(NULL)	(NULL)	(NULL)	(NULL)
C00011	12%12	500	0	(NULL)	(NULL)	(NULL)	(NULL)

图 7-41　自然连接示例

因为在 MySQL 中没有全外连接（Full Outer Join 或 Full Join），所以我们可以使用 UNION 来达到目的。

例 7-38　设 card1 表和 card2 表中都只有校园卡的部分属性，如图 7-42 和图 7-43 所示，请列出校园卡的完整信息。

CID	password	balance
C00001	135	500
C00002	459	86.5
C00003	123456	32
C00004	888	107.6
C00005	159	145

图 7-42　card1 表的当前行值

CODE	state
C00002	1
C00003	0
C00006	0
C00007	2

图 7-43　card2 表的当前行值

```
SELECT * FROM card1 LEFT JOIN card2 ON CID = CODE;
```

```
UNION
SELECT * FROM card1 RIGHT JOIN card2 ON CID = CODE;
```

该语句实现了两张表的全外连接，执行结果如图 7-44 所示。

CID	password	balance	CODE	state
C00001	135	500	(NULL)	(NULL)
C00002	459	86.5	C00002	1
C00003	123456	32	C00003	0
C00004	888	107.6	(NULL)	(NULL)
C00005	159	145	(NULL)	(NULL)
(NULL)	(NULL)	(NULL)	C00006	0
(NULL)	(NULL)	(NULL)	C00007	2

图 7-44　使用 UNION 实现全外连接示例

7.5　嵌套查询

复杂的查询一般涉及多个表，可以先进行两个表的连接，然后对连接的结果进行查询，也可以先对一个表进行选择、投影等预查询，得到小表，甚至是单个值后再进行表间查询。二者的查询结果一样，但后一种方式用到多个 SELECT 语句，查询效率更高。SQL 支持多个 SELECT 语句嵌套使用，但内层的 SELECT 语句只能嵌套在外层 SELECT 语句的 WHERE 子句或 HAVING 子句的条件中，这类查询称为嵌套查询。

外层查询又称为主查询，内层查询又称为子查询。为了避免多个 SELECT 语句之间发生混淆，将子查询写在括号内。除了子查询中不能使用 ORDER BY 子句，主查询和子查询都使用标准的 SELECT 语句的语法格式。

7.5.1　IN 子查询

IN 子查询用于判断外层查询中表的某个列的值是否在子查询的结果集合中。其基本语法格式为：

```
operand [NOT] IN (subquery)
```

参数：

operand：列名。

subquery：子查询。

例 7-39　查询与“周萍”在一个院系的学生姓名。

```
SELECT sname,college FROM student WHERE college IN
    (SELECT college FROM student WHERE sname = '周萍');
```

IN 子查询的执行顺序是由里向外依次执行，里层子查询的结果用于构建外层查询的查找条件。该例中，周萍是管理学院的学生，先由子查询找到周萍所在的院系名称“管理学院”，子查询的执行结果如图 7-45 所示。

外层查询等价于：

```
SELECT CID,sname,college FROM student
    WHERE college IN ('管理学院');
```

该语句的执行结果如图 7-46 所示。

college
管理学院

图 7-45 “管理学院”子查询结果

sname	college
李子欣	管理学院
孙琦	管理学院
周萍	管理学院
张伟	管理学院

图 7-46 IN 嵌套查询结果

7.5.2 比较子查询

比较子查询是用比较运算符将子查询返回的单值构成外层查询的查找条件。其语法格式为：

```
operand comparison_operator [ANY | SOME | ALL] (subquery)
```

参数：

operand：列名。

comparison_operator：比较运算符，可以是 >、>=、=、<、<=、<>、!=。

subquery：子查询。使用比较运算符时，子查询返回的结果必须是单值。

ANY：与子查询结果集的某一个数值的比较结果为真，则返回真。

SOME：与 ANY 作用一样。

ALL：与子查询结果集的任一数值的比较结果都为真，则返回真。

例 7-40 查询与“周萍”在一个院系的学生姓名。如果没有同名的学生，则子查询返回的结果就是单值，集合运算可以用比较运算符“=”来代替。

```
SELECT CID, sname, school FROM student WHERE college =
    (SELECT college FROM student WHERE sname = '周萍');
```

如果子查询的结果不止一个，用等号就会出错。例如，如果有学生同名且同名学生不在同一个院系，用等号就不行了。

例 7-41 查询单次消费金额最高的校园卡号和消费金额。

聚合函数不能出现在 WHERE 子句中，当需要将列值与聚合函数的结果进行比较时，我们可以先用子查询得到聚合函数的结果，然后使用此结果构建外层查询的条件。

```
SELECT CID, payamount FROM salebill WHERE payamount =
```

```
    (SELECT MAX (payamount) FROM salebill);
```

假如子查询的结果如图 7-47 所示。

外层查询等价于：

```
SELECT CID, payamount FROM salebill WHERE payamount = 380;
```

该语句的执行结果如图 7-48 所示。

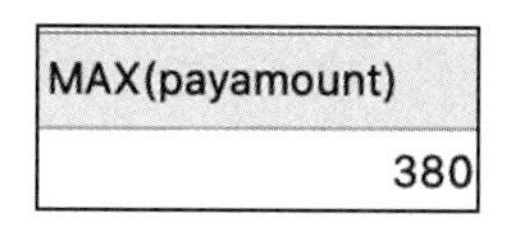

图 7-47　该语句子查询结果

CID	payamount
C00006	380

图 7-48　子查询结果唯一的嵌套查询结果

IN 子查询和比较子查询的执行先于外层查询，子查询与外层查询不相关，因此这两类子查询也被称为不相关子查询。

例 7-42　查询单次消费金额最高的校园卡号和消费金额。

```
SELECT CID, payamount FROM salebill WHERE payamount >= ALL
    (SELECT payamount FROM salebill);
```

该语句的执行结果如图 7-49 所示。

CID	payamount
C00006	380

图 7-49　ALL 嵌套查询结果

例 7-43　查询单笔营业收入比 B003 商户的某笔营业收入高的所有商户编号和金额。

```
SELECT BID, payamount FROM salebill WHERE payamount > ANY
    (SELECT payamount FROM salebill WHERE BID='B003');
```

或者

```
SELECT BID, payamount FROM salebill WHERE payamount > SOME
    (SELECT payamount FROM salebill WHERE BID='B003');
```

salebill 表的当前值如图 7-50 所示，子查询结果如图 7-51 所示，ANY/SOME 嵌套查询结果如图 7-52 所示。

7.5.3　EXISTS 子查询

EXISTS 子查询是对外层查询的表（简称为外表）作循环，逐行检测外表的当前行在子查询中的存在性，即 EXISTS 子查询进行的是存在性测试。其语法格式为：

```
[NOT] EXISTS (subquery)
```

参数：

EXIST：如果外表的当前行存在于子查询中，则该条件为真，否则为假。

NOT EXISTS：如果外表的当前行不存在于子查询中，则该条件为真，否则为假。

Subquery：子查询。

BID	payamount
B001	13
B001	8
B001	10.5
B002	20
B002	15
B002	15
B002	15
B003	25
B003	21
B003	32
B003	380
B004	16
B004	9
B005	8.9
B005	56
B006	1
B007	21

图 7-50　salebill 表的当前值

payamount
25
21
32
380

图 7-51　子查询结果

BID	payamount
B003	25
B003	32
B005	56
B003	380

图 7-52　ANY/SOME 嵌套查询结果

EXISTS 子查询的执行顺序是由外向内执行，循环执行外层查询，逐行把外层查询结果集的当前行作为已知值代入子查询，直到外层查询的全部行处理完毕为止。如果子查询中存在满足查询条件的行，则 EXISTS 返回 TRUE，表示外层查询结果集中的当前行满足查询要求。如果内层查询中不存在满足查询条件的行，则 EXISTS 返回 FALSE，表示外层查询结果集中的当前行不满足查询要求。NOT EXISTS 反之。

EXISTS 子查询可以检查外表中行的存在性，子查询的 SELECT 子句的查询目标列用 * 即可。与 IN 子查询和比较子查询不同，EXISTS 子查询的执行不仅受到外层查询的影响，而且执行的次数也由外层查询决定。因此，EXISTS 子查询称为相关子查询，其他子查询称为非相关子查询。

例 7-44　用相关子查询查找与“周萍”在一个院系的学生姓名。

```
SELECT sname, A.college FROM student A WHERE EXISTS
    (SELECT * FROM student B
        WHERE A.college = B.college AND B.sname = '周萍');
```

该语句的执行结果如图 7-53 所示。

例 7-45　查询所有在“第一食堂”消费过的学生姓名。

```
SELECT sname FROM student WHERE EXISTS
        (SELECT * FROM salebill WHERE student.CID = CID AND BID IN
    (SELECT BID FROM business WHERE bname = '第一食堂') );
```

该语句的执行结果如图 7-54 所示。

sname	college
李子欣	管理学院
孙琦	管理学院
周萍	管理学院
张伟	管理学院

图 7-53　EXISTS 嵌套查询结果

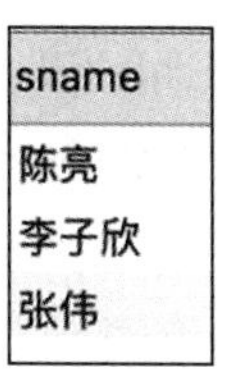

sname
陈亮
李子欣
张伟

图 7-54　多层嵌套查询结果

例 7-46　查找在所有商户消费过的学生。

这个问题等价于找没有哪家商户没有消费过的学生，可以使用 NOT EXISTS 的双重嵌套查询实现查询要求。也就是说，我们可以在 NOT EXISTS 子句中再嵌套一个 NOT EXISTS 子句，通过双重否定达到查找“ALL（所有）”的效果。

```
SELECT DISTINCT sname FROM student WHERE NOT EXISTS
(SELECT * FROM business WHERE NOT EXISTS
    (SELECT * FROM salebill
    WHERE business.BID = BID AND student.CID = CID) );
```

这个查询语句的执行逻辑类似于嵌套循环。每次查询都是把最外层的当前数据和中间层的当前数据带入最内层，去判断最内层的查询条件是否成立，只要找到一个符合条件的行就退出并开始下一次查询，示例如图 7-55 所示。

student 表

CID	sname
C00001	张伟
C00002	周萍
C00003	孙琦
C00004	李子欣
C00005	陈亮
C00006	赵榕
C00007	黄磊
C00008	刘杰
C00009	刘杰

business 表

BID	bname
B001	第一食堂
B002	第二食堂
B003	百景园餐厅
B004	学一超市
B005	学二超市
B006	车队
B007	校医院

salebill 表

CID	BID
C00001	B001
C00001	B002
C00001	B003
C00001	B004
C00001	B005
C00001	B006
C00001	B007
C00003	B002
C00003	B005
C00004	B001
C00004	B003
C00004	B004
C00005	B001
C00005	B002
C00005	B003
C00006	B003
C00008	B002

图 7-55　两个 NOT EXISTS 嵌套查询过程示例

把最外层 student 表中第一行 CID 的值 C00001，中间层 business 表中第一行 BID 的值 B001 带入最内层查询，判断查询条件 BID = business.BID AND CID = student.CID 是否为真。最内层的 salebill 表中第一行 CID = 'C00001' 而且 BID = 'B001'，查询条件 BID = business.BID AND CID = student.CID 为真，内层的 NOT EXISTS 查询条件为假，因此跳出本商户的判断，继续判断该学生在下一个商家是否消费过。保持最外层 CID 值不变，中间层传入下一个 BID 的值 B002，salebill 表中第二行 CID = 'C00001' 而且 BID = 'B002'，查询条件 BID = business.BID AND CID = student.CID 为真，内层的 NOT EXISTS 查询条件为假，因此跳出本商户的判断，继续判断该学生在下一个商家是否消费过。保持最外层值不变，中间层传入下一个 BID 的值 B003，判断最内层的查询条件是否为真。直到所有商家被判断完毕，C00001 校园卡自始至终使内层的 NOT EXIST 为假，外层的 NOT EXIST 就为真。可见不存在 C00001 校园卡在哪家商户没有消费过的情况，也就是说 C00001 校园卡在所有商家都消费过。因此，C00001 校园卡的持有人姓名会出现在查询结果中。

用同样的方法判断 student 表的第二行。把 student 表中第二行 CID 的值 C00002，中间层 business 表中第一行 BID 的值 B001 带入最内层查询，判断查询条件 BID = business.BID AND CID = student.CID 是否为真。最内层的 salebill 表中不存在 CID = 'C00002' 而且 BID= 'B001' 的行，查询条件 BID = business.BID AND CID = student.CID 为假，即 C00002 校园卡有商家没有消费过，内层的 NOT EXIST 为真，外层 NOT EXIST 就为假。因此，C00002 校园卡使查询条件为假，该卡的持有人姓名不出现在查询结果中。外层查询条件 NOT EXIST 为假就直接跳出该学生的查询，开始 student 表中下一个学生的判断，直到 student 表中所有行被判断完毕。

该语句的执行结果如图 7-56 所示。

sname
张伟

图 7-56　两个 NOT EXIST 嵌套查询结果

IN 子查询与 EXISTS 子查询可以实现相同的功能。如果查询的两个表大小相当，那么用谁的差别都不大；如果两个表中一个较小一个较大，则子查询表大的用 EXISTS 子查询，子查询表小的用 IN 子查询。

7.5.4　ANY 子查询

ANY 子查询与 IN 子查询功能类似，但是相较于单一的 IN 子查询，ANY 子查询能够支持更多的比较运算符，基本语法格式为：

```
operand comparison_operator ANY (subquery)
```

参数：

operand：列名。

comparison_operator：比较运算符，可以是 >、>=、=、<、<=、<>、!=。

subquery：子查询。使用比较运算符时，子查询返回的结果必须是单值。

例 7-47　查询单次消费在 10 元到 20 元之间的学生姓名与卡号。

```
SELECT sname,CID FROM student
WHERE CID = ANY(
SELECT CID FROM salebill
    WHERE payamount between 10 and 20);
```

首先执行子查询，找出满足条件的 CID，如图 7-57 所示。

再执行外查询，找出学生姓名和卡号的查询结果，如图 7-58 所示。

CID
C00005
C00001
C00001
C00004
C00008
C00005

图 7-57　子查询的结果

sname	CID
陈亮	C00005
张伟	C00001
李子欣	C00004
刘杰	C00008

图 7-58　ANY 应用示例

7.5.5　ALL 子查询

ALL 子查询通常与关系比较运算符结合使用，只要外查询中比较值与子查询结果集的任一数值的比较结果都为真，才返回真。其基本语法格式为：

```
operand comparison_operator ALL (subquery)
```

参数：

operand：列名。

comparison_operator：比较运算符，可以是 >、>=、=、<、<=、<>、!=。

subquery：子查询。使用比较运算符时，子查询返回的结果必须是单值。

例 7-48　查询 B003 商户所有消费记录中单笔消费最高的金额及卡号。

```
SELECT CID,payamount FROM salebill
WHERE payamount >= ALL(
SELECT payamount FROM salebill
    WHERE BID='B003');
```

子查询的结果如图 7-59 所示。

外查询等价于：

```
SELECT CID,payamount FROM salebill
WHERE payamount >=380;
```

外查询结果如图 7-60 所示。

payamount
25.00
21.00
32.00
380.00
30.00
30.00

图 7-59　子查询的结果

例 7-49 查询没在 B003 号食堂消费过的学生姓名与卡号。

```
SELECT snamc,CID FROM student
WHERE CID <>ALL (
SELECT CID FROM salebill
WHERE BID='B003')
```

这里的 <>ALL 等价于 NOT IN，查询结果如图 7-61 所示。

CID	payamount
C00006	380.00

图 7-60 外查询结果

sname	CID
孙琦	C00003
刘杰	C00008
刘杰	C00009
黄磊	C00007

图 7-61 查询结果

CHAPTER 8

第8章

视　图

■ 学习目标

- 本章介绍视图的基本概念和作用，以及与视图有关的基本操作。

■ 开篇案例

1978 年，武钢从日本引进设备，建造“一米七”热轧钢材自动化生产线，当时在华中工学院（现为华中科技大学）做讲师的冯玉才目睹了日本人在武钢项目完成后，销毁了所有资料，于是下定决心一定要研发出自主版权的国产数据库管理系统。1982 年，冯玉才准备数据库管理系统的研发工作，并成立了研发小组。历经 6 年，终于在 1988 年成功研制了我国第一个自主版权的“数据库管理系统 CRDS”。1992 年，冯玉才创办了我国第一个专业从事数据库技术研究的机构，承担国家级、部级等各种重大项目 32 项，取得了 40 多项研究成果。2000 年，冯玉才创建了国内第一个数据库公司——武汉达梦数据库有限公司（简称“达梦数据库”），正式通过市场运作模式，将达梦产品、服务推广至更多的政府单位和合作企业。

当时的数据库市场面临两个选择，是开源还是自主研发。由于数据库技术研发成本大、风险高，大多数数据库厂商都选择用国外公司开源的数据库产品进行研发，这就相当于站在巨人的肩膀上，自主研发的达梦数据库是很难与之对抗的。大部分企业家都走了另一条商业的道路。面临抉择，冯玉才力排众议，选择了一条最艰难的道路，他认为开源对知识产权、信息安全、创新和企业文化都有致命问题。虽然开源在短期内可能会使产品各方面有显著提升，但由于没有经历过数据库研发的整个过程，无论是研发队伍、人才还是技术掌握都会有所欠缺，所以其根基是不牢固的。近年来一系列重大的信息安全事件，确实证明了冯玉才的深谋远虑。

“做强企业就是产业报国，安全可控才能保家护国。”这句话一直是冯玉才研究数据库的信条。公司一直秉承“掌握核心技术，不受制于人”的战略，选择自主研发这条道路。目前，达梦数据库已掌握数据管理与数据分析领域的核心前沿技术，拥有全部源代码，具有完全自主知识产权。公司是首批获得国家“双软”认证的基础软件企业、率先获得自主原创认证的数据库企业，产品通过EAL4+级审核，达到目前国产数据库最高安全级别。赛迪顾问发布的《2019—2020年中国平台软件市场研究年度报告》显示，公司在国产数据库市场占有率第一。

随着网络安全建设需求的不断提升，达梦数据库围绕“网络安全”“技术创新”发展业务，使产品稳定性、安全性、可靠性等均得到大幅提升，并逐步应用到金融、电力、航空、电子政务等领域。达梦数据库管理系统（DM8）具有分布式数据库的高可扩展、高可用、高并发的处理能力，在对用户透明的同时又具备传统数据库的高级特性。达梦数据库可以实现对国外产品的替换，公司的产品覆盖从数据交换、数据存储/管理、数据治理到分析服务等数据全生命周期，并提供全栈数据产品和解决方案。

资料来源：文字根据网络资料整理得到。

8.1 视图的概念

视图是从一个或多个基本表中导出的虚表。视图是基本表的部分行或列数据的组合，这一点和SELECT语句的查询结果是一样的，但是SELECT语句的查询结果不会被保存在系统中，而视图一经定义就作为一种数据库对象存在于数据库系统中，可以像基本表一样执行查询、删除等操作，能够转化为基本表更新的视图也可以进行修改和插入操作，视图上也可以定义新的视图。可以说，在用户看来视图就是一个表。

视图是一种重要的数据库对象，对应关系数据模型的外模式。数据库的数据查询语言可以满足用户的数据查询需求，但是当需要多次执行相同的查询操作，且查询的数据涉及多个表或查询条件复杂时，用户需要重复工作量大且在编写SELECT语句时还要清楚数据表的结构和查询条件的表述。改进方法是创建一个虚表，包含用户要使用的来自多个表的数据，这样就可以把表之间的连接操作和复杂的查询条件对用户隐藏起来。用户只需要在一张虚表上操作，大大降低了用户编写查询语句的难度。

此外，如果虚表中的数据可以满足用户的数据操作需求，数据库系统为用户定制数据的同时，可以将用户的数据处理权限限定在他有权处理的数据上，即给适当的人看适当的数据，这样做有助于提高数据库系统的安全性。

需要注意的是，视图和基本表是有本质区别的。视图的数据是以基本表为基础，从一个或多个基本表/视图中导出的。由于基本表的数据是动态变化的，因此视图的表结构和视图中的数据都没必要保存在系统中，否则就是冗余数据或间接数据，不利于维护数据的一致性。在关系型数据库系统中只保存视图的定义，不保存视图中的数据。当对视图执行查询操作时，才按照视图的定义把相应基本表中行列数据组合后生成视图的数据。这样不仅简化用户的操作、维护数据的完整性约束，而且视图提供了一种访问基本表中数据的方法。当数据库的逻辑结构变化时，如增加新表或改变原有表的列等，视图的定义和用户的应用程序不受影响。视图提供了数据的逻辑独立性。

8.2 定义视图

在 SQL 中，CREATE VIEW 语句用于创建视图。其基本的语法格式为：

```
CREATE VIEW view_name [ (column_list) ]
    AS select_statement
        [WITH CHECK OPTION]
```

参数：

（1）view_name：视图的名称。

（2）column_list：列名表。视图中的列来自基本表或其他视图，因此只需要罗列列名，不需要也不允许定义列的数据类型和长度。如果使用列名表，则列的个数应与查询语句的目标列个数一致。如果不使用列名表，则视图的列名由查询语句中目标列的列名组成。当目标列是聚集函数、列表达式、多表中的同名列，或者希望在视图中为某个列定义一个更合适的名字时，需要使用列名表。

（3）select_statement：SELECT 语句，但不能包含 ORDER BY 子句和 DISTINCT 短语。

（4）WITH CHECK OPTION：如果使用该子句，系统将自动检查视图的更新操作是否满足视图定义中查询语句的条件表达式；如果违反条件表达式，则拒绝相应的操作。如果不使用该子句，有可能出现视图中插入或修改的行不满足视图定义中查询语句的条件表达式的情况。

8.2.1 创建单源表视图

单源表视图是指视图的数据取自一个基本表的部分行、列，它的行、列与基本表的行、列相对应。

例 8-1 创建视图 view_card，显示所有挂失的校园卡的卡号和余额。

```
CREATE VIEW view_card AS
        SELECT CID 卡号 , balance 余额 FROM card
    WHERE state = '1';
```

或者

```
CREATE VIEW view_card (卡号 , 余额) AS
        SELECT CID, balance FROM card
    WHERE state = '1';
```

上述语句创建了名为 view_card 的视图，视图内容如图 8-1 所示。

例 8-2 创建单次消费金额在 10 元到 20 元的消费记录的视图 view_salebill。

```
CREATE VIEW view_salebill AS
    SELECT * FROM salebill
WHERE payamount BETWEEN 10 AND 20;
```

查看视图 view_salebill，结果如图 8-2 所示。

卡号	余额
C00002	86.5
C00004	107.6

图 8-1 视图 view_card

number	CID	BID	payamount	saledate
1	C00005	B001	13	2020-05-10
3	C00001	B001	10.5	2020-05-26
5	C00001	B002	20	2020-05-30
6	C00004	B004	16	2020-06-01
15	C00008	B002	15	2020-07-06
16	C00005	B002	15	2020-07-06
17	C00003	B002	15	2020-07-06

图 8-2 视图 view_salebill

向该视图插入一行新的消费记录，其中消费金额为 30 元。

```
INSERT INTO view_salebill (CID, BID, payamount, saledate)
VALUES ('C00002', 'B004',30,'2020-7-10');
```

该插入语句执行后，基本表 salebill 中增加了一行，但是视图中的数据没有变化，如图 8-3 所示。视图中没有新增行是因为插入的行不满足定义视图的条件“payamount BETWEEN 10 AND 20”。

number	CID	BID	payamount	saledate
1	C00005	B001	13	2020-05-10
2	C00004	B001	8	2020-05-10
3	C00001	B001	10.5	2020-05-26
4	C00004	B003	25	2020-05-28
5	C00001	B002	20	2020-05-30
6	C00004	B004	16	2020-06-01
7	C00003	B005	8.9	2020-06-29
8	C00001	B004	9	2020-07-02
9	C00005	B003	21	2020-07-03
10	C00001	B003	32	2020-07-04
11	C00001	B005	56	2020-07-04
12	C00001	B006	1	2020-07-05
13	C00001	B007	21	2020-07-05
14	C00006	B003	380	2020-07-06
15	C00008	B002	15	2020-07-06
16	C00005	B002	15	2020-07-06
17	C00003	B002	15	2020-07-06
18	C00002	B004	30	2020-07-10

a）salebill

number	CID	BID	payamount	saledate
1	C00005	B001	13	2020-05-10
3	C00001	B001	10.5	2020-05-26
5	C00001	B002	20	2020-05-30
6	C00004	B004	16	2020-06-01
15	C00008	B002	15	2020-07-06
16	C00005	B002	15	2020-07-06
17	C00003	B002	15	2020-07-06

b）view_salebill

图 8-3 通过视图 view_salebill 修改基本表 salebill

例 8-3 创建单次消费金额在 10 元到 20 元的消费记录的视图 view_salebill2，并要求保证插入、修改和删除的行满足视图定义中查询语句的条件表达式。

```
CREATE VIEW view_salebill2 AS
    SELECT * FROM salebill
    WHERE payamount BETWEEN 10 AND 20
WITH CHECK OPTION;
```

在定义视图 view_salebill2 时增加了 WITH CHECK OPTION 选项。向视图 view_salebill2 插入一行新的消费记录，其中消费金额为 50 元。

```
INSERT INTO view_salebill2
VALUES (19,'C00004','B003',50,'2020-7-15');
```

拟插入的行中消费金额为 50 元，不满足视图定义中的条件 " payamount BETWEEN 10 AND 20"，系统提示错误信息 "1369-CHECK OPTION failed ' cardmanagement.view_salebill2' "。

可见，如果在创建视图时使用了 WITH CHECK OPTION 选项，就能保证进入基本表中的记录都满足视图定义中的 WHERE 子句给出的限定条件，从而保证数据的完整性。

8.2.2 创建多源表视图

多源表视图是指视图的数据来自多个基本表。

例 8-4 创建商户营业状况视图 view_totalamount，包括商户名和营业额。

```
CREATE VIEW view_totalamount AS
SELECT bname 商户 , SUM (payamount) 营业额
FROM business JOIN salebill ON business.BID = salebill.BID
GROUP BY bname;
```

该视图涉及 buniness 表和 salebill 表，视图的内容如图 8-4 所示。

商户	营业额
学一超市	55
学二超市	64.9
校医院	21
百景园餐厅	458
第一食堂	31.5
第二食堂	65
车队	1

图 8-4　多源表视图 view_totalamount

该视图中通过聚合函数生成的营业额是派生数据。派生数据也是冗余数据，不允许存储在基本表中，但适合设置在视图中。因为视图中的数据并不实际存储，执行视图时又可以自动生成。需要注意的是，派生属性是虚拟列，需要明确定义列名。此外，对分组统计信息或表达式结果的修改无法转化为对基本表的修改，因此含分组统计信息和表达式的视图一般只用于查询，不用于更新数据。

8.2.3 在视图上创建视图

视图不仅可以建立在基本表上，也可以建立在已有视图上。

例 8-5 在视图 view_salebill 上创建视图 view_salebill20200706，查询 2020 年 7 月 6 日单笔消费金额在 10—20 元之间的消费信息。

```
CREATE VIEW view_salebill20200706 AS
SELECT * FROM view_salebill
WHERE saledate = '2020-7-6';
```

视图 view_salebill20200706 的内容如图 8-5 所示。

number	CID	BID	payamount	saledate
15	C00008	B002	15	2020-07-06
16	C00005	B002	15	2020-07-06
17	C00003	B002	15	2020-07-06

图 8-5 定义在视图上的视图 view_salebill20200706

8.2.4 修改视图

在 SQL 中，ALTER VIEW 语句用来修改视图的定义。其基本的语法格式为：

```
ALTER VIEW view_name [ (column_list) ]
    AS select_statement
    [WITH CHECK OPTION]
```

例 8-6 将视图 view_salebill20200706 改为仅查询 CID 和 payamount 列，其他条件不变。

```
ALTER VIEW view_salebill20200706 AS
    SELECT CID, payamount
        FROM view_salebill
        WHERE saledate = '2020-7-6';
```

修改后的视图 view_salebill20200706 由两列构成，如图 8-6 所示。

CID	payamount
C00008	15
C00005	15
C00003	15

图 8-6 修改后的视图 view_salebill20200706

8.2.5 删除视图

删除视图只是删除了系统中视图的定义，不会对导出视图的基本表产生任何影响。反之不然，删除基本表后，由该基本表导出的所有视图的定义仍然存在，但已无法使用。因此，在删除基本表时，有必要同时使用视图删除语句删除视图。

删除视图时，如果该视图导出了其他视图，需要先删除导出的视图，再删除该视图。

在 SQL 中，DROP VIEW 语句用于删除视图。其基本的语法格式为：

```
DROP VIEW [IF EXISTS] view_name [, view_name] …
```

参数：

（1）IF EXISTS：不使用 IF EXISTS，在视图列表中命名的视图不存在时系统会提示错误。使用 IF EXISTS 可以避免在删除不存在的视图时发生错误。

（2）view_name：可以一次删除一个或多个视图，多个视图之间用逗号分开，且必须在每个视图上拥有 DROP 权限。

例 8-7 删除视图 view_sname 和视图 view_college。

```
DROP VIEW view_sname, view_college;
```

例 8-8 删除视图 view_salebill。

```
DROP VIEW view_salebill;
```

因为视图 view_salebill 还导出了视图 view_salebill20200706，所以上述删除操作会使导出的视图 view_salebill20200706 不能使用。

8.3 基于视图的数据操纵

视图的数据操纵与基本表相同，也包括插入数据的 INSERT 语句、修改数据的 UPDATE 语句、删除数据的 DELETE 语句。但是视图是不存储数据的虚表，视图是否允许更新要看对视图的更新能否转化为对基本表的更新。一旦对视图的修改无法转换成对基本表的修改，这个视图就是一个只读的视图。

定义在多个基本表或其他视图之上的视图，一般无法转换成对基本表的修改，数据库管理系统不允许进行更新操作。此外，定义视图的 SELECT 语句如果含有 GROUP BY、DISTINCT、表达式或聚集函数等，那么这类视图可执行删除操作，但不允许用户进行插入或修改操作。

对于可更新的视图，如果我们定义视图时使用了 WITH CHECK OPTION 子句，那么对视图的更新操作要保证插入、修改和删除的行满足视图定义中查询语句的条件表达式。

排除以上情况后，视图的更新受到严格的限制。

例 8-9 建立视图 view_college 统计每个院系的持卡人数量。

```
CREATE VIEW view_college (院系, 持卡人数) AS
    SELECT college, COUNT (SID) FROM student
    GROUP BY college;
```

查看视图的内容，结果如图 8-7 所示。

院系	持卡人数
经济学院	3
计算机学院	2
机械学院	2
管理学院	4

图 8-7 使用聚合函数创建的视图 view_college

定义该视图的 SELECT 语句中使用了聚合函数，对该视图的修改无法转变为对基本表的修改，故视图不能进行更新操作。我们对该视图进行插入、修改、删除操作时系统都会报错，提示信息如图 8-8 所示。

sql	message
INSERT INTO View_college VALUES('人文学院',6)	1471 - The target table View_college of the INSERT is not insertable-into
sql	message
UPDATE View_college SET 持卡人数=8 WHERE college='经济学院'	1288 - The target table View_college of the UPDATE is not updatable
sql	message
DELETE FROM View_college WHERE college='经济学院'	1288 - The target table View_college of the DELETE is not updatable

图 8-8 使用聚合函数生成的视图不能更新

单源表视图中如果没有包含基本表的所有 NOT NULL 列，则不能对该视图进行插入操作。因为转换为基本表的插入操作时，会因列值为空违反 NOT NULL 约束而出错。但是这类视图可以进行修改和删除操作。

例 8-10 建立了学生基本信息视图 view_sname，包含基本表 student 表的三个属性 sname, gender, college，但是没有 student 表的主键 CID 列。

```
CREATE VIEW view_sname AS
  SELECT sname, gender, college FROM student;
```

视图内容如图 8-9 所示。

sname	gender	college
黄磊	M	经济学院
张子新	M	计算机学院
张萌	M	经济学院
刘杰	M	计算机学院
刘杰	M	经济学院
赵榕	F	机械学院
陈亮	M	机械学院
李子欣	F	管理学院
孙琦	M	管理学院
周萍	F	管理学院
张伟	M	管理学院

图 8-9 单源视图 view_sname

该视图虽然来自一个 student 表，但是没有包含 student 表的主键。我们向该视图插入一个学生信息：学生姓名“郭晶”，女生，经济学院。

```
INSERT INTO view_sname VALUES ('郭晶','F','经济学院');
```

该视图执行时系统会报错“1423-Field of view 'cardmanagement.view_sname' underlying table doesn't have a default value ”。因为该语句对应的基本表更新语句为：

```
INSERT INTO student VALUES (NULL,NULL,'郭晶','F','经济学院');
```

基本表的主键 SID 不能为 NULL，而且没有默认值，因此该视图不能进行插入操作。但是该视图可以进行修改和删除操作。

例 8-11 删除视图 view_sname 中周萍同学的信息。

```
DELETE FROM view_sname WHERE sname = '周萍';
```

该语句实际执行的是基本表的删除语句：

```
DELETE FROM student WHERE sname = '周萍';
```

该语句可以执行成功。

例 8-12 张萌同学由经济学院转专业到管理学院，修改视图 view_sname 中张萌同学的信息。

```
UPDATE view_sname SET college = '管理学院' WHERE sname = '张萌';
```

该语句实际执行的是基本表的修改语句：

```
UPDATE student SET college = '管理学院' WHERE sname = '张萌';
```

该语句可以执行成功。

8.4 基于视图的数据查询

对于已经定义好的视图，通过视图查询数据与通过基本表查询数据一样，适用 SELECT

语句进行查询操作。

例 8-13 通过视图 view_totalamount 查询第一食堂的营业额。

```
SELECT 商户 , 营业额
    FROM view_totalamount
    WHERE 商户 = '第一食堂';
```

在视图 view_totalamount 存在的前提下，将对视图的查询转换为对基本表的查询：一是将 SELECT 子句中的列名转换为相应的视图定义中 SELECT 语句的目标列列名；二是将 FROM 子句中的视图名转换为基本表表名。转换后的结果为：

```
SELECT bname 商户 ,SUM (payamount) 营业额
    FROM business JOIN salebill ON business.BID = salebill.BID
```

然后将用户查询语句中的条件与视图定义中的条件合并，即可得到完整的查询语句：

```
SELECT bname 商户 ,SUM (payamount) 营业额
FROM business JOIN salebill ON business.BID = salebill.BID
WHERE bname = '第一食堂'
GROUP BY bname;
```

商户	营业额
第一食堂	31.5

图 8-10 对视图 view_totalamount 的查询

执行上述查询语句，查询结果如图 8-10 所示。

C H A P T E R 9

第9章

存储过程、存储函数和触发器

■ 学习目标

- 本章介绍存储过程、存储函数和触发器等数据库对象的基本概念，以及创建、调用、修改和删除的方法。

■ 开篇案例

20 世纪 80 年代，中国没有自主知识产权的数据库产品，国内市场几乎全为国外巨头企业的产品所垄断。作为信息系统基础与核心的数据库管理系统，是维护国家信息安全的有力屏障。但是，数据库管理系统结构复杂、开发难度大，囿于技术实力与软件研发的滞后性，中国数据库市场几乎被国外软件巨头瓜分殆尽，这不仅导致信息化建设成本居高不下，而且严重威胁国家信息安全。

1987 年，中国人民大学信息学院数据与知识工程研究所成立，王珊任所长。1999 年，王珊带领着人大数据库技术团队，创办了人大金仓公司，并担任第一任董事长。推进国产数据库技术和产业发展、打破数据库市场的国外垄断，成为人大数据库技术团队和人大金仓公司的头号使命。

经过十多年的系统研究与开发，在国产数据库管理系统内核研制、XML 数据和关系数据的统一管理、海量数据的联机分析加速等方面取得了一系列创新性研究成果，突破了数据库管理系统“三高一大”（高可靠、高性能、高安全、大数据量）的众多核心技术，研制了具有自主知识产权、安全可靠、自主可控的数据库管理系统——金仓数据库 KingbaseES 系列产品；提出了对等引擎系统架构，并在数据存储、数据索引、并发控制、关键字检索四个层面开发了一系列创新技术，实现了对 XML 数据、关系数据和非结构数据的统一管理；针对海量数据的联机分析需求，从磁盘、内存、处理器缓存，以及异构处理器架构四个硬件层次，提出了一系列 OLAP 加速技术。2018 年，杜小勇教授、王珊教授牵头申报的成果“数据库管理系统核心技术的创新与金仓数据库产业化”获国家科学技术进步奖二等奖。

目前，金仓数据库产品广泛应用于电力、军工、金融等十多个行业领域，在 60 多个全国性重大信息化工程的核心关键业务中得到了规模化应用，全国累计推广超过 50 万套，遍布 3 000 多个县市。

资料来源：文字根据网络资料整理得到。

9.1　存储过程

9.1.1　存储过程的基本概念

存储过程（Stored Procedure）是一种把重复的任务操作封装起来的方法，是一组为了完成特定功能的 SQL 语句和可选控制流语句的预编译集合。

存储过程存储在性能更好的服务器中，只需要编译一次即可多次执行，而且存储过程可以接受参数来适应用户需求的变化。因此，和一般的 SQL 语句相比，存储过程具有更高的执行效率和灵活性。

存储过程的参数不仅可以向存储过程传入值，而且可以向存储过程外传出值，存储过程和调用存储过程的对象之间可以进行双向的数据交换。按照传递数据的方向不同，存储过程中的参数类型有三种：IN 参数、OUT 参数和 INOUT 参数。其中，IN 参数是系统默认的参数类型，用于调用存储过程时向存储过程传入值。OUT 参数用于存储过程向调用语句返回值。为了使用 OUT 参数，在创建存储过程时必须使用 OUT 关键字。调用存储过程时 OUT 参数也需要指定，且必须是变量，不能是常量。INOUT 参数集合了 IN 参数和 OUT 参数的功能。如果既需要传入值，同时又需要传出值，则可以使用 INOUT 参数。调用存储过程时可通过 INOUT 参数向存储过程传入值，在调用过程中可修改参数值，然后向调用语句返回值。INOUT 参数调用时传入的是变量，而不是常量。

9.1.2　创建存储过程

CREATE PROCEDURE 语句用于创建存储过程，其基本的语法格式为：

```
CREATE PROCEDURE sp_name ([proc_parameter[, …]])
    routine_body

proc_parameter:
[ IN | OUT | INOUT] param_name type
```

参数：

（1）sp_name：存储过程名。一个数据库中存储过程的名字必须唯一。

（2）[proc_parameter[, …]]：存储过程的参数。存储过程的参数是任意的，可以有一个或多个参数，也可以没有参数。

（3）[IN | OUT | INOUT] param_name type：定义参数类型、参数名和参数的数据类型。IN 为默认的参数类型。

（4）routine_body：存储过程中的 SQL 语句。

例 9-1 创建没有参数的存储过程 p_student，查询在第一食堂消费过的管理学院的学生人数。

```
CREATE PROCEDURE p_student ()
    SELECT bname 商户 , college 学院 , COUNT (*) 学生人数
        FROM student NATURAL JOIN salebill NATURAL JOIN business
            WHERE bname = '第一食堂' AND college = '管理学院';
```

该存储过程因为不带参数，所以不能查找其他院系或其他商户的消费人数。

例 9-2 为了提高存储过程的复用性，创建存储过程 p_student2，使用 IN 参数 collegen_ame 传递待查找的院系名称，使用 IN 参数 business_name 传递待查找的商户名称，使用 OUT 参数 student_number 存储符合查询条件的学生人数。

```
CREATE PROCEDURE p_student2
(IN business_name CHAR (4), IN college_name VARCHAR (20), OUT student_number INT)
    SELECT COUNT(*) INTO student_number
FROM student NATURAL JOIN salebill NATURAL JOIN business
        WHERE bname = business_name AND college = college_name;
```

例 9-3 建立存储过程 p_increase，使用 OUT 参数 total_payamount 输出消费清单的总金额，使用 INOUT 参数 incr_number 输入当前消费清单中的最大流水号并输出下一个流水号。

```
CREATE PROCEDURE p_increase
    (OUT total_payamount VARCHAR (25), INOUT incr_number INT)
        BEGIN
            SELECT SUM (payamount) INTO total_payamount FROM salebill;
            SET incr_number = incr_number + 1;
        END;
```

9.1.3 调用存储过程

CALL 语句用于调用 CREATE PROCEDURE 定义好的存储过程，其基本的语法格式为：

```
CALL sp_name ([proc_parameter[, …]])
```

对于有 OUT 或 INOUT 参数的存储过程，调用时需要先声明参数对应的变量来保存参数的返回值。

例 9-4　调用存储过程 p_student，查询在第一食堂消费过的管理学院的学生人数。

```
CALL p_student ();
```

该语句的执行结果如图 9-1 所示。

商户	学院	学生人数
第一食堂	管理学院	2

图 9-1　存储过程 p_student 的执行结果

例 9-5　调用存储过程 p_student2，查询在第一食堂消费过的管理学院的学生人数。

```
CALL p_student2 ('第一食堂','管理学院', @student_number);
```

语句执行后，查看输出参数的值：

```
SELECT @student_number;
```

参数值如图 9-2 所示。

@studentnumber
2

图 9-2　存储过程 p_student2 输出参数值

再次调用该存储过程，查询在第二食堂消费过的经济学院的学生人数。

```
CALL p_student ('第二食堂','经济学院', @student_number);
```

语句执行后，查看 OUT 参数的值：

```
SELECT @student_number;
```

参数值如图 9-3 所示。

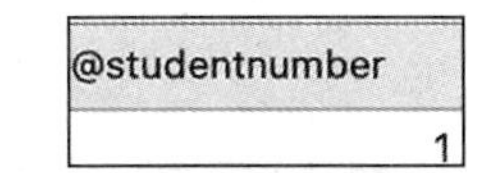

@studentnumber
1

图 9-3　改变输入参数值后存储过程 p_student2 的输出参数值

可见，带有参数的存储过程 p_student2 比没有参数的存储过程 p_student 的复用性更高。

例 9-6　调用存储过程 p_increase。

```
SET @incr_number = 18;
CALL p_increase (@total_payamount, @incr_number);
```

调用存储过程 p_increase 之前，对变量 @incr_number 进行初始化；调用该存储过程时，该变量值传递给 INOUT 参数 incr_number；存储过程执行后，设置了 OUT 参数 @total_payamount 变量的值，并修改了 INOUT 参数 @incr_number 变量的值。

调用语句执行后，查看 OUT 参数和 INOUT 参数的值：

```
SELECT @total_payamount, @incr_number;
```

参数值如图 9-4 所示。

@total_payamount	@incr_number
696.40	19

图 9-4　存储过程 p_increase 的参数值

9.1.4　删除存储过程

当存储过程不再需要时我们应尽早删除。在 SQL 中，DROP PROCEDURE 语句用于删除存储过程，其基本的语法格式为：

```
DROP PROCEDURE [IF EXISTS] sp_name;
```

参数：

IF EXISTS：用于防止因误删除不存在的存储过程而引发错误。

例 9-7 删除存储过程 p_student。

```
DROP PROCEDURE p_student;
```

语句执行成功后，再次删除 p_student，因为使用了 IF EXISTS，下列语句依然能执行成功。

```
DROP PROCEDURE IF EXISTS p_student;
```

9.1.5 修改存储过程

ALTER PROCEDURE 语句可以用于修改存储过程，但该语句作用有限，不能更改存储过程的参数或主体。如果需要进行此类更改，必须先使用 DROP PROCEDURE 语句删除旧的存储过程，再使用 CREATE PROCEDURE 新建一个存储过程。

9.2 存储过程中的复合语句

存储过程支持复合语句，提供选择、循环等数据处理功能。

9.2.1 变量

DECLARE 命令用于在存储过程中声明局部变量，语法格式如下：

```
DECLARE var_name [, var_name] … type [DEFAULT value]
```

参数：

（1）var_name：变量名。

（2）type：变量的数据类型。

（3）DEFAULT value：为变量提供默认值，该值可以是常数，也可以是表达式。如果没有 DEFAULT 子句，则变量的初始值为 NULL。

例 9-8 在存储过程 p_business 中声明两个变量 new_id 和 new_name，通过调用存储过程为变量赋值，然后把变量值插入 business 表。

```
CREATE PROCEDURE p_business (x CHAR (4), y VARCHAR (20))
    BEGIN
        DECLARE new_id CHAR (4) DEFAULT x;
        DECLARE new_name VARCHAR (20) DEFAULT y;
        INSERT INTO business values (x, y);
        SELECT * FROM business WHERE BID=new_id;
    END;
CALL p_business ('B008','东三食堂');
```

存储过程运行后，business 表中插入了一行，如图 9-5 所示。

BID	bname
B008	东三食堂

图 9-5　存储过程 p_business 向 business 表插入行

9.2.2 BEGIN…END

BEGIN…END 用来将一个或多个语句设定为一个程序块。其基本的语法格式为：

```
[begin_label:] BEGIN
    [statement_list]
END [end_label]
```

参数：

（1）label：标签，相当于给程序块命名。

（2）BEGIN…END：经常在条件语句、循环语句等语句中使用。一个 BEGIN … END 程序块中还可以嵌套另外的 BEGIN … END 程序块。

（3）statement_list：语句列表是一个包含一个或多个语句的程序块，并用关键字 BEGIN 和 END 括起来。语句列表可以出现在存储过程、存储函数、触发器和事务中。

9.2.3 条件语句

IF 语句和 CASE 语句都是常用的条件语句。

1. IF 语句

IF 语句的基本语法格式为：

```
IF search_condition THEN statement_list
        [ELSEIF search_condition THEN statement_list] …
        [ELSE statement_list]
    END IF
```

参数：

search_condition：条件表达式。条件为真执行 IF 后面的程序块，否则执行 ELSE 后面的程序块。IF 语句可以嵌套使用。

例 9-9　创建存储过程 p_scale，查询商户的经营规模。如果该商户过去一年的营业额少于 10 万元，则为“小商户”；10 万—50 万元之间为“中等商户”；超过 50 万元则为“大商户”。

```
CREATE PROCEDURE p_scale (IN id CHAR (4), OUT message VARCHAR (20))
    BEGIN
        DECLARE sumamout DECIMAL(10,2);
        SELECT SUM (payamount) INTO sumamout FROM salebill
            WHERE BID = id;
        IF sumamout <100000 THEN SET message = '小商户';
    ELSE
```

```
        IF sumamout <500000 THEN SET message = '中等商户';
            ELSE SET message = '大商户';
          END IF;
        END IF;
        SELECT id, message;
    END;
```

调用该存储过程，查询编号为 B001 的商户的经营规模：

```
CALL p_scale ('B001', @message);
```

执行结果如图 9-6 所示。

id	message
B001	小商户

图 9-6 通过存储过程 p_scale 判断商户规模

2. CASE 语句

CASE 语句可以嵌套在 SQL 语句中使用。CASE 语句的基本语法格式为：

```
CASE
        WHEN search_condition THEN statement_list
        [WHEN search_condition THEN statement_list] …
    [ELSE statement_list]
END CASE
```

参数：

（1）search_condition：条件表达式。

（2）WHEN search_condition THEN statement_list：当 WHEN 子句的条件表达式为逻辑真值时执行 THEN 后面的程序块，然后跳出 CASE 语句。

（3）ELSE statement_list ：如果 CASE 语句中包含 ELSE 子句，则当所有 WHEN 子句的条件表达式都为逻辑假时，就执行 ELSE 子句中的程序块。如果 CASE 语句中不包含 ELSE 子句且所有 WHEN 子句的条件表达式都为逻辑假，CASE 语句返回 NULL。

例 9-10 统计各商户当年的营业额，如果营业额超过 50 万元，则输出“大商户”；少于 10 万元则输出“小商户”；10 万—50 万元之间输出“中等商户”。

```
SELECT BID 商户编号，CASE
    WHEN SUM (payamount) >500000 THEN '大商户'
    WHEN SUM (payamount) <100000 THEN '小商户'
    ELSE '中等商户'
    END 商户规模
FROM salebill
WHERE YEAR (saledate) = YEAR (CURRENT_DATE ())
GROUP BY BID;
```

语句的执行结果如图 9-7 所示。

商户编号	商户规模
B001	小商户
B002	小商户
B003	小商户
B004	小商户
B005	小商户
B006	小商户
B007	小商户

图 9-7 商户规模

9.2.4 ITERATE 语句

ITERATE 语句一般用在 LOOP、REPEAT、WHILE 等循环结构内，表示再次循环，语法格式为：

```
ITERATE label
```

参数：

label：循环语句的标签。

9.2.5　LEAVE 语句

LEAVE 语句可以用在 BEGIN…END 语句内或者 LOOP、REPEAT、WHILE 等循环结构内，作用是退出给定标签的 BEGIN…END 流程控制语句或终止循环，语法格式为：

```
LEAVE label
```

参数：

label：复合语句的标签。

9.2.6　循环语句

MySQL 中的循环语句有 LOOP、REPEAT 和 WHILE 等多种形式。

1. LOOP 语句

LOOP 语句可以构造一个循环结构，其基本的语法格式为：

```
[begin_label:] LOOP
statement_list
END LOOP [end_label]
```

参数：

statement_list：循环体中允许重复执行的语句列表。该语句列表由多个语句组成，每个语句应以分号分开。重复循环循环体中的语句，直到循环终止。通常，在循环体中我们通过 ITERATE 子句开始下一次循环，通过 LEAVE 子句来终止循环 。

例 9-11　创建存储过程 p_doloop，求解 n！ 。

```
CREATE PROCEDURE p_doloop (IN in_count INT)
BEGIN
    DECLARE COUNT INT DEFAULT 1;
    DECLARE factorial INT DEFAULT 1;
    label1: LOOP
    SET factorial = factorial *COUNT;
            SET COUNT = COUNT + 1;
        IF COUNT <= in_count THEN
    ITERATE label1;
            END IF;
            LEAVE label1;
        END LOOP label1;
    SELECT factorial;
END;
```

调用存储过程 p_doloop，求解 5！

```
CALL p_doloop (5);
```

执行结果如图 9-8 所示。

factorial
120

图 9-8 LOOP 循环的结果

2. REPEAT 语句

REPEAT 语句的基本语法格式为：

```
[begin_label:] REPEAT
    statement_list
UNTIL search_condition
END REPEAT [end_label]
```

参数：

（1）search_condition：条件表达式。

（2）statement_list：允许重复执行的语句序列。REPEAT 至少进行一次循环，直到 search_condition 表达式为真时终止循环。如果 statement_list 由一个或多个语句组成，每个语句应以分号分开。

例 9-12 创建存储过程 p_dorepeat，求解 n！。

```
CREATE PROCEDURE p_dorepeat (IN in_count INT)
BEGIN
    DECLARE COUNT INT DEFAULT 1;
    DECLARE factorial INT DEFAULT 1;
    REPEAT
        SET factorial = factorial *COUNT;
    SET COUNT = COUNT + 1;
    UNTIL COUNT > in_count END REPEAT;
    SELECT factorial;
END;
```

调用存储过程 p_dorepeat，求解 5！

```
CALL p_dorepeat (5);
```

执行结果如图 9-9 所示。

factorial
120

图 9-9 REPEAT 循环的结果

3. WHILE 语句

WHILE 语句的基本语法格式为：

```
[begin_label:] WHILE search_condition DO
    statement_list
END WHILE [end_label]
```

参数同 REPEAT。

当 WHILE 的条件表达式为真时，循环体中的语句列表就会重复执行。如果条件表达式在第一次循环开始之时就为假，WHILE 的循环体就一次也没有执行，这是和 REPEAT 的不同之处。

例 9-13　创建存储过程 p_dowhile，求解 n！。

```
CREATE PROCEDURE p_dowhile (IN in_count INT)
BEGIN
    DECLARE COUNT INT DEFAULT 1;
    DECLARE factorial INT DEFAULT 1;
    WHILE COUNT <= in_count DO
        SET factorial = factorial *COUNT;
        SET COUNT = COUNT + 1;
    END WHILE;
    SELECT factorial;
END;
```

调用存储过程 p_dowhile，求解 5！

```
CALL p_dowhile (5);
```

执行结果如图 9-10 所示。

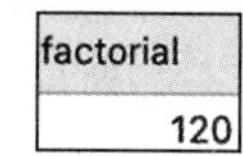

factorial
120

图 9-10　WHILE 循环的结果

9.2.7　游标

存储过程中的条件语句、循环语句操作的对象是单行数据，但是 SQL 语言是基于集合运算的，查询结果一般是由多行组成的结果集。这两类数据操作的处理对象和处理结果是不匹配的，需要把对集合的操作转换成对单行的处理。游标正是一种从包含多个行的结果集中每次提取一行的机制。游标一次指向一行，通过游标的顺序推进可以依次指向查询结果集的所有行，实现对查询结果集的遍历。

MySQL 支持存储过程内部的游标和服务器端的游标，二者实现方式相同。MySQL 中的游标是只读的，不可更新。

使用游标之前需要先声明游标、打开游标，然后才能推进游标查找数据，游标不使用时要关闭。

1. 声明游标

游标的声明语句必须出现在变量和条件的声明语句之后，处理程序的声明语句之前。DECLARE 语句用于声明游标，其基本的语法格式为：

```
DECLARE cursor_name CURSOR FOR select_statement
```

参数：

（1）cursor_name：游标名。虽然存储过程中可能包含多个游标，但是在给定的程序块中每个游标必须具有唯一的名称。

（2）CURSOR FOR select_statement：将游标与 SELECT 语句的查询结果集建立关联。

2. 打开游标

OPEN 语句用于打开已声明的游标，其语法格式为：

```
OPEN cursor_name
```

该语句实际上是执行游标声明中的 SELECT 语句，把查询结果取到缓冲区，然后使游标处于活动状态并指向某个地址，从该地址可以检索到游标所关联的结果集的第一行。可见，游标充当的是指针的作用。

3. 推进游标

FETCH 语句可以推进游标，获取游标所指向的数据行，将提取的列值存储在输出变量中，并将游标推进到下一行。其基本的语法格式为：

```
FETCH [[NEXT] FROM] cursor_name INTO var_name [, var_name] …
```

参数：

var_name [, var_name]…：输出变量名，变量的数据类型和数量必须与 SELECT 语句的目标列一一对应。

当游标已经指向最后一行时，继续执行 FETCH 语句会造成游标溢出。游标溢出时系统会提示 NOT FOUND 错误，可以在系统引发 NOT FOUND 错误时定义一个 CONTINUE 事件，指定这个事件发生时修改 done 变量的值。如果 done = 1，就结束循环。其语法格式为：

```
DECLARE CONTINUE HANDLER FOR NOT FOUND
    SET done = 1;
```

4. 关闭游标

CLOSE 语句用于关闭先前打开的游标，释放结果集占用的缓冲区及其他资源。其语法格式为：

```
CLOSE cursor_name
```

游标关闭后将不再与查询结果集关联。关闭的游标如果需要再次使用，可以用另一个 OPEN 语句打开，重新与查询结果集产生关联。

例 9-14 创建存储过程 p_bname_list，使用游标输出所有商户的名称。

```
CREATE PROCEDURE p_bname_list (INOUT bname_list VARCHAR (100))
BEGIN
    DECLARE done INT DEFAULT 0;
    DECLARE v_bname VARCHAR (20) DEFAULT '';
    DECLARE bname_cursor CURSOR FOR
        SELECT bname FROM business;
    DECLARE CONTINUE HANDLER FOR NOT FOUND
        SET done = 1;
    OPEN bname_cursor;
    get_bname: LOOP
        FETCH bname_cursor INTO v_bname;
        IF done = 1 THEN
            LEAVE get_bname;
        END IF;
        SET bname_list = CONCAT(v_bname, ';',bname_list);
```

```
    END LOOP get_bname;
    CLOSE bname_cursor;
END;
```

该存储过程使用了字符串函数 CONCAT()，语法格式为：

```
CONCAT (str1,str2, …)
```

该函数返回一个或多个参数连接产生的字符串。数值型参数将转换为等效的字符串形式。对于带引号的字符串，可以通过将字符串彼此相邻放置来执行串联。如果有任何参数为 NULL，CONCAT() 返回 NULL。

例 9-15 字符串与数值型数据串联为一个字符串示例。

```
SELECT CONCAT('学一超市','营业额：',25);
```

语句执行结果如图 9-11 所示。

CONCAT('学一超市','营业额：',25)
学一超市营业额：25

图 9-11 数值型数据转换为字符串

例 9-16 多个带引号的字符串串联示例。字符串之间可以用逗号分开，也可以用空格分开。

```
SELECT CONCAT('学二超市',';','学一超市');
```

或者

```
SELECT CONCAT('学二超市' ';' '学一超市');
```

两个语句的执行结果一样，如图 9-12 所示。

CONCAT('学二超市',';','学一超市')
学二超市;学一超市

CONCAT('学二超市' ';' '学一超市')
学二超市;学一超市

图 9-12 多个字符串串联

例 9-17 含有空值的字符串串联示例。

```
SELECT CONCAT('学二超市', NULL, '学一超市');
```

含有空值的字符串串联，CONCAT() 返回 NULL，执行结果如图 9-13 所示。

例 9-18 调用存储过程 p_bname_list 并显示 @bname_list 的值。

```
SET @bname_list = '';
CALL p_bname_list(@bname_list);
SELECT @bname_list;
```

语句执行结果如图 9-14 所示。

CONCAT('学二超市', NULL, '学一超市')
(NULL)

图 9-13 字符串串联结果为空

@bname_list
车队;第二食堂;第一食堂;百景园餐厅;校医院;学二超市;学一超市;

图 9-14 使用游标输出所有商户的名称

9.3 存储函数

存储函数和存储过程的主要区别是存储函数（Stored Function）不是通过 OUT、INOUT

参数，而是通过 RETURN 语句返回函数值，因此存储函数中只允许使用 IN 参数，而且不必显示指定参数类型。存储过程和存储函数合称为存储例程（Store Routine）。

9.3.1 创建存储函数

CREATE FUNCTION 语句用于创建存储函数，其基本的语法格式为：

```
CREATE FUNCTION sp_name ([func_parameter[, …]])
RETURNS type
[NOT] DETERMINISTIC routine_body
func_parameter:
    param_name type
```

参数：

（1）sp_name：存储函数的名称。

（2）param_name type：参数的名称和数据类型。存储函数只有输入参数，参数不能以 IN，OUT，INOUT 修饰。

（3）RETURNS type：指定存储函数返回值的数据类型。

存储函数只能计算并返回一个值，如果 RETURN 语句中包含 SELECT 语句，SELECT 语句的返回结果只能是一行的一个列值。

（4）[NOT] DETERMINISTIC：对于相同的输入参数，如果函数返回相同的结果，则被认为是确定性的，否则就不是确定性的。必须决定一个存储函数是否是确定性的。如果声明不正确，则可能会产生意想不到的结果。

（5）routine_body：可以是单个语句，也可以是复合语句，存储过程中适用的 SQL 语句也适用于存储函数。

例 9-19 创建函数 NameById，根据输入的学号输出该学生的姓名。

```
CREATE FUNCTION NameById (search_id CHAR (12))
    RETURNS VARCHAR (20)
    DETERMINISTIC
    BEGIN
RETURN (SELECT sname FROM student WHERE SID = search_id);
    END;
```

9.3.2 调用存储函数

成功创建的存储函数可以使用 SELECT 语句进行调用，语法格式为：

```
SELECT sp_name ([param_name [, …]]);
```

例 9-20 调用存储函数 NameByID 查看学号为 202003010004 的学生姓名。

```
SELECT NameByID ('202003010004');
```

运行结果如图 9-15 所示。

NameById('202003010004')
张萌

图 9-15 存储函数 NameByID 的执行结果

9.3.3 修改存储函数

ALTER FUNCTION 语句用于修改存储函数的某些相关特征。若要修改存储函数的内容，则需要先删除该存储函数，然后重新创建。

9.3.4 删除存储函数

DROP FUNCTION 语句用于删除存储函数，其基本的语法格式为：

```
DROP FUNCTION [IF EXISTS] sp_name;
```

参数：

（1）sp_name：要删除的存储函数的名称。

（2）IF EXISTS：使用 IF EXISTS 可防止因删除不存在的存储函数而引发错误。

例 9-21　删除存储函数 NameById。

```
DROP FUNCTION NameById;
```

9.4 触发器

9.4.1 触发器的基本概念

触发器是一种特殊的存储过程，当触发事件发生时触发器自动执行。触发器的主要作用是侦测数据库内的操作，防止对数据进行不正确、未授权或不一致的修改，能够实现比 CHECK 语句更为复杂的约束，支持主键和外键所不能保证的复杂的参照完整性和数据的一致性。此外，触发器虽然是基于一个表创建的，但是可以对另外一个或多个表进行数据操作，而该操作又导致该表上的触发器被触发。触发器还可以调用一个或多个存储过程，甚至可以通过外部过程的调用而在数据库管理系统之外进行操作。

创建有触发器的基本表称为触发表，触发事件是触发表的数据操作（如插入、删除、更新）。根据触发事件的不同，触发器分为插入触发器、删除触发器、更新触发器，分别对应 INSERT、DELETE、UPDATE 操作。当修改触发表中的数据时，触发事件发生，触发器自动激活。

9.4.2 创建触发器

CREATE TRIGGER 语句用于创建触发器。该语句指定了触发表、触发时机、触发事件和触发器的所有指令。其基本的语法格式为：

```
CREATE TRIGGER trigger_name
```

```
{BEFORE | AFTER} {INSERT | UPDATE | DELETE}
ON tbl_name FOR EACH ROW
[{FOLLOWS | PRECEDES} other_trigger_name]
trigger_body
```

参数：

（1）{BEFORE | AFTER}：触发时机，其中 BEFORE 为前触发型触发器，AFTER 为后触发型触发器。前和后是指触发器在触发表中引发触发事件的数据操作语句是之前还是之后执行。

（2）{INSERT | UPDATE | DELETE}：触发事件，即在触发表上执行哪些数据操纵语句时将激活触发器。必须至少指定一个选项，多个选项之间用逗号分开。

（3）ON tbl_name FOR EACH ROW：MySQL 只支持行级触发器，影响多少行触发器就会执行多少次。

（4）{FOLLOWS | PRECEDES} other_trigger_name：触发顺序。

（5）trigger_body：触发器主体。

1. NEW 表和 OLD 表

MySQL 触发器中定义了 NEW 和 OLD 两个虚表，用来临时存储触发表中使触发事件发生的那一行数据。NEW 表和 OLD 表的使用如表 9-1 所示。

INSERT 型触发器只需要使用 NEW 表存储将要（BEFORE）或已经（AFTER）插入的数据行。

DELETE 型触发器只需要 OLD 表存储将要或已经被删除的数据行。

UPDATE 型触发器相当于删除原始数据行后插入新的数据行，所以既需要使用 OLD 表存储将要或已经被更新的原始数据行，又需要使用 NEW 表存储将要或已经插入的数据行。

表 9-1　NEW 表和 OLD 表的使用

触发器类型	NEW 表和 OLD 表的使用
INSERT 型触发器	NEW 表存储将要（BEFORE）或已经（AFTER）插入的数据行
DELETE 型触发器	OLD 表存储将要或已经被删除的数据行
UPDATE 型触发器	OLD 表存储将要或已经被更新的原始数据行，NEW 表存储将要或已经插入的数据行

OLD 表是只读的。NEW 表可以在触发器中使用 SET 赋值，并且不会再次触发触发器造成循环调用。NEW 表和 OLD 表中的数据可以被调用，调用方法是使用 NEW.col_name 或者 OLD.col_name，其中 col_name 为相应数据表的某一列名。

2. 前触发型触发器

前触发型触发器成功执行后，再执行触发表中的触发语句。如果触发失败，则不执行后继的触发表中的触发语句。

例 9-22　创建前触发型触发器 operation，保证只有状态正常且卡内余额大于消费金额的校园卡才能进行消费。

```
CREATE TRIGGER operation
BEFORE INSERT ON salebill FOR EACH ROW
    UPDATE card SET balance = balance - NEW.payamount
      WHERE CID = NEW.CID;
```

查看 C00005 校园卡的余额，如图 9-16 所示。

```
SELECT CID, balance FROM card WHERE CID='C00005';
```

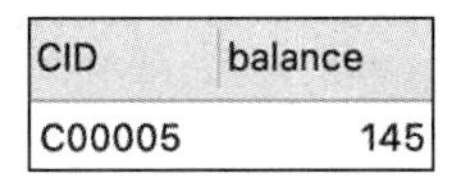

CID	balance
C00005	145

图 9-16　C00005 校园卡余额初始值

使用 C00005 校园卡在 B004 商户进行一笔 40 元的消费：

```
INSERT INTO salebill (CID, BID, payamount, saledate)
    VALUES ('C00005', 'B004', 40, '2020-7-10');
```

触发器触发并成功执行后，分别查看 card 表和 salebill 表的结果，如图 9-17 和图 9-18 所示。

```
SELECT CID, balance FROM card WHERE CID = 'C00005';
SELECT * FROM salebill ORDER BY number DESC;
```

CID	balance
C00005	105

图 9-17　C00005 校园卡的余额已更新

number	CID	BID	payamount	saledate
18	C00005	B004	40	2020-07-10

图 9-18　salebill 表新增一行

例 9-23　接上例，C00005 校园卡在 B001 商户消费 200 元。

```
INSERT INTO salebill (CID, BID, payamount, saledate)
    VALUES ('C00005', 'B001', 200, '2020-7-11');
```

该插入语句触发了 salebill 表的触发器，但是在修改 card 表时，C00005 校园卡的余额违反了约束条件 CHECK balance >= 0，因此触发器中扣减卡余额的语句无效。前触发型触发器执行失败，不会执行后继的插入语句。系统会给出报错信息 3819-Check constraint 'card_chk_1' is violated。通过查看 salebill 表和 card 表，可以看到 salebill 表和 card 表都没有变化。

3. 后触发型触发器

后触发型触发器在触发表中触发语句成功执行并且所有的约束检查也成功完成后才执行。触发器触发失败时，需要回滚已经执行的语句，以保持数据的一致性。

例 9-24　删除 salebill 表的前触发型触发器 operation 后，建立后触发型触发器 operation2，生成消费记录后自动修改校园卡的余额。

```
CREATE TRIGGER operation2
```

```
    AFTER INSERT ON salebill FOR EACH ROW
        UPDATE card SET balance = balance - NEW.payamount
        WHERE CID = NEW.CID;
```

用该卡在B003商户进行一笔30元的消费，后触发型触发器在执行插入语句后触发。salebill表的插入语句执行成功后，触发器从C00005校园卡的余额中扣减消费金额。

```
INSERT INTO salebill (CID, BID, payamount, saledate)
    VALUES ('C00005', 'B003', 30, '2020-8-10');
SELECT CID, balance FROM card WHERE CID = 'C00005';
```

更新后的C00005校园卡的余额如图9-19所示。

CID	balance
C00005	75

图9-19　更新后的C00005校园卡的余额

例9-25　接上例，使用C00005校园卡在B004商户进行一笔消费，消费金额为150元。

```
INSERT INTO salebill (CID, BID, payamount, saledate)
    VALUES ('C00005', 'B004', 150, '2020-8-11');
```

salebill表的插入语句执行成功后，在执行触发器时如果消费金额大于卡余额，就会违反card表中的约束条件CHECK balance >= 0。触发器执行失败，需要回滚已经执行的salebill表的插入操作来保证数据的一致性。这时系统会给出报错信息3819-Check constraint 'card_chk_1' is violated。

4. 多个触发器的执行

一个表中可以同时存在多个触发器，对于相同事件触发的多个触发器，MSQL按照触发器创建的顺序进行调度。要改变触发器的执行顺序，可以在FOR EACH ROW子句后使用FOLLOWS或者PRECEDES。FOLLOWS表示新创建的触发器后执行，PRECEDES表示新创建的触发器先执行。

需要注意的是，相同事件如果触发了多个触发器，无论触发器的执行顺序是怎么样的，只要有一个触发器的条件不满足，之前成功执行的所有触发器的操作都会回滚，之后的触发器不会执行，以此保持数据一致性。

例9-26　删除salebill表之前建立的触发器，新建两个前触发型触发器operation和operation2，operation的效果同例9-22，operation2保证只有正常状态，即state为0的校园卡可以消费。

```
CREATE TRIGGER operation
BEFORE INSERT ON salebill FOR EACH ROW
    UPDATE card SET balance = balance - NEW.payamount
        WHERE CID = NEW.CID;

CREATE TRIGGER operation2
BEFORE INSERT ON salebill FOR EACH ROW FOLLOWS operation
BEGIN
```

```
    DECLARE s CHAR(1);
    SELECT state INTO s FROM card where CID=NEW.CID;
    IF s='1' OR s='2' THEN UPDATE card SET s='3' WHERE CID = NEW.CID;
    END IF;
END;
```

操作之前先查询一下即将进行操作的 C00005 校园卡的信息，如图 9-20 所示。

```
SELECT * FROM card WHERE CID = 'C00005';
```

CID	password	balance	state
C00005	159	75.00	0

图 9-20 C00005 校园卡的状态

第一步 C00005 校园卡消费 30 元。

```
INSERT INTO salebill (CID, BID, payamount, saledate)
    VALUES ('C00005', 'B003', 30, '2020-8-10');
SELECT CID, balance FROM card WHERE CID = 'C00005';
```

这个 INSERT 语句触发了触发器，并且满足了卡余额大于消费数且此卡的 state = 0 这两个条件，可以成功执行。C00005 校园卡的余额被修改，结果如图 9-21 所示。

CID	balance
C00005	45.00

图 9-21 C00005 校园卡的余额

第二步 C00005 校园卡继续消费 50 元。

```
INSERT INTO salebill (CID, BID, payamount, saledate)
    VALUES ('C00005', 'B003', 50, '2020-8-10');
```

执行第一个触发器时，消费金额大于卡余额，这违反了 card 表的约束条件 CHECK balance >= 0，所以触发器执行失败。系统给出报错信息“3819-Check constraint 'card_chk_1' is violated”。

第三步 C00002 校园卡消费 30 元。在操作之前先查看一下该校园卡的信息，如图 9-22 所示。

CID	password	balance	state
C00002	459	300.00	1

图 9-22 C00002 校园卡的余额

```
SELECT balance FROM card WHERE CID='C00002';
    INSERT INTO salebill (CID, BID, payamount, saledate)
VALUES ('C00002', 'B003', 30, '2020-8-10');
```

因为 C00002 校园卡的余额大于 30 元，所以第一个触发器成功执行。第二个触发器首先检测当前卡的状态，当前卡处于挂失状态，即 state='1'，触发器会将其改成 3。由于 card 表中 state 只有 0，1，2 三种状态，s=3 会引起错误，因此触发器执行失败，系统会给出报错信息“1054 - Unknown column 's' in 'field list'”。

查看 card 表中该卡的余额，如图 9-23 所示。

```
SELECT balance FROM card WHERE CID='C00002';
```

CID	password	balance	state
C00002	459	300.00	1

图 9-23 执行 INSERT 操作后 C00002 校园卡的余额

由图 9-23 的结果我们可以看出，card 表中该卡的余额没有发生变化，salebill 表也没有发生变化，并没有插入新的行。因为第二个触发器执行失败，所以第一个触发器已经执行的语句也会回滚回来。将 operation2 中的 FOLLOWS 改成 PRECEDES，结果依然是一样的，你可自行验证。

9.4.3 修改和删除触发器

想要修改触发器可以删除原触发器，再以相同的名称创建新的触发器。与其他 MySQL 数据库对象一样，可以使用 DROP 语句删除触发器。其基本的语法格式为：

```
DROP TRIGGER [IF EXISTS] trigger_name
```

例 9-27 删除触发器 operation。

```
DROP TRIGGER operation;
```

CHAPTER 10

第10章

数据库备份与恢复

■ 学习目标

- 备份数据是常用的数据库管理操作。一旦出现数据损坏，即可通过备份文件恢复数据库。备份和恢复是数据库管理员维护数据库安全性和完整性的重要操作。本章介绍数据库备份与恢复的基本概念，以及MySQL提供的数据备份与数据恢复方法。

■ 开篇案例

微盟系统故障带来的数据库系统备份思考

2020年2月23日，微信小程序头部服务商微盟出现了大规模系统故障。据悉，故障原因是微盟运维部门核心员工在生产环境中进行"删库"操作。无论是深思熟虑，还是一时冲动，此次导致微盟宕机的犯罪嫌疑人已被抓捕归案。

微盟事件发生后超过36个小时未得到解决，可见这个操作者做出了非常极端的删库操作，可能微盟没有可快速恢复的备份；也可能是微盟有备份，但备份文件不可用；还有可能是微盟有全量备份，但无增量备份，差几天的数据一样会给客户造成极大损失。

3月2日，微盟集团发布公告，截至3月1日晚8点，在腾讯云团队协助下，公司数据已经全面找回，由于此次数据量规模非常大，为了保证数据一致性和线上体验，公司于3月2日凌晨2点进行系统上线演练，并于3月3日上午9点将恢复数据正式上线。同时，微盟集团还发布了针对事故的赔付计划，称准备了1.5亿元赔付拨备金，其中公司承担1亿元，管理层承担5 000万元。

资料来源：文字根据网络资料整理得到。

10.1 基本概念

为了保证数据库中数据的安全，数据库管理员需要定期进行数据备份。操作系统崩溃、电源故障、文件系统崩溃、存储介质故障、服务器瘫痪、用户误操作和病毒破坏等问题，都可能导致 MySQL 无法成功启动或者重启系统后数据库中的数据已经遭到破坏。在这种情况下，我们有必要从备份文件中恢复数据。受到备份周期的影响，备份虽然不一定能恢复百分之百的数据，但可以将损失降到最低，这意味着数据库系统要防患于未然，平时应定期进行数据备份，而且要保证备份可以正常恢复。

10.1.1 备份类型

1. 逻辑备份和物理备份

根据备份的方法可以将备份划分为逻辑备份和物理备份。

（1）逻辑备份。

逻辑备份是指将数据库中的数据按照预定义的逻辑格式，生成一组 CREATE DATABASE、CREATE TABLE 等定义数据库结构的语句和 INSERT、定界文本文件等定义数据库内容的语句。这些 CREATE 语句和 INSERT 语句都是恢复数据时使用的，恢复数据时执行备份文件中的 CREATE 语句来创建数据库、数据表，执行其中的 INSERT 语句来恢复数据。此外，在恢复备份文件前可以编辑表结构或数据值，因此逻辑备份具有高度的可移植性，逻辑备份也是中小型数据库常用的备份方式。

MySQL 自带的 mysqldump 工具、多线程备份工具 mydumper，以及 SELECT…INTO OUTFILE 语句都可以实现逻辑备份。要恢复逻辑备份，可以使用 MySQL 客户端处理 SQL 格式的备份文件和 mydumper 配套的 myloader 工具，或者使用 LOAD DATA INFILE 语句加载有分隔符的文本格式的备份文件。

（2）物理备份。

物理备份是指备份时直接复制数据库的数据文件。物理备份方法涉及文件复制而不需要将数据库信息转换为逻辑格式，所以物理备份比逻辑备份快，在大型数据库出现问题时也可以快速恢复，但是物理备份文件占用空间大。

物理备份由存储数据库内容的目录和文件的原始副本组成。根据备份时数据服务是否在线，可以把物理备份分为冷备份、热备份和温备份。冷备份是指在关闭 MySQL 服务器并停用数据库的读写操作下所做的备份。冷备份简单方便，对 MyISAM 和 InnoDB 存储引擎都适合，但是实际企业一般很少使用，因为关闭 MySQL 服务器进行备份是不现实的。温备份是指在停用数据库的写入操作，但不停用读操作的情况下进行备份。热备份是指在不停用数据库所提供的数据服务的读写操作下所做的备份。

MySQL 官方提供的收费工具 ibbackup、percona 提供的免费工具 Xtrabackup 都是专门的热备份工具。其中，Xtrabackup 中又包含 xtrabackup 和 innobackupex 两个主要工具。

Xtrabackup 不能备份 MyISAM 数据表，innobackupex 支持同时备份 InnoDB 和 MyISAM，但是对 MyISAM 备份时需要增加一个全局的读锁。

2. 全量备份与增量备份

根据备份的数据集范围可以划分为全量备份与增量备份。

（1）全量备份。

全量备份，又称为完全备份、完整备份、全备，是指对数据库中的全部信息进行备份，包括数据库的数据文件、日志文件、数据库对象，以及其他相关信息。创建全量备份会产生较大的备份文件，并且需要花费较长的备份时间。每当进行一次新的全量备份时，之前所做的全量备份就没什么用处了，因为后续的全量备份包含的是数据库的最新信息。

（2）增量备份。

增量备份是指从最近的一次备份之后对数据所做的更新。在 MySQL 中，第一次增量备份是基于全量备份的，之后的增量备份则是基于最近一次的备份（可能是全量备份，也可能是增量备份）。MySQL 通过二进制日志实现增量备份。二进制日志保存了所有更新或者可能更新数据库的日志文件。

10.1.2　备份和恢复策略

为了保证备份的有用性，应该制定合理的备份策略。衡量备份策略优劣的指标包括备份需要锁定数据库资源的时长、备份所需要的时长、备份时服务器的负载情况、备份后数据恢复的程度和恢复所需要的时长等。

全量备份是备份的基线，是必需的；增量备份占有的空间更小，花费的时间更少。我们在进行数据库备份的时候，可根据实际情况选择合适的备份策略。

全量备份适用于数据库数据不是很大，而且数据更新不是很频繁的情况，可以几天或几周进行一次。

如果不允许丢失太多数据，又不希望经常进行时间较长的全量备份，则可以在全量备份中间加入部分增量备份。例如，每周进行一次全量备份整库，每天生成新的二进制日志文件，二进制日志保存当天数据库变化的内容。这种全量备份加增量备份的备份策略基本上保存了数据库最新的数据状态，备份的效率虽高于只进行全量备份，但代价是恢复时不能仅通过加载全量备份来恢复数据，需要执行一次全量备份及全量备份之后所有的增量备份才能将数据库恢复到最近的时间点的状态。

恢复数据库时，一般先恢复最近的全量备份，因为它是数据库的最近的全部信息。然后按增量备份的先后顺序恢复从最近的全量备份之后的所有增量备份。

10.2　逻辑备份与恢复

10.2.1　用 mysqldump 工具进行逻辑备份

mysqldump 是 MySQL 自带的数据库逻辑备份工具，适用于所有的存储引擎，支持温备份，对于InnoDB存储引擎支持热备份。使用mysqldump可以备份一个数据库，也可以备份多个数据库或者备份所有数据库。生成的备份文件可以是SQL格式的文件，也可以是有分隔符的定界文本格式的文件，还可以是XML格式的文件。在通常情况下，mysqldump是备份成后缀名为.sql的SQL格式的文件。

mysqldump需要使用shell脚本。进入shell的常用方法是使用Linux桌面环境中的终端模拟包（Terminal Emulation Package），简称为终端（Terminal）。打开终端的方法有很多，读者可以选择自己熟悉的方法。例如，在Windows 10系统下，使用组合键"win+R"打开系统中的运行程序，打开之后输入命令" cmd"即可打开终端。在MAC中使用组合键"command+空格键"打开搜索输入框，在其中输入"terminal"或"终端"，单击"回车键（Enter）"即可打开终端。

mysqldump语句将信息作为SQL语句写入标准输出，并将输出保存在文件中。mysqldump的基本语法格式为：

```
shell> mysqldump [arguments] > dump.sql
```

参数：

（1）arguments：要备份的数据库对象，若无此参数将备份整个数据库。

（2）dump.sql：SQL格式的备份文件名，文件名前可加上存储路径。

根据要备份的数据库对象的不同，mysqldump语句有以下三种格式：

（1）备份一个数据库；

（2）备份多个数据库；

（3）备份所有数据库。

1. 备份一个数据库

语句的基本语法格式为：

```
shell> mysqldump -u [uname] -p[pass] db tb1 tb2 > dump.sql
```

参数：

（1）-u [uname] -p[pass]：连接MySQL的用户名和密码。在shell脚本中输入密码时屏幕上不显示任何信息，不会出现"*"或其他符号，只要密码输入正确就可以了。

（2）db：需要备份的表所在的数据库的名称。

（3）tb1 tb2：需要备份的表的名称。没有该参数时将备份整个数据库。

（4）dump.sql：SQL格式的备份文件的名称。文件名前可加上绝对路径。

例 10-1 以root用户身份备份校园卡管理数据库cardmanagement中的salebill表，备份文件名保存在指定目录（此处以作者自己的计算机桌面文件夹示例，读者请根据实际情况设定目录），备份文件名称为salebill.sql。

打开终端（Terminal），输入如下语句：

```
mysqldump -u root -p cardmanagement salebill > '/Users/zqf/Desktop/salebill.sql'
```

按要求输入密码后，语句执行后指定的目录下即可生成名为 salebill 的 SQL 格式的备份文件。该备份文件中保存的是恢复 salebill 表所需要的 CREATE TABLE 语句和 INSERT 语句，如图 10-1 所示。

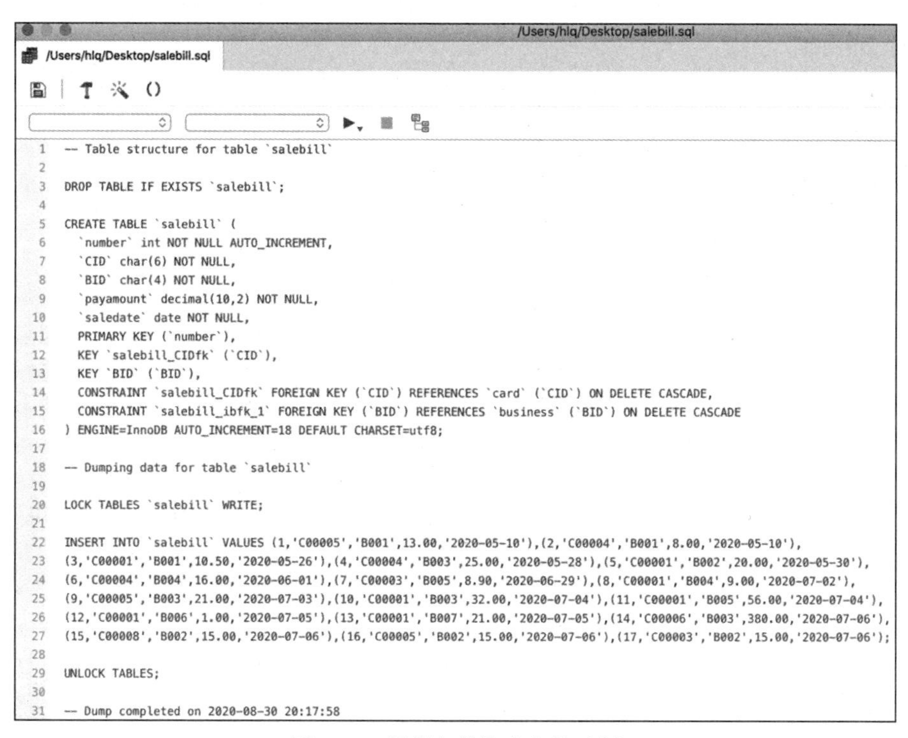

```
/Users/hlq/Desktop/salebill.sql

-- Table structure for table `salebill`

DROP TABLE IF EXISTS `salebill`;

CREATE TABLE `salebill` (
  `number` int NOT NULL AUTO_INCREMENT,
  `CID` char(6) NOT NULL,
  `BID` char(4) NOT NULL,
  `payamount` decimal(10,2) NOT NULL,
  `saledate` date NOT NULL,
  PRIMARY KEY (`number`),
  KEY `salebill_CIDfk` (`CID`),
  KEY `BID` (`BID`),
  CONSTRAINT `salebill_CIDfk` FOREIGN KEY (`CID`) REFERENCES `card` (`CID`) ON DELETE CASCADE,
  CONSTRAINT `salebill_ibfk_1` FOREIGN KEY (`BID`) REFERENCES `business` (`BID`) ON DELETE CASCADE
) ENGINE=InnoDB AUTO_INCREMENT=18 DEFAULT CHARSET=utf8;

-- Dumping data for table `salebill`

LOCK TABLES `salebill` WRITE;

INSERT INTO `salebill` VALUES (1,'C00005','B001',13.00,'2020-05-10'),(2,'C00004','B001',8.00,'2020-05-10'),
(3,'C00001','B001',10.50,'2020-05-26'),(4,'C00004','B003',25.00,'2020-05-28'),(5,'C00001','B002',20.00,'2020-05-30'),
(6,'C00004','B004',16.00,'2020-06-01'),(7,'C00003','B005',8.90,'2020-06-29'),(8,'C00001','B004',9.00,'2020-07-02'),
(9,'C00005','B003',21.00,'2020-07-03'),(10,'C00001','B003',32.00,'2020-07-04'),(11,'C00001','B005',56.00,'2020-07-04'),
(12,'C00001','B006',1.00,'2020-07-05'),(13,'C00001','B007',21.00,'2020-07-05'),(14,'C00006','B003',380.00,'2020-07-06'),
(15,'C00008','B002',15.00,'2020-07-06'),(16,'C00005','B002',15.00,'2020-07-06'),(17,'C00003','B002',15.00,'2020-07-06');

UNLOCK TABLES;

-- Dump completed on 2020-08-30 20:17:58
```

图 10-1　逻辑备份脚本文件示例

其中，--LOCK TABLES `salebill` WRITE；语句的作用是在开始导出之前，提交请求锁定当前导出的数据表。

2. 备份多个数据库

mysqldump 语句的 --databases 选项用于备份多个数据库。其基本的语法格式为：

```
shell> mysqldump --databases db1 db2 db3 > dump.sql
```

参数：

--databases db1 db2 db3：--databases 后的所有名称都被视为数据库名称。在只备份一个数据库的情况下，可以省略 --databases 选项。省略 --databases 选项时，备份文件中不包含 CREATE DATABASE 和 USE 语句。使用 --databases 选项时，mysqldump 会在每个数据库的备份文件之前写入 CREATE DATABASE 和 USE 语句，以确保在重新加载备份文件时，如果不存在数据库，会先创建数据库并将其设置为默认数据库，以便将数据库内容加载到备份时的同名数据库中。

如果在使用 mysqldump 时开启 --add-drop-database 选项（默认开启状态，可使用 --skip-add-drop-table 取消选项），mysqldump 将在备份产生的 SQL 文件的每个 CREATE

DATABASE 语句之前写入 DROP DATABASE if exists 语句，在加载 SQL 备份文件重新创建新数据库之前删除原有同名数据库。

例 10-2 使用 root 用户身份备份 cardmanagement 数据库和 mysql 数据库，备份文件名为 backup.sql。

打开终端，输入如下 mysqldump 语句：

```
mysqldump -u root -p --databases cardmanagement mysql > '/Users/zqf/Desktop/backup.sql'
```

例 10-3 使用 root 用户身份备份 cardmanagement 数据库，备份文件名为 cardmanagement.sql。

打开终端，输入并执行 mysqldump 语句：

```
mysqldump -u root -p --databases cardmanagement > '/Users/zqf/Desktop/cardmanage-
    ment.sql'
```

3. 备份所有数据库

mysqldump 语句的 --all-databases 选项用于备份所有数据库。其基本的语法格式为：

```
shell> mysqldump [--all-databases] > dump.sql
```

参数：

[--all-databases]：在省略该选项的情况下，备份文件中不包含 CREATE DATABASE 和 USE 语句。

例 10-4 使用 root 用户身份备份所有数据库，备份文件名为 all.sql。

```
mysqldump -u -root -p --all-databases >'/Users/zqf/Desktop/all.sql'
```

为了保证数据备份的一致性，MyISAM 存储引擎在备份时需要通过 -l 选项，将所有表加上读锁，这样在备份期间所有表只能读不能写；InnoDB 存储引擎在备份时使用——single-transaction 选项，通过快照保证备份数据的一致性。mysqldump 还有很多选项，可以使用 --help 参数查看。

10.2.2 加载 SQL 格式的备份文件恢复数据库

加载 SQL 格式的备份文件有两种基本方式：第一种方式是使用 mysql 语句直接在终端加载备份文件；第二种方式是在 MySQL 内部使用 source 语句加载备份文件。

1. 用 mysql 语句恢复数据库

使用 mysql 语句直接在终端加载备份文件。其基本的语法格式为：

```
shell> mysql -u[uname] -p[pass] < dump.sql
```

如果备份文件是由 mysqldump 使用 --all-databases 或 --databases 选项创建的，则备份文件中包含了 CREATE DATABASE 和 USE 语句，恢复数据时直接加载备份文件即可将数据加载到同一数据库中。

例 10-5　恢复 cardmanagement 数据库中的 salebill 表。

在终端输入命令：

```
mysql -u root -p cardmanagement < /Users/zqf/Desktop/salebill.sql
```

按照提示输入连接数据库的密码，输入密码后将完成数据恢复。

2. 用 source 语句恢复数据库

在 MySQL 内部使用 source 语句加载备份文件，其基本的操作步骤如下。

（1）打开终端后，先连接 MySQL。基本的语法格式为：

```
mysql -u [uname] -p[pass]
```

（2）如果要恢复的数据库不存在，需要先创建同名数据库，并将其切换为当前数据库。基本的语法格式为：

```
CREATE DATABASE db;
USE db;
```

（3）使用 source 语句加载备份文件。基本的语法格式为：

```
source dump.sql
```

将 .sql 文件直接拖拽至终端，系统会自动补全其文件目录。

如果需要退出 MySQL 环境，按“\q”键可以退回到 shell 环境。

例 10-6　恢复 cardmanagement 数据库中的 salebill 表。

（1）打开终端，按照提示输入连接数据库的密码，进入 MySQL 环境：

```
mysql -u root -p
```

（2）在 MySQL 环境下，把 cardmanagement 数据库切换为当前数据库：

```
use cardmanagement
```

（3）恢复 salebill 表：

```
source /Users/zqf/Desktop/salebill.sql
```

例 10-7　重新加载 backup.sql，恢复 cardmanagement 数据库和 mysql 数据库。

```
shell> mysql -u root -p < backup.sql
```

或者在 MySQL 环境下，执行：

```
source backup.sql
```

如果备份文件是不包含 CREATE DATABASE 和 USE 语句的单个数据库的备份文件，则需要先创建数据库，再恢复备份文件。

例 10-8　恢复 cardmanagement 数据库。

先创建数据库，再加载备份文件恢复数据库：

```
shell> mysqladmin -u root -p CREATE cardmanagement
shell> mysql -u root -p cardmanagement < cardmanagement.sql
```

或者在 MySQL 环境下，执行：

```
CREATE DATABASE IF NOT EXISTS cardmanagement;
USE cardmanagement;
source backup.sql
```

10.3 表的导出与导入

表的导出和导入是数据库日常维护中使用非常频繁的一类操作。本节介绍如何用 SELECT…INTO OUTFILE 语句导出文本文件，以及用 LOAD DATA INFILE 将 SELECT…INTO OUTFILE 导出的文本文件导入数据库。

10.3.1 用 SELECT……INTO OUTFILE 语句导出文本文件

SELECT……INTO OUTFILE 语句可用于将表的内容导出为一个文本文件并转储到服务器上，而导出文件不能已存在。其基本的语法格式为：

```
SELECT select_expr [, select_expr] …
        INTO OUTFILE 'file_name'
    [FIELDS TERMINATED BY 'string']
    [FIELDS ENCLOSED BY 'char']
    [FIELDS ESCAPED BY 'char']
    [LINES STARTING BY 'string']
    [LINES TERMINATED BY 'string']
```

参数：

（1）SELECT 子句：查询需要备份的数据。

（2）file_name：存放输出数据的文件名。

（3）FIELDS TERMINATED BY 'string'：设置字段之间的分隔符，可以为单个或多个字符。默认值是“\t”。

（4）FIELDS ENCLOSED BY 'char'：设置字符来括住字段的值，只能为单个字符。默认情况下不使用任何字符。

（5）FIELDS ESCAPED BY 'char'：设置转义字符，只能为单个字符。默认值为“\”。

（6）LINES STARTING BY 'string'：设置每行数据开头的字符，可以为单个或多个字符。默认情况下不使用任何字符。

（7）LINES TERMINATED BY 'string'：设置每行数据结尾的字符，可以为单个或多个字符。默认值是“\n”。

（8）FIELDS 和 LINES 两个子句都是自选的，但是如果两个子句都被指定了，FIELDS

子句必须位于 LINES 子句的前面。

例 10-9　把 student 表的数据备份到桌面的 student.txt 文件，字段之间以逗号分隔，每个字段用双引号括住。

```
SELECT * FROM student
INTO OUTFILE '/usr/local/mysql/data/student.txt'
FIELDS TERMINATED BY "," ENCLOSED BY '"';
```

该语句的执行结果如图 10-2 所示。

message
1290 - The MySQL server is running with the --secure-file-priv option so it cannot execute this statement

图 10-2　无权限

语句执行失败，这是因为执行 SELECT…INTO OUTFILE、LOAD DATA 语句时都需要用户具有 FILE 权限。系统通过 secure_file_priv 参数限制数据导入和导出操作的效果。输入 show variables like '%secure%'；查看相关配置信息，查询结果如图 10-3 所示。

Variable_name	Value
require_secure_transport	OFF
secure_file_priv	NULL

图 10-3　当前的 secure_file_priv 参数值

我们可以在启动时添加特定的 secure_file_priv 参数或者修改配置文件后重启服务来创建或修改指定目录。Windows 版 MySQL 的配置文件为 my.ini，MAC 版 MySQL 的配置文件为 my.cnf。修改 MySQL 配置文件，在末尾添加一行语句设置 secure-file-priv 的值，例如，添加 secure_file_priv='/' 即可将数据导出到任意目录，然后重启数据库服务，如图 10-4 所示。

Variable_name	Value
require_secure_transport	OFF
secure_file_priv	/

图 10-4　secure_file_priv 参数值修改示例

secure_file_priv 参数的取值包括：

（1）如果这个参数为空，这个变量没有效果；

（2）如果使用 secure_file_priv = NULL，MySQL 服务会禁止导入和导出操作；

（3）如果使用 secure_file_priv = '/'，文件可导入到任意路径；

（4）如果设 secure_file_priv 为一个目录名，MySQL 服务将只允许在这个目录中执行文件的导入和导出操作，但这个目录必须存在，否则 MySQL 服务不会创建它。

具有权限后再执行 SELECT…INTO OUTFILE 语句就可以在指定的路径下导出文本文件了。

10.3.2　用 LOAD DATA INFILE 语句将文本文件导入数据库

LOAD DATA INFILE 语句可用于将 SELECT…INTO OUTFILE 语句导出的文件再导入数据库中，实现数据库的恢复。其基本的语法格式为：

```
LOAD DATA INFILE 'file_name'
    INTO TABLE tbl_name
    [FIELDS TERMINATED BY 'string']
```

```
[FIELDS ENCLOSED BY 'char']
[FIELDS ESCAPED BY 'char']
[LINES STARTING BY 'string']
[LINES TERMINATED BY 'string']
```

参数同 SELECT…INTO OUTFILE 语句。

例 10-10 先使用 DELETE 语句删除 student 表中的全部数据，模拟表中的数据被破坏，再使用备份文件 student.txt 恢复 student 表，如图 10-5 所示。

```
DELETE FROM student;
LOAD DATA INFILE '/usr/local/mysql/data/student.txt'
INTO TABLE student
FIELDS TERMINATED BY ',' ENCLOSED BY '"';
```

sql	message
DELETE FROM student	Affected rows: 0,
LOAD DATA INFILE '/usr/local/mysql/data/stu...	Affected rows: 11

图 10-5 LOAD DATA INFILE 使用示例

student 表中原有的 11 行数据全部恢复。但是如果在表中的数据丢失且表结构本身也遭到破坏的情况下，我们无法直接导入数据，需要先创建一个同名的表，然后恢复数据。例如，使用 DROP 语句删除 student 表，模拟表结构被破坏，执行 LOAD DATA INFILE 语句时系统会提示错误，如图 10-6 所示。

```
DROP TABLE student;
LOAD DATA INFILE '/usr/local/mysql/data/student.txt'
INTO TABLE student
FIELDS TERMINATED BY ',' ENCLOSED BY '"';
```

message
1146 - Table 'cardmanagement.student' doesn't exist

图 10-6 LOAD DATA INFILE 使用出错示例

这时需要我们先使用 CREATE TABLE 语句创建表，再使用 LOAD DATA INFILE 恢复表。

此外，mysqldump 工具也可以导出指定分隔符的文本文件，mysqllimport 也可以将文本文件导入数据表，二者的语法格式和选项与 SELECT…INTO OUTFILE 和 LOAD DATA INFILE 非常相似。实际上 mysqldump 和 mysqllimport 调用的就是 SELECT……INTO OUTFILE 和 LOAD DATA INFILE 提供的接口。只不过它们是在 MySQL 外部执行，而 SELECT…INTO OUTFILE 和 LOAD DATA INFILE 是在 MySQL 内部执行，这里我们不再赘述。

10.4 用 Navicat Premium 备份与恢复数据库

Navicat Premium 软件已经将备份与恢复数据库的语句封装起来，在为用户提供可视化的界面的同时，具有备份和恢复数据库、转储和运行 SQL 文件的功能，以及数据表的导入、导出功能。

10.4.1　备份与恢复数据库

1. 备份数据库

备份数据库可以使用菜单栏中的备份选项，也可以使用控件栏中的备份（Backup）控件，如图 10-7 所示。

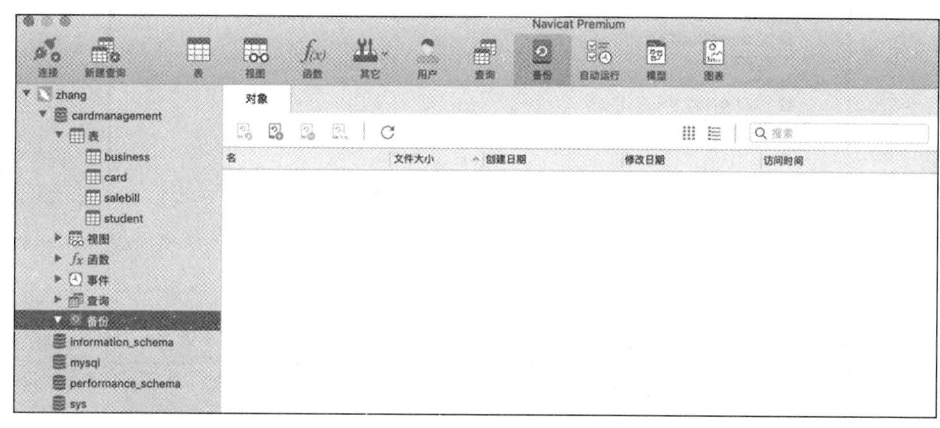

图 10-7　备份选项

（1）在需要备份的数据库的菜单列表中右击“备份”选项，在弹出的快捷菜单中，选择“新建备份”选项，如图 10-8 所示。

（2）在“备份”对话框的“常规”选项卡中，我们可以查看主机、模式等信息。如有需要，可为备份文件输入一个注释，如图 10-9 所示。

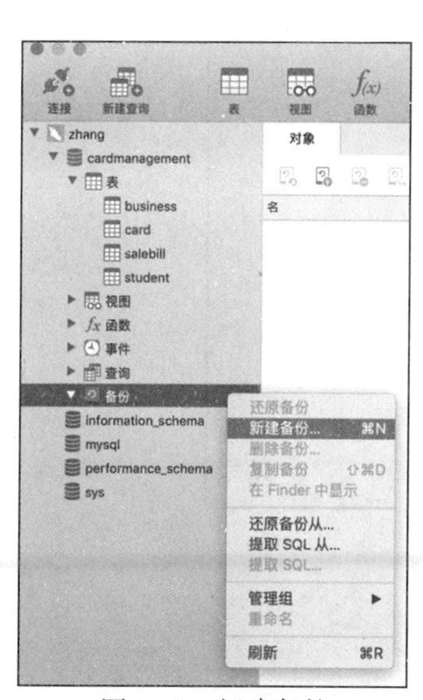

图 10-8　新建备份

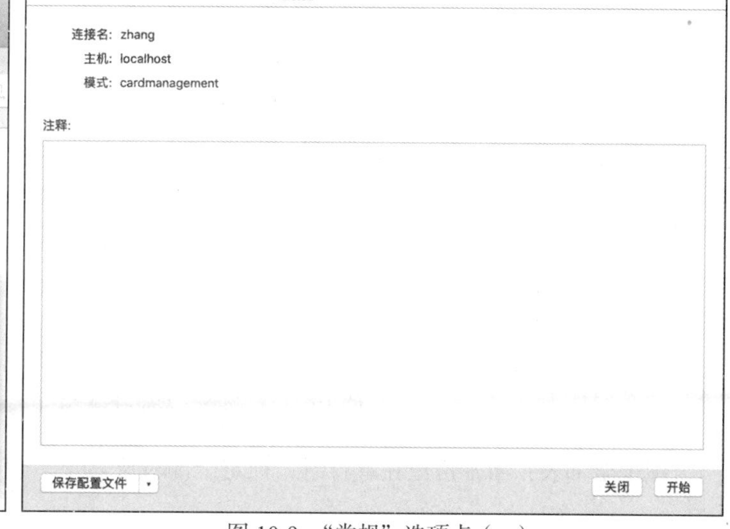

图 10-9　“常规”选项卡（一）

（3）在“对象选择”选项卡中选择需要备份的表、视图、函数和事件等数据库对象，如图 10-10 所示。系统只会备份已勾选的数据库对象。

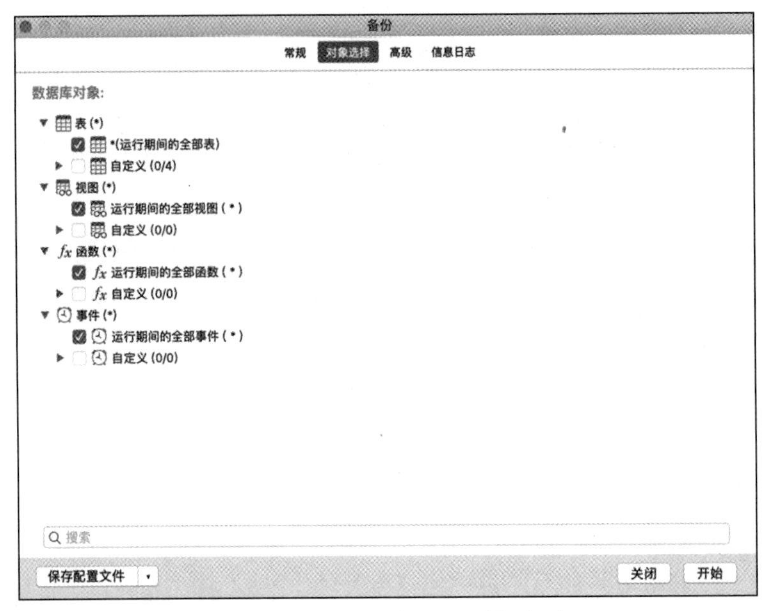

图 10-10 “对象选择”选项卡（一）

（4）“高级”选项卡中的选项会根据连接的服务器类型不同而有所不同，如图 10-11 所示。

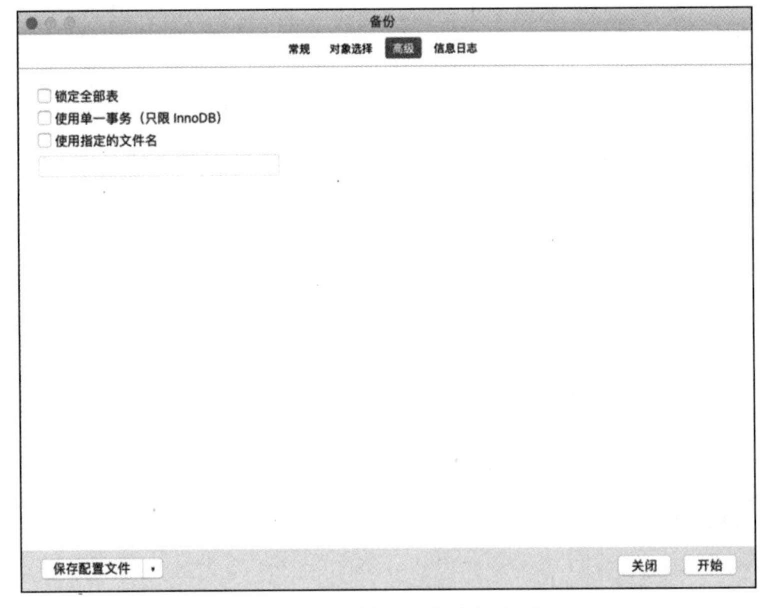

图 10-11 “高级”选项卡（一）

锁定全部表：当备份正在进行时，锁定全部对象。

使用单一事务（只限 InnoDB）：如果表使用 InnoDB 存储引擎，可勾选这个选项，Navicat Premium 会在备份进程开始前使用事务。

使用指定的文件名：为备份定义文件名。否则，备份文件会被命名为“YYYYMMDD-hhmmss”格式。

（5）单击“开始”按钮，“信息日志”选项卡会显示备份过程，如图 10-12 所示。

备份完成后，可以看到生成的备份文件，如图 10-13 所示。

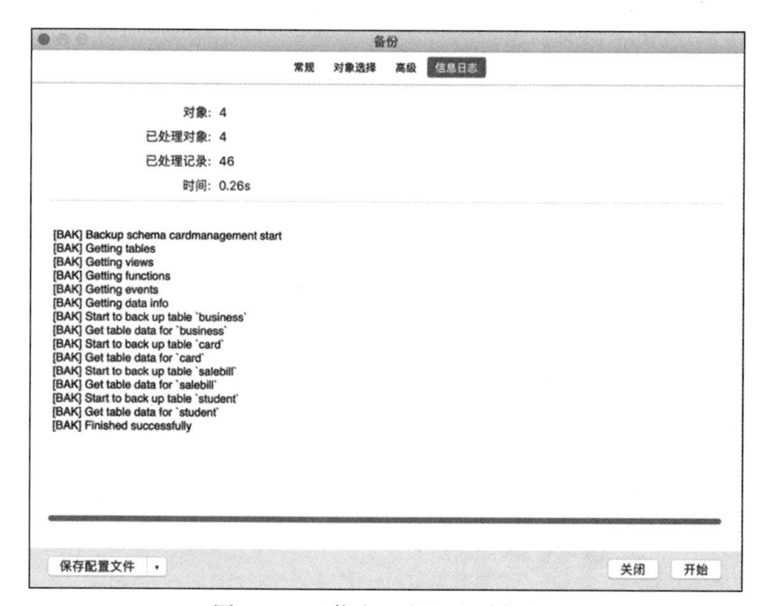

图 10-12　“信息日志”选项卡（一）

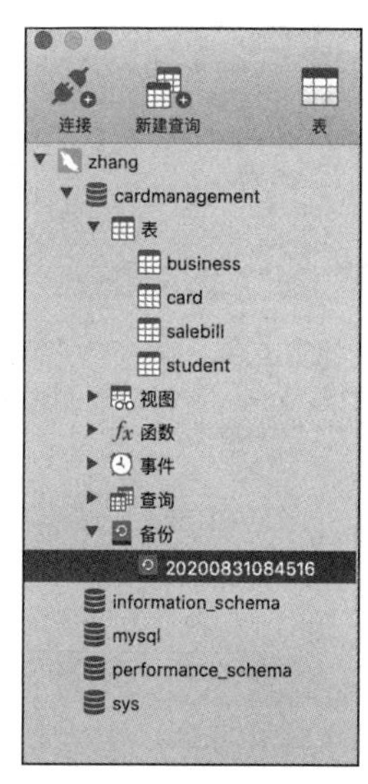

图 10-13　生成的备份文件

2. 恢复数据库

我们在使用备份文件恢复数据库或模式时，首先要创建并打开一个新的数据库或模式，然后根据备份创建数据库对象并插入数据。所以，恢复备份的前提是具有创建、删除和插入权限。

（1）在主窗口中，我们打开一个数据库或模式，删除数据库或数据库中的某些数据库对象，模拟数据库已损坏。如果数据库被删除，在恢复前我们需要重建同名数据库。

（2）选中需要恢复的数据库，单击“备份”选项并选择一个已有的备份文件，如图 10-14 所示。

（3）在“常规”选项卡中查看备份文件的基本信息，如图 10-15 所示。

（4）在“对象选择”选项卡中选择要恢复的数据库对象，如图 10-16 所示。

（5）在“高级”选项卡中进行恢复设置，并单击“开始”按钮，如图 10-17 所示。

（6）在“信息日志”选项卡中可以看到恢复过程，然后单击“关闭”按钮即可，如图 10-18 所示。

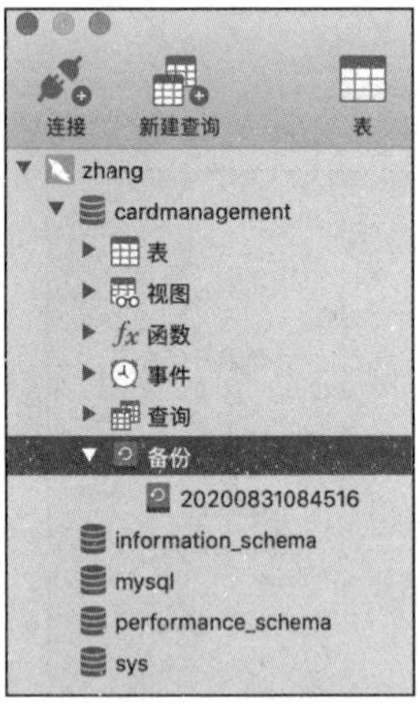

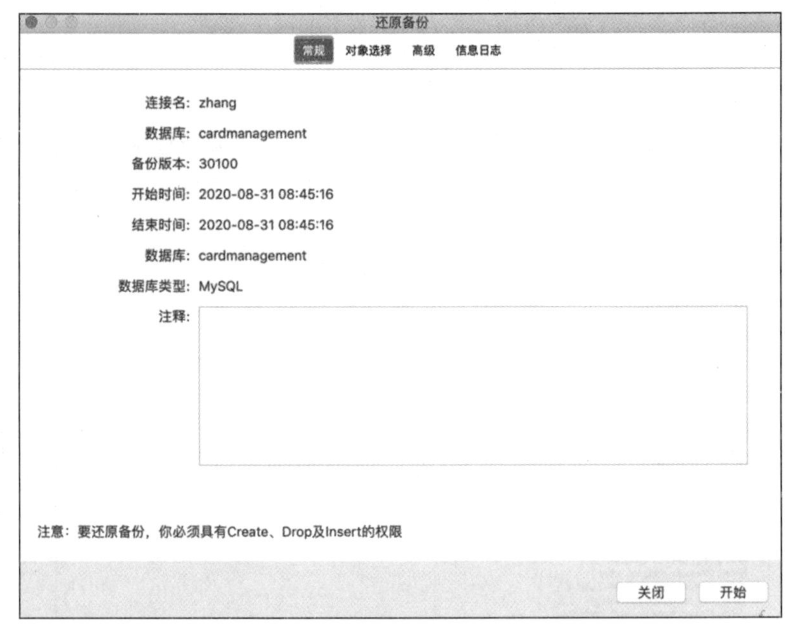

图 10-14　选择备份文件

图 10-15　“常规”选项卡（二）

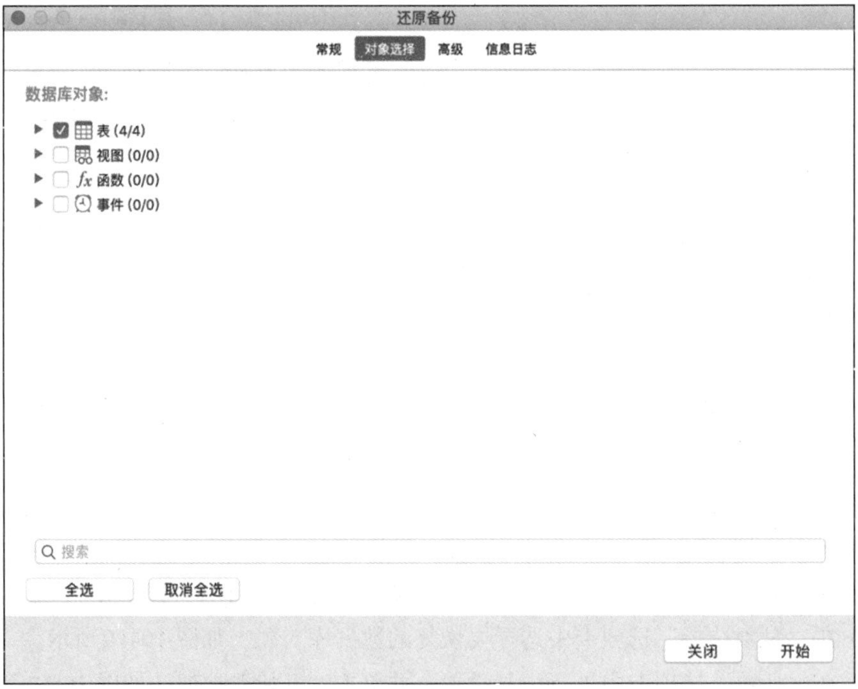

图 10-16　“对象选择”选项卡（二）

还原备份
常规　对象选择　高级　信息日志
遇到错误时继续
创建表
覆盖现有的表
创建触发器
创建记录
锁定表以便写入
使用事务
清空表
使用扩展插入语句
覆盖现有的视图
覆盖现有的函数
覆盖现有的事件
覆盖现有的类型
关闭　开始

图 10-17　“高级”选项卡（二）

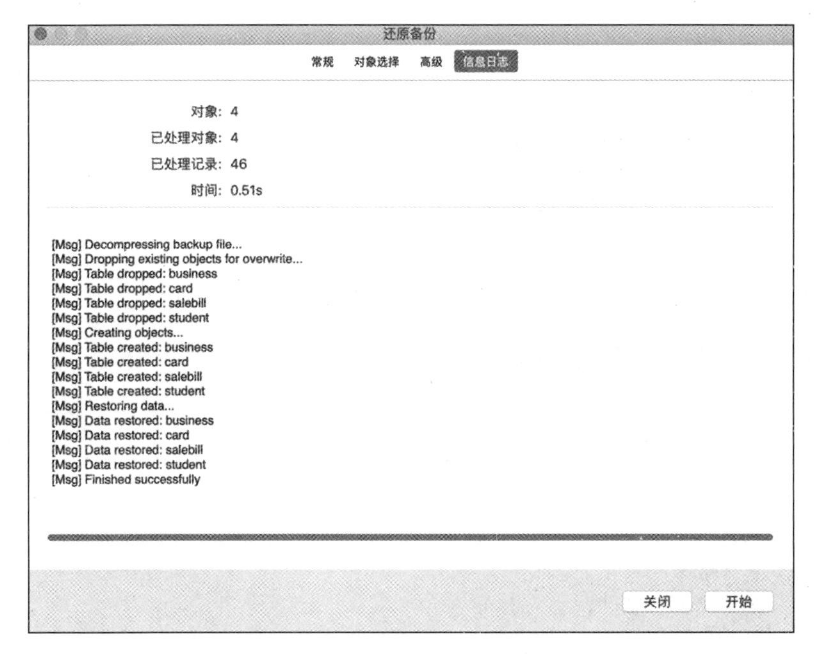

图 10-18　“信息日志”选项卡（二）

10.4.2　导出与导入数据

除了生成 SQL 格式的备份文件，Navicat premium 可以把数据库中的基本表、视图、查询结果中的数据导出为 TXT、DBF、CSV、HTML、XLS、XML、JSON 等多种格式的文件，也可以将多种格式的文件导入数据库中。

1. 导出数据

导出数据是指把表、视图或查询结果作为源表，将数据导出为任何可用格式的文件。

（1）在主界面选择要导出的数据对象，设将 cardmanagement 数据库中 salebill 表的数据导出到 TXT 格式的文本文件中。在 salebill 表上右击，在弹出的快捷菜单中选择“导出向导”选项，或者在对象控键栏中选择“导出向导”选项，如图 10-19 所示。

图 10-19　导出向导

（2）在“选择文件格式”选项卡中为目标文件选择一种导出格式，如图 10-20 所示。

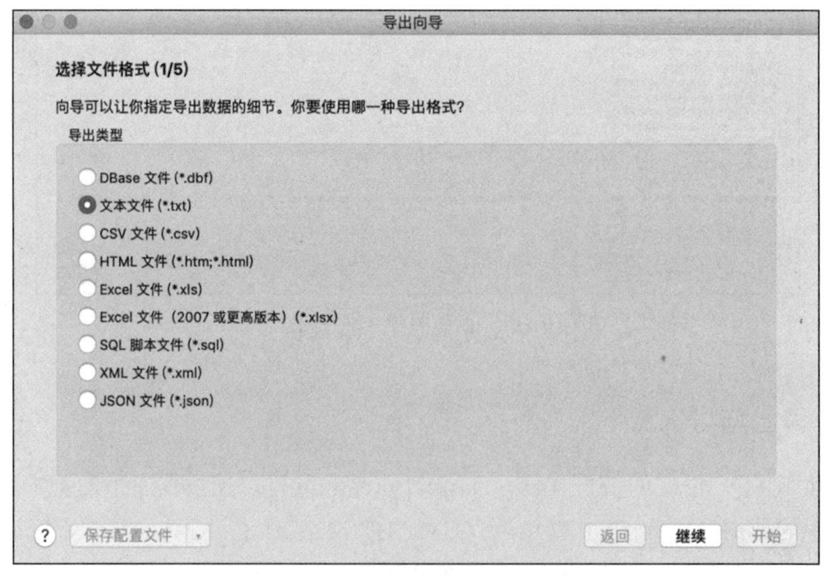

图 10-20　选择导出文件格式

（3）在“选择保存路径”选项卡中设置保存路径和导出文件名，如图 10-21 所示。

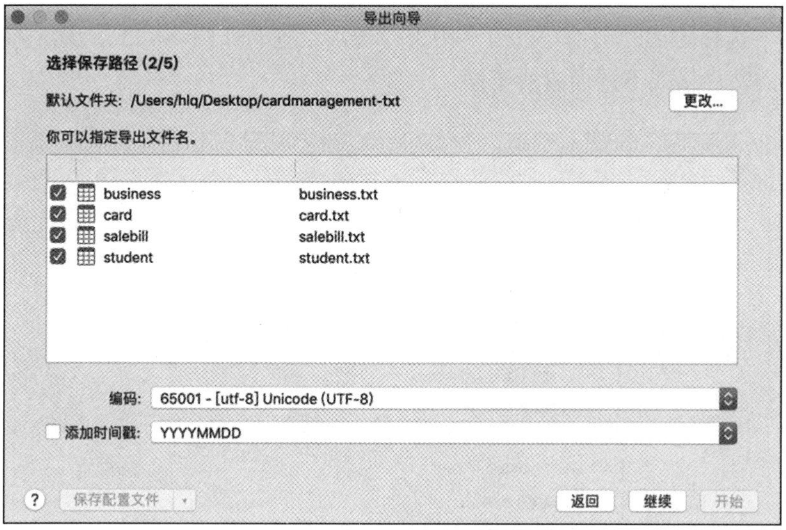

图 10-21　选择保存路径

导出文件的扩展名会根据在第一步选择的导出格式而改变。如果导出的是查询结果，应确保在运行导出向导前已经保存了查询结果。否则，这一步不会显示源对象。

我们还可以选择导出文件的编码。如果希望文件名有导出运行时的时间戳，可勾选“添加时间戳”，然后从下拉列表中选择日期或时间格式。

（4）在“选择表字段”选项卡中可以选择要导出的字段，如图 10-22 所示。在默认情况下，列表中所有字段都已选择。如果不想导出某些字段，首先取消勾选“全部字段”，然后在列表中取消勾选那些不需要导出的字段。

图 10-22　选择表字段

如果导出的有多张表，需要切换源表并分别选择表字段。如果导出的是查询结果，向导将会跳过这个步骤。

（5）在“选择附加的选项”选项卡中进行导出设置，如图 10-23 所示。选项会根据在第一步选择的文件格式不同而有所不同。

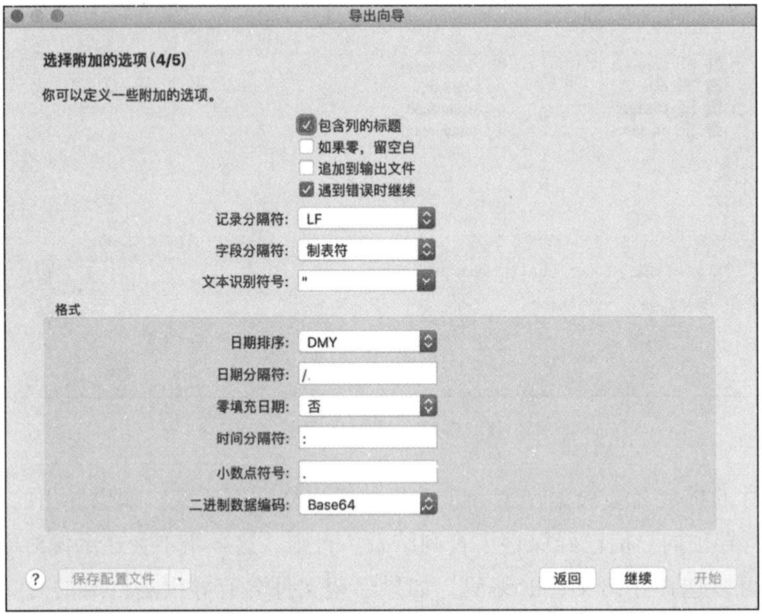

导出向导

选择附加的选项 (4/5)

你可以定义一些附加的选项。

包含列的标题
如果零，留空白
追加到输出文件
遇到错误时继续
记录分隔符: LF
字段分隔符: 制表符
文本识别符号: "
格式
日期排序: DMY
日期分隔符: /
零填充日期: 否
时间分隔符: :
小数点符号: .
二进制数据编码: Base64
保存配置文件
返回 继续 开始

图 10-23　选择附加的选项

（6）在“开始导出”选项卡中单击“开始”按钮来执行导出进程。向导将显示导出进度、运行时间和成功或失败信息。

单击“保存配置文件”按钮可以把设置保存为配置文件，如图 10-24 所示。

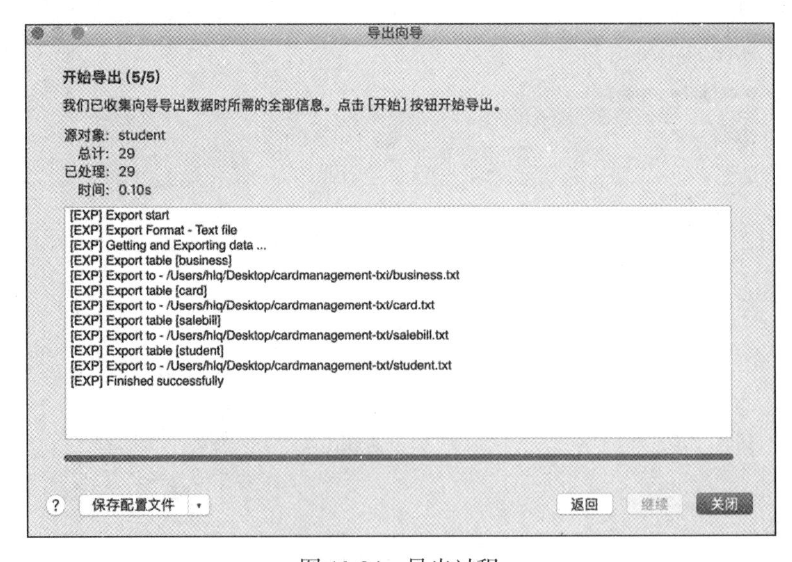

图 10-24　导出过程

（7）导出进程完成后，打开导出的备份文件，例如由 salebill 表导出的 TXT 文件的内容如图 10-25 所示。

salebill.txt — 已编辑

"number"	"CID"	"BID"	"payamount"	"saledate"
"1"	"C00005"	"B001"	"13"	"10/5/2020"
"2"	"C00004"	"B001"	"8"	"10/5/2020"
"3"	"C00001"	"B001"	"10.5"	"26/5/2020"
"4"	"C00004"	"B003"	"25"	"28/5/2020"
"5"	"C00001"	"B002"	"20"	"30/5/2020"
"6"	"C00004"	"B004"	"16"	"1/6/2020"
"7"	"C00003"	"B005"	"8.9"	"29/6/2020"
"8"	"C00001"	"B004"	"9"	"2/7/2020"
"9"	"C00005"	"B003"	"21"	"3/7/2020"
"10"	"C00001"	"B003"	"32"	"4/7/2020"
"11"	"C00001"	"B005"	"56"	"4/7/2020"
"12"	"C00001"	"B006"	"1"	"5/7/2020"
"13"	"C00001"	"B007"	"21"	"5/7/2020"
"14"	"C00006"	"B003"	"380"	"6/7/2020"
"15"	"C00008"	"B002"	"15"	"6/7/2020"
"16"	"C00005"	"B002"	"15"	"6/7/2020"
"17"	"C00003"	"B002"	"15"	"6/7/2020"

图 10-25　生成的导出文件

2. 导入数据

导入数据功能可以把不同格式的文件数据导入基本表中。打开导入向导窗口，在选中的数据库对象的快捷菜单中选择“导入向导”选项，或者在工具栏中单击“导入向导”，如图 10-26 所示。

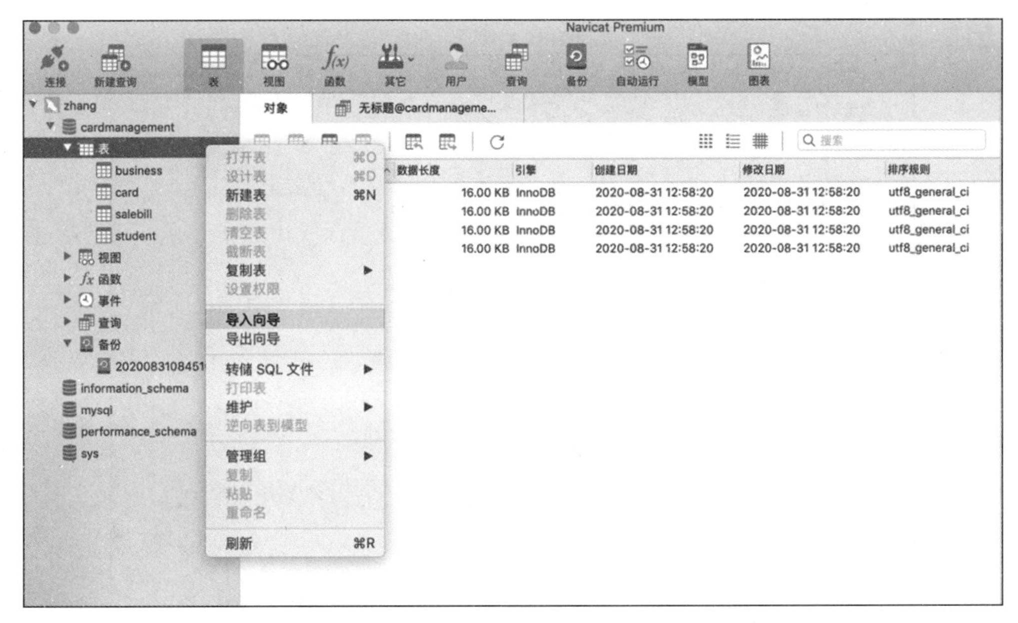

图 10-26　导入向导

（1）在“选择文件格式”选项卡中为源文件选择一个可用的数据导入格式，如图 10-27 所示。

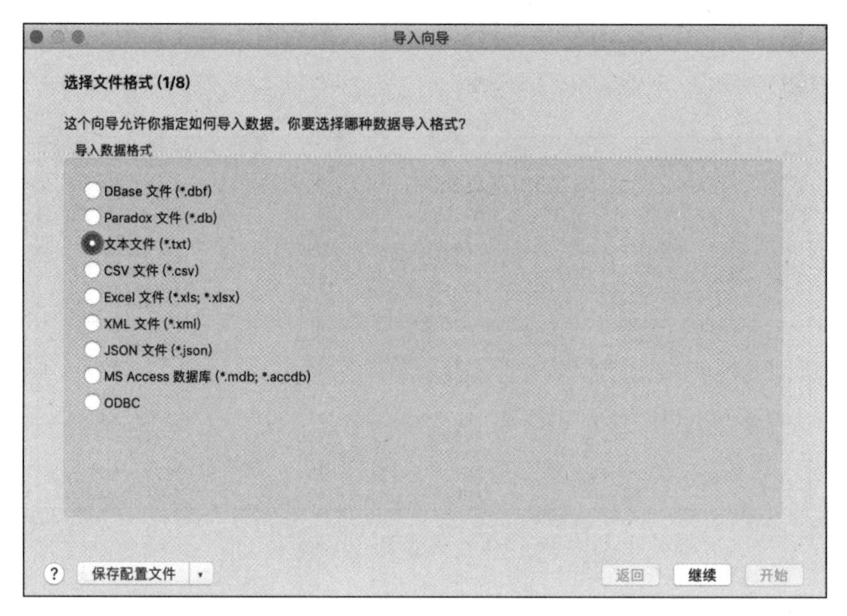

图 10-27　选择文件格式

（2）在“选择文件”选项卡中，通过“添加文件”“添加网址”按钮设置源文件名，如图 10-28 所示。文本框内的文件扩展名会根据在第一步选择的导入格式而改变。可以同时导入多个文件。

图 10-28　选择导入文件

（3）依次在“选择记录格式”“选择格式选项”两个选项卡中设置格式，需要与导出文件的配置保持一致，如图 10-29 和图 10-30 所示。选项内容会根据在第一步选择的导入格式而改变。

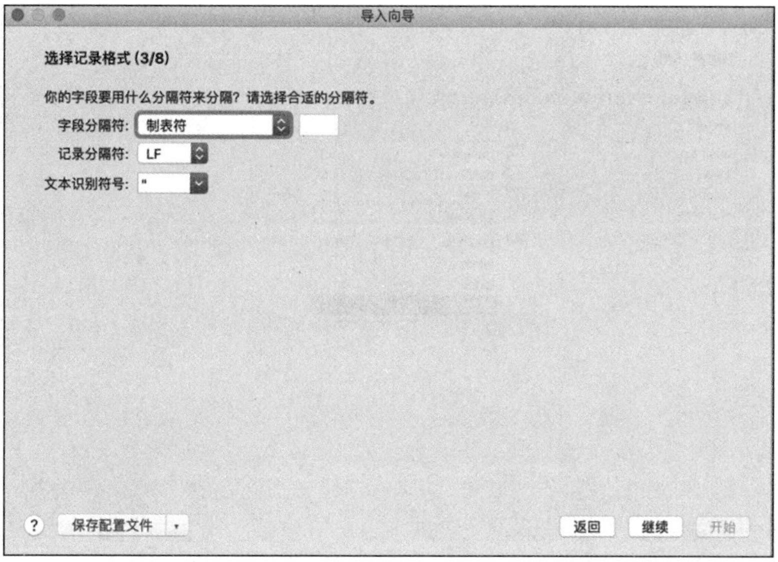

图 10-29　选择记录格式

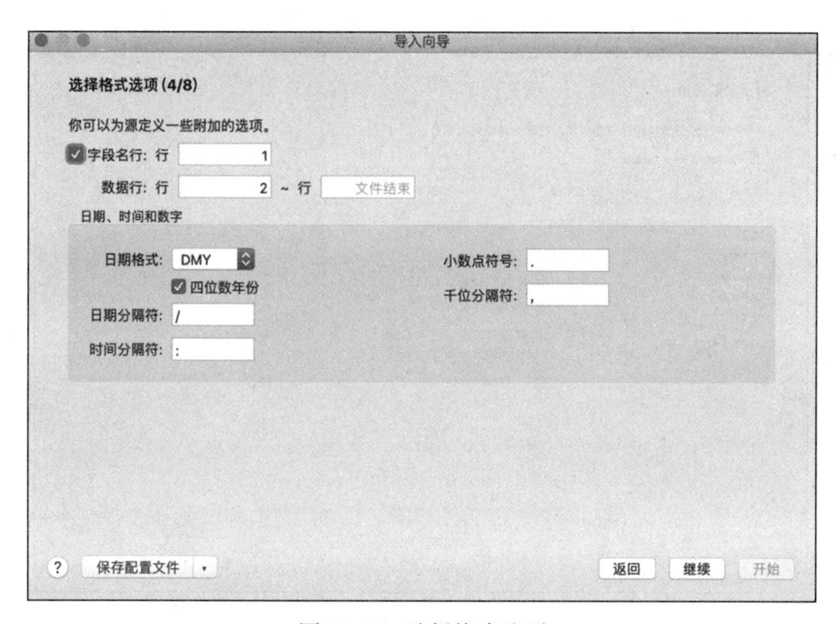

图 10-30　选择格式选项

（4）在“映射表”选项卡中选择目标表。可以从下拉列表中选择导入到现有的表或者定义一个新的表名，如图 10-31 所示。导入多个表时，所有表都会显示在列表中。如果在“目标表”中输入一个新的数据表名，“是新的”的值将自动显示为“是”。

（5）在“映射字段”选项卡中，如果想要导入数据到目标表，需要手动映射源表字段名到目标表或右击并从弹出的快捷菜单选择“智慧匹配全部字段”“按次序匹配全部字段”选项来快速匹配或“全部取消匹配”，如图 10-32 所示。

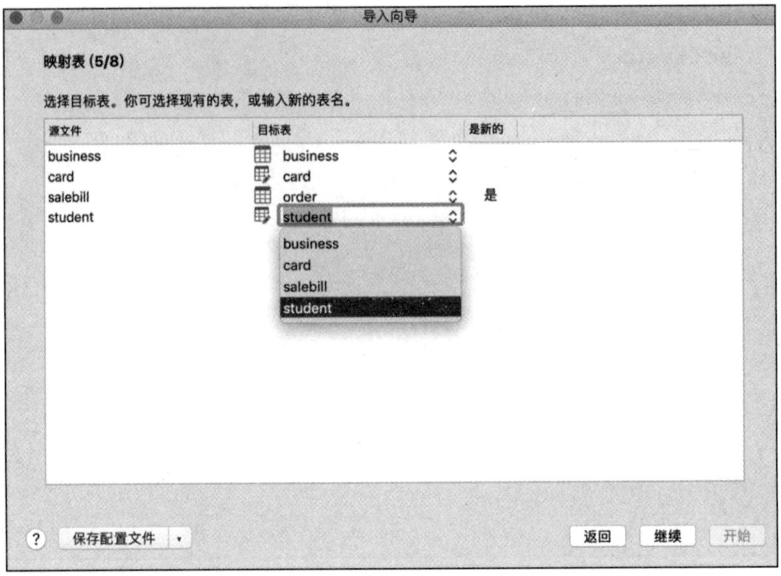

图 10-31 映射表

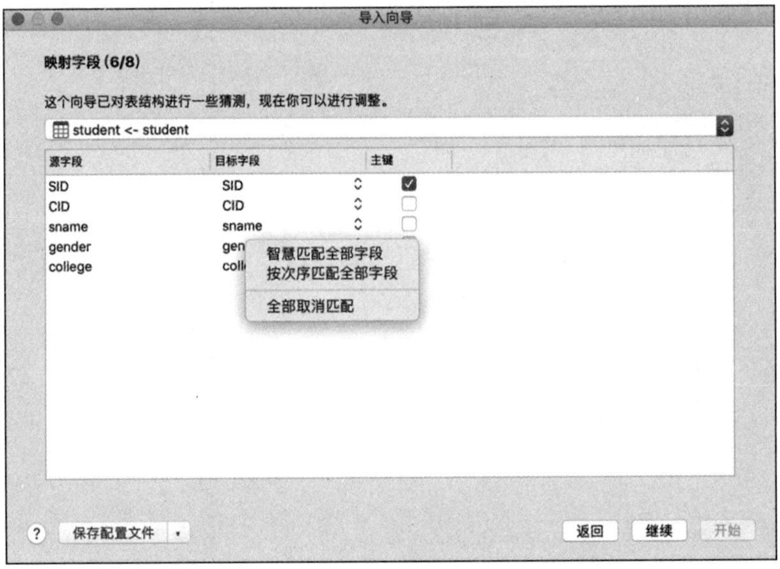

图 10-32 映射字段

Navicat Premium 会根据源表对字段类型和长度做出假设，并可以从下拉列表中选择所需的数据类型和长度。导入多个表时，需要从下拉列表中选择其他表，如图 10-33 所示。

（6）在“选择导入模式”选项卡中，选择向目标表中添加记录的方式，如图 10-34 所示。

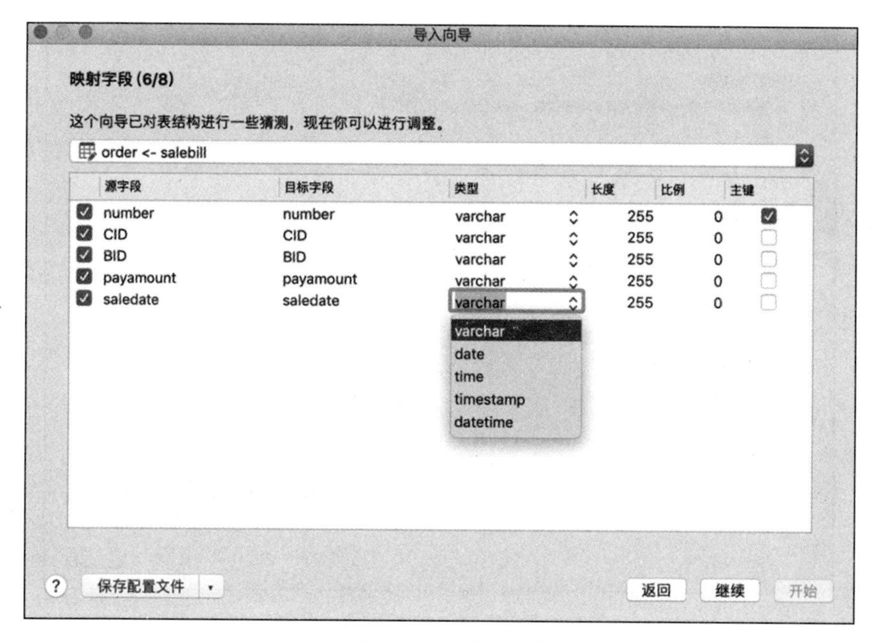

图 10-33　调整表结构

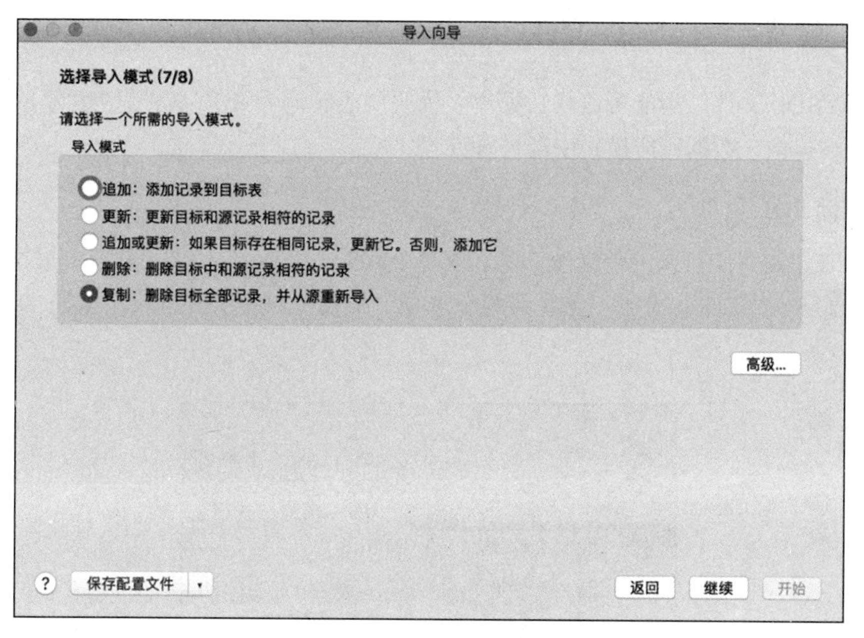

图 10-34　选择导入模式

（7）在“开始导入”选项卡中，单击“开始”按钮导入进程，如图 10-35 所示。向导将显示导入进度、运行时间和成功或失败信息。导入进程完成后，可以单击“查看日志”按钮打开日志文件。

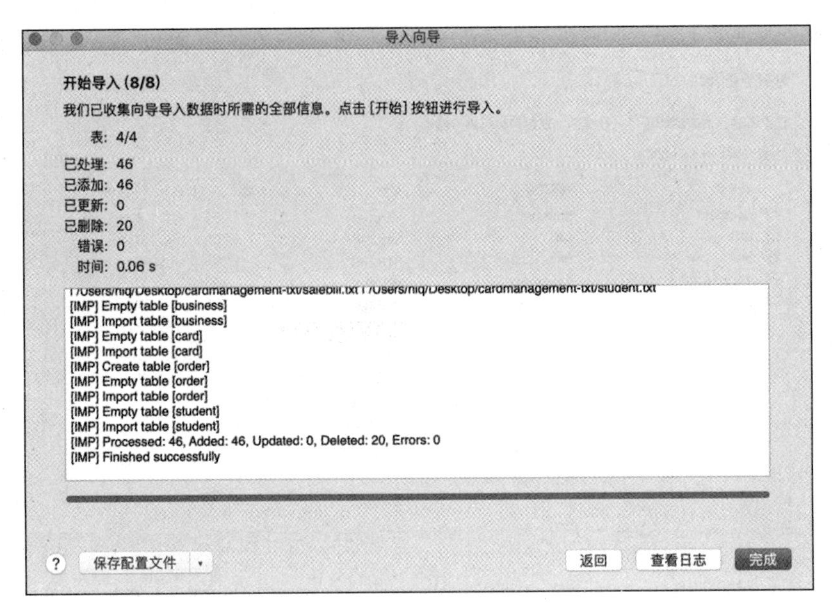

图 10-35　执行导入

10.4.3　转储与运行 SQL 文件

“转储 SQL 文件”功能可以将数据库、模式或表转储为 SQL 文件；“运行 SQL 文件”功能可以在连接、数据库或模式中运行 SQL 文件。

1. 转储 SQL 文件

（1）在主窗口中打开的数据库、模式或某个数据表上右击，然后在弹出的快捷菜单中选择“转储 SQL 文件”选项，会看到两个选项“结构 + 数据”和“仅结构”，如图 10-36 所示。

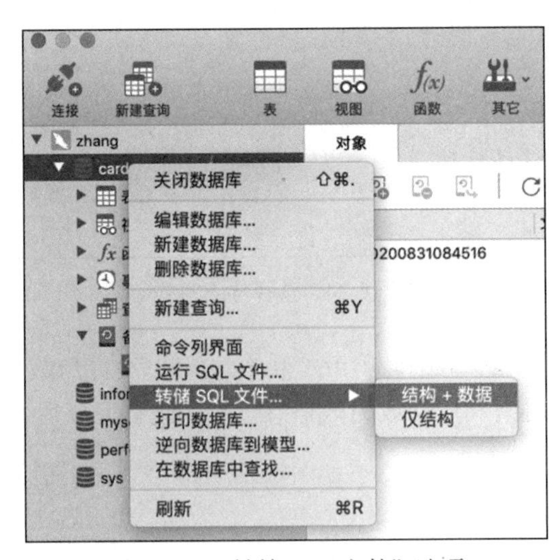

图 10-36　“转储 SQL 文件”选项

（2）选择“结构 + 数据”选项，浏览保存位置并输入文件名，单击“存储”按钮，如图 10-37 所示。

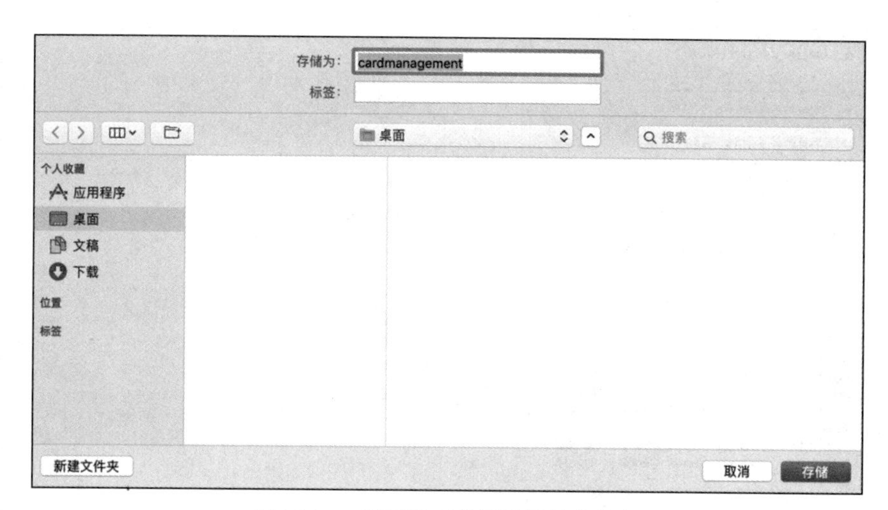

图 10-37 设置保存位置及转储文件名

（3）转储过程完成后，在指定目录生成 SQL 文件，如图 10-38 所示。

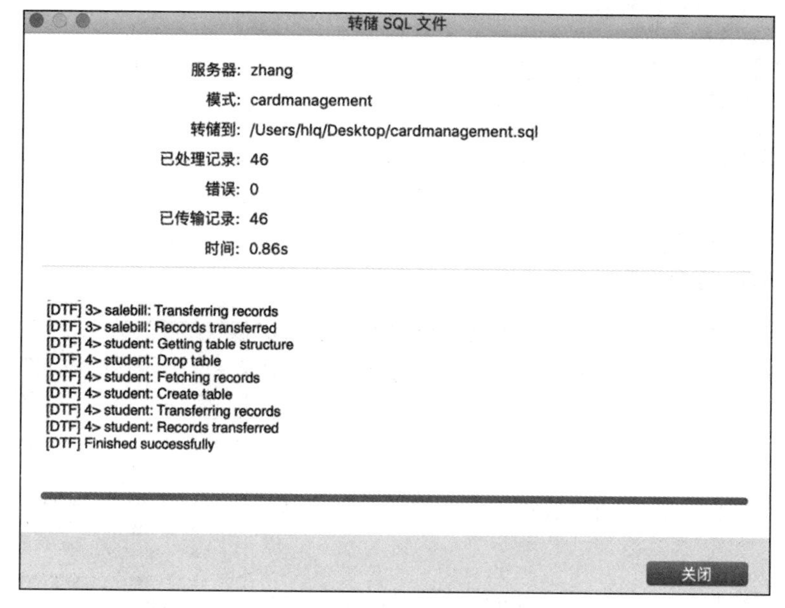

图 10-38 执行转储

打开 SQL 文件，我们可以看到文件中主要是各个数据库对象的删除、创建和插入语句。cardmanagement.sql 的部分脚本如图 10-39 所示。

如果转储 SQL 文件时选择的是“仅结构”，转储过程是一样的，但生成的转储文件中只有删除和创建语句，没有插入语句，这是和转储“结构 + 数据”的 SQL 文件的不同之处。

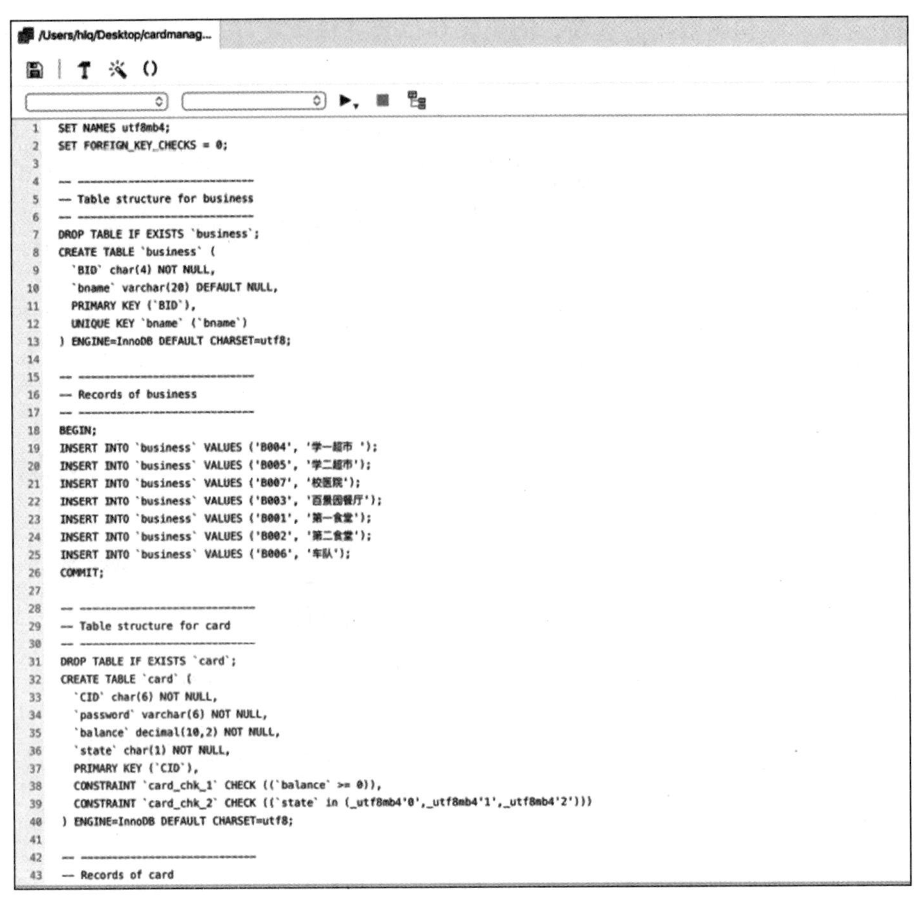

图 10-39　生成的转储 SQL 文件

2. 运行 SQL 文件

运行转储的 SQL 文件时，必须指定默认数据库名称，以便服务器知道要重新加载的数据库。如果要重新加载的数据库不存在，则必须首先创建它。对于重新加载，可以指定一个与原始名称相同或不同的数据库名称，如果是后者，则会自动将数据重新加载到另一个数据库中。

（1）在主窗口中，右击已打开的连接、数据库或模式并选择“运行 SQL 文件”选项。

我们先删除原数据库，模拟数据库遭到损坏，再新建一个同名数据库，在该数据库的快捷菜单中选择“运行 SQL 文件”选项，如图 10-40 所示。

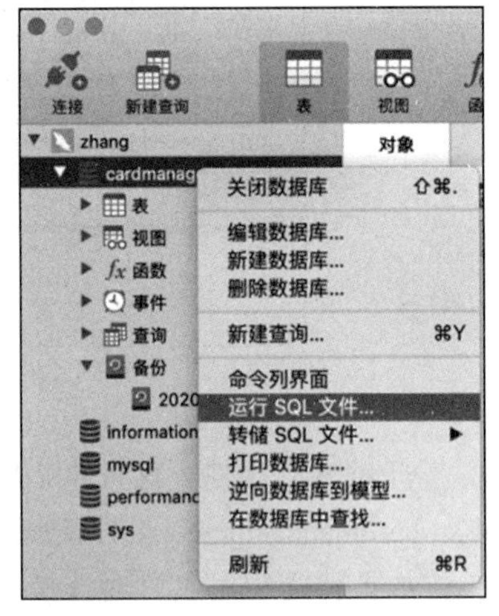

图 10-40　“运行 SQL 文件”选项

（2）在“常规”选项卡中浏览 SQL 文件，选择文件编码并启用适当的选项，如图 10-41 所示。

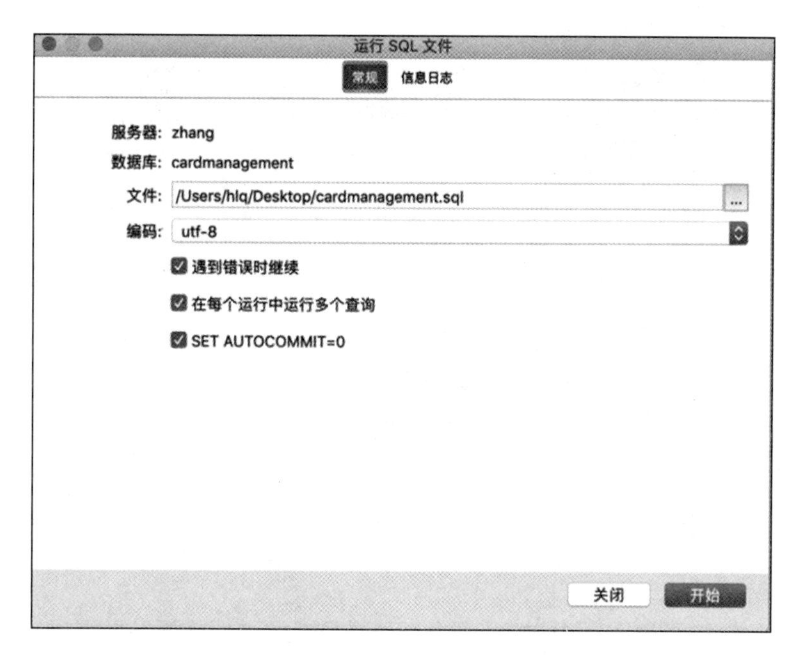

图 10-41　“常规”选项卡（三）

（3）单击“开始”按钮，执行恢复。显示恢复成功后，数据库中的表及表中数据就都已经恢复了，如图 10-42 所示。

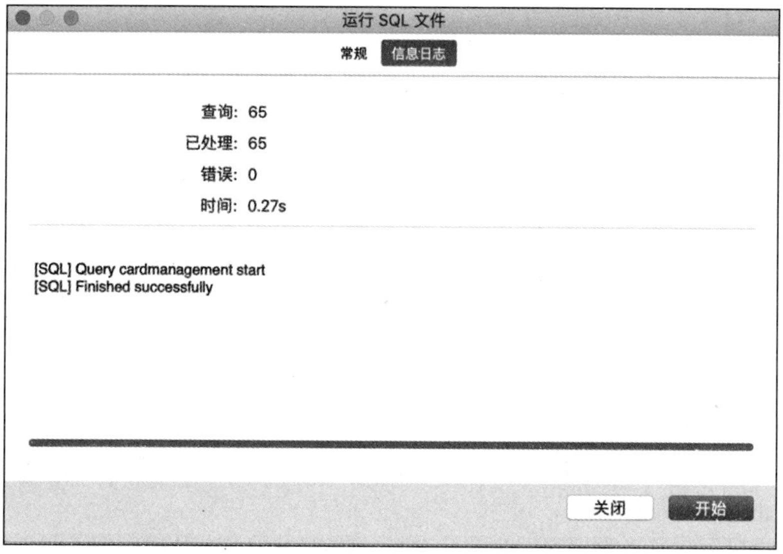

图 10-42　“信息日志”选项卡（三）

如图 10-43 所示，如果转储 SQL 文件时选择的是“仅结构”，那么转储过程是一样的，仅恢复效果不同。

先定义转储文件名和存储位置，然后单击“存储”按钮，如图 10-44 所示，转储成功后会生成 SQL 文件。

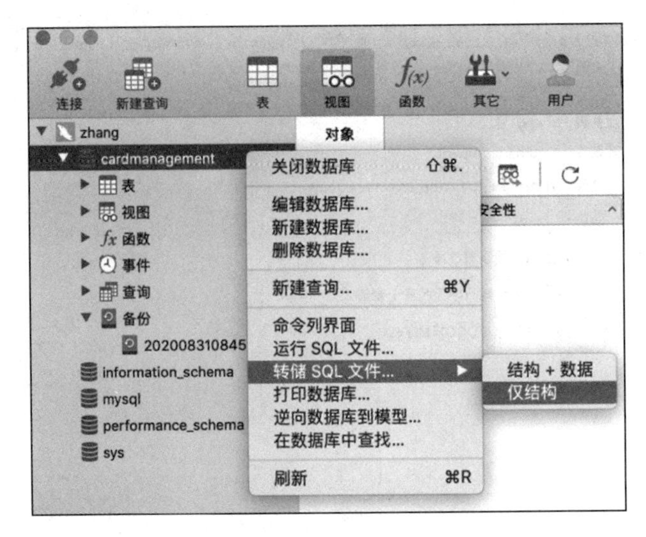

图 10-43　转储 SQL 文件之“仅结构”选项

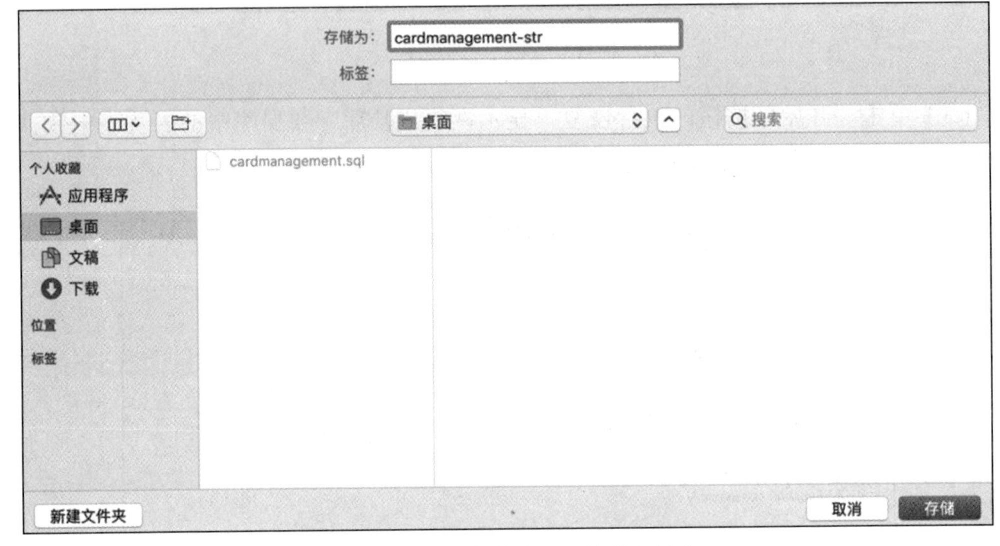

图 10-44　设置存储位置和转储文件名

cardmanagement-str.sql 部分脚本如图 10-45 所示。

（4）执行 SQL 文件的操作过程是一样的。在数据库的菜单栏中选择“运行 SQL 文件”选项，如图 10-46 所示。

（5）选择转储文件，并单击“开始”按钮开始恢复，如图 10-47 所示。

运行成功后我们发现数据库只恢复了表结构，而表中没有数据，这是因为在转储 SQL 文件时我们选择的是仅导出结构，不导出数据，如图 10-48 所示。

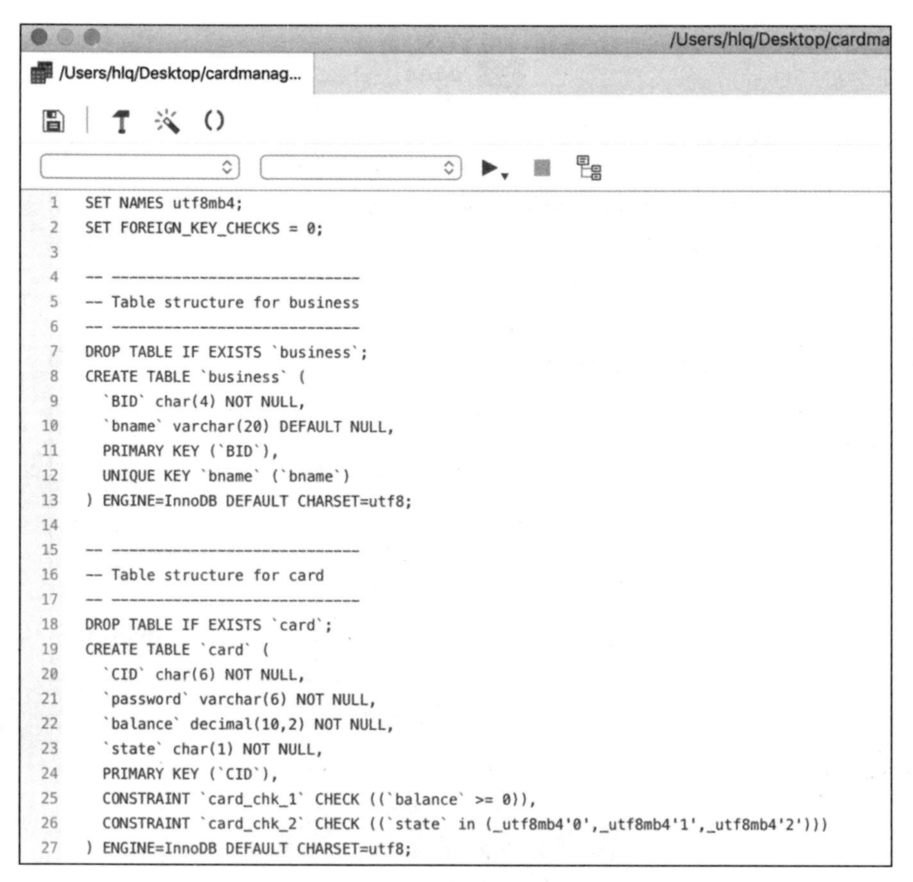

图 10-45　生成的转储 SQL 文件

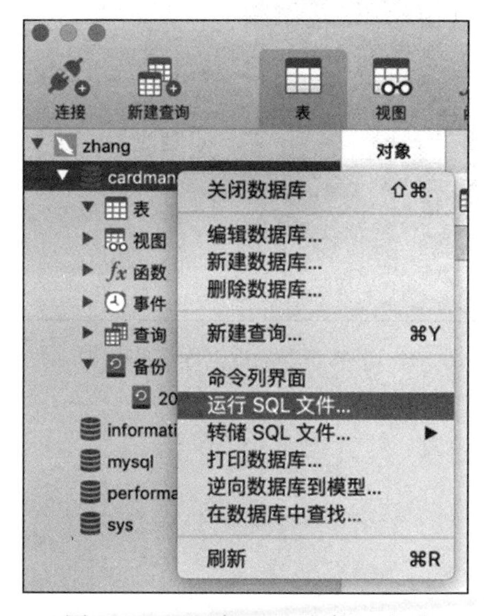

图 10-46　“运行 SQL 文件”选项

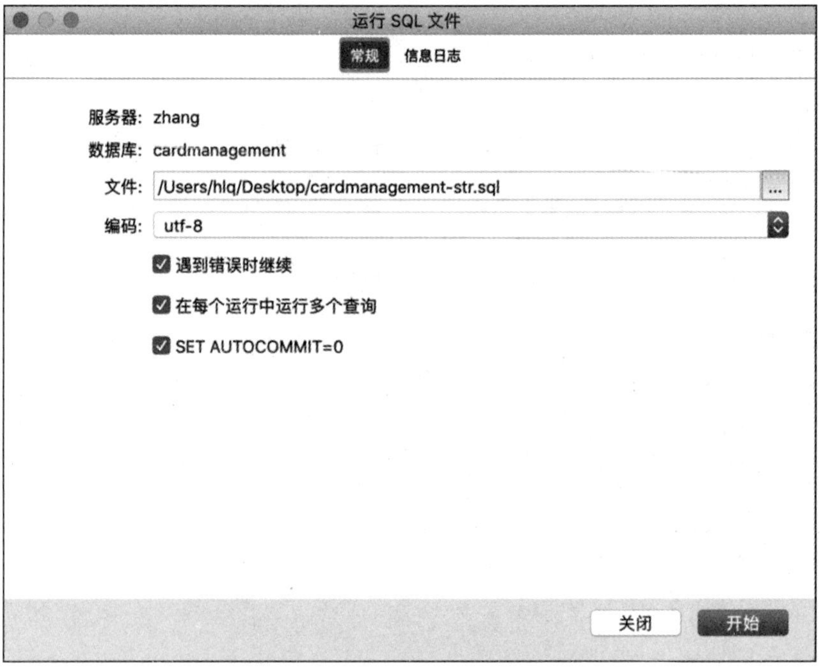

运行 SQL 文件
常规
信息日志
服务器: zhang
数据库: cardmanagement
文件: /Users/hlq/Desktop/cardmanagement-str.sql
编码: utf-8
遇到错误时继续
在每个运行中运行多个查询
SET AUTOCOMMIT=0
关闭
开始

图 10-47 “常规”选项卡（四）

连接
新建查询
表
视图
函数
其它
zhang
cardmanagement
表
business
card
salebill
student
视图
函数
事件
查询
备份
对象
名
行
数据长度
business 0
card 0
salebill 0
student 0

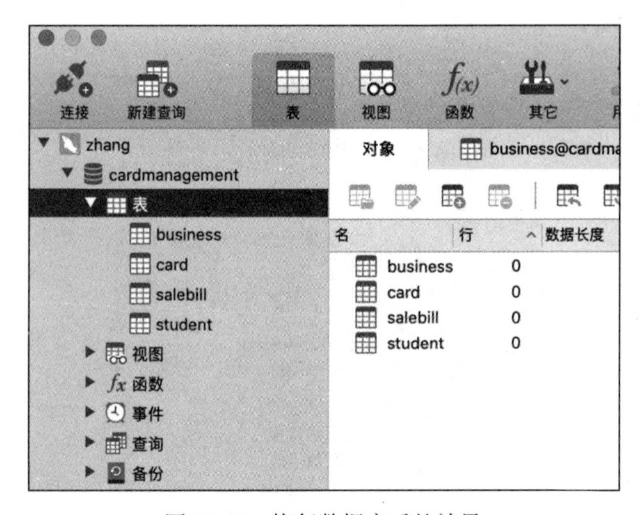

图 10-48 恢复数据库后的效果

CHAPTER 11

第11章

数据库的安全性控制

■ **学习目标**

- 本章介绍数据库的权限系统、访问控制实现原理，以及用户管理、角色管理及权限管理的实现方法。

■ **开篇案例**

Facebook 用户数据泄露

2018 年 3 月 17 日，美国纽约时报和英国卫报共同发布了深度报道，曝光 Facebook 上超过 5 000 万用户信息数据被一家名为“剑桥分析”（Cambridge Analytica）的公司泄露。这起事件的焦点在于，数千万 Facebook 用户的信息，在用户不知情的情况下，被政治数据公司“剑桥分析”获取并利用，向这些用户精准投放广告内容，帮助 2016 年特朗普团队参选美国总统。而且，Facebook 在两年前就知晓事件的情况下，并未及时对外披露这一信息。

2019 年 12 月 19 日，每日邮报报道，2.67 亿 Facebook 用户的个人信息被公开，主要为美国用户。曝光的信息包括用户的姓名、电话号码及 Facebook ID。数据可被用于网络钓鱼、垃圾信息。专家警告 Facebook 用户应警惕可疑短信。

作为核心信息的掌控者，各类企业及巨头更应该重视掌门人的责任，信息安全防护迫在眉睫，既要保证数据的正常使用，又要保证数据不泄露。如果数据安全难以保证，将威胁个人经济安全，影响企业发展，甚至危及国家稳定。

资料来源：文字根据网络资料整理得到。

11.1 访问控制实现原理

对于数据管理而言，数据的安全性是至关重要的。企业一般会设置网络防线、主机层防线、数据库防线等综合措施来保护数据安全。其中，数据库防线是数据安全管理的最后一道防线，也是最核心且最重要的防线。不同的数据库管理系统提供的安全机制，不论是权限划分还是实现方式都可能不太一样。

MySQL 权限系统通过对连接的用户进行身份认证和对通过认证的合法用户赋予权限两个阶段进行安全性控制。

MySQL 的安全机制涉及三个方面：权限表、用户管理和权限管理。

11.1.1 对连接的用户进行身份认证

"mysql"数据库（安装 MySQL 时被创建，数据库名称为"mysql"）中包含 user、db、table_priv、columns_priv 等重要的权限表。当用户通过用户名和密码与服务器进行连接的时候，服务器会优先查看 user 表。

user 表的结构中，host 是主机名，user 是用户名，password 是密码，主键是（host, user），如图 11-1 所示。host 指定了允许用户登录所使用的 IP。host 的取值可以是多种形式，例如，host 的值为 % 时指定用户能匹配所有主机；值为 192.168.1.% 时指定用户能匹配 192.168.1 网段的所有主机；值为 192.168.1.1% 时指定用户只能匹配 IP 为 192.168.1.1 的主机；值为 localhost 时用户只能匹配本地主机。

对于身份认证，MySQL 是通过 IP 地址、用户名、密码联合进行确认的。同一个用户名在不同的 IP 地址登录系统，会被 MySQL 视为不同的用户。例如，root@localhost 表示用户 root 只能从本地（localhost）进行连接且密码正确才可以通过认证。此用户从其他任何主机对数据库进行的连接都将被拒绝。

由系统来判断连接的 IP 地址、用户名和密码是否存在于 user 表中，如果存在，则通过身份验证，该用户便可以连接服务器并进入第二个阶段，否则拒绝连接。

11.1.2 对通过认证的合法用户赋予相应的权限

MySQL 通过权限表控制用户对数据库的访问，权限表 user、db、table_priv、columns_priv 的权限范围依次递减。user 表不仅能限制用户连接服务器，还存储了所有用户的全局权限信息。db 表存储的是所有用户在数据库层的权限信息。tables_priv 表存储的是所有用户在表层的权限信息。columns_priv 表存储的是所有用户在列层的权限信息。

按照全局权限覆盖局部权限的原则，用户如果通过身份验证登录系统后，将按照 user、db、table_priv、columns_priv 的顺序得到数据库权限。

如果 user 表保存了该用户的全局权限，则该用户可以按照已有的全局权限来操作。如果 user 表中没有该用户的任何权限，系统将从 db 表中查找该用户是否有某个数据库的操作权限。如果有，则该用户可以按照已有的权限来操作该数据库。db 表的结构如图 11-2 所示。

Name	Type	Length	Decimals	Not Null	Virtual	Key	Comment
Host	char	255	0	✓		1	
User	char	32	0	✓		2	
Select_priv	enum	0	0	✓			
Insert_priv	enum	0	0	✓			
Update_priv	enum	0	0	✓			
Delete_priv	enum	0	0	✓			
Create_priv	enum	0	0	✓			
Drop_priv	enum	0	0	✓			
Reload_priv	enum	0	0	✓			
Shutdown_priv	enum	0	0	✓			
Process_priv	enum	0	0	✓			
File_priv	enum	0	0	✓			
Grant_priv	enum	0	0	✓			
References_priv	enum	0	0	✓			
Index_priv	enum	0	0	✓			
Alter_priv	enum	0	0	✓			
Show_db_priv	enum	0	0	✓			
Super_priv	enum	0	0	✓			
Create_tmp_table_priv	enum	0	0	✓			
Lock_tables_priv	enum	0	0	✓			
Execute_priv	enum	0	0	✓			
Repl_slave_priv	enum	0	0	✓			
Repl_client_priv	enum	0	0	✓			
Create_view_priv	enum	0	0	✓			
Show_view_priv	enum	0	0	✓			
Create_routine_priv	enum	0	0	✓			
Alter_routine_priv	enum	0	0	✓			
Create_user_priv	enum	0	0	✓			
Event_priv	enum	0	0	✓			
Trigger_priv	enum	0	0	✓			
Create_tablespace_priv	enum	0	0	✓			
ssl_type	enum	0	0	✓			
ssl_cipher	blob	0	0	✓			
x509_issuer	blob	0	0	✓			
x509_subject	blob	0	0	✓			
max_questions	int	0	0	✓			
max_updates	int	0	0	✓			
max_connections	int	0	0	✓			
max_user_connections	int	0	0	✓			
plugin	char	64	0	✓			
authentication_string	text	0	0				
password_expired	enum	0	0	✓			
password_last_changed	timestamp	0	0				
password_lifetime	smallint	0	0				
account_locked	enum	0	0	✓			
Create_role_priv	enum	0	0	✓			
Drop_role_priv	enum	0	0	✓			
Password_reuse_history	smallint	0	0				
Password_reuse_time	smallint	0	0				
Password_require_current	enum	0	0				
User_attributes	json	0	0				

图 11-1　user 表的结构

Name	Type	Length	Decimals	Not Null	Virtual	Key	Comment
Host	char	255	0	✓		1	
Db	char	64	0	✓		2	
User	char	32	0	✓		3	
Select_priv	enum	0	0	✓			
Insert_priv	enum	0	0	✓			
Update_priv	enum	0	0	✓			
Delete_priv	enum	0	0	✓			
Create_priv	enum	0	0	✓			
Drop_priv	enum	0	0	✓			
Grant_priv	enum	0	0	✓			
References_priv	enum	0	0	✓			
Index_priv	enum	0	0	✓			
Alter_priv	enum	0	0	✓			
Create_tmp_table_priv	enum	0	0	✓			
Lock_tables_priv	enum	0	0	✓			
Create_view_priv	enum	0	0	✓			
Show_view_priv	enum	0	0	✓			
Create_routine_priv	enum	0	0	✓			
Alter_routine_priv	enum	0	0	✓			
Execute_priv	enum	0	0	✓			
Event_priv	enum	0	0	✓			
Trigger_priv	enum	0	0	✓			

图 11-2　db 表的结构

如果 db 表中没有该用户对数据库的操作权限，系统将从 table_priv 表中查找该用户是否有某个表的操作权限。如果有，则该用户可以按照已有的权限来操作该表。tables_priv 表的结构如图 11-3 所示。

Name	Type	Length	Decimals	Not Null	Virtual	Key	Comment
Host	char	255	0	☑	☐	1	
Db	char	64	0	☑	☐	2	
User	char	32	0	☑	☐	3	
Table_name	char	64	0	☑	☐	4	
Grantor	varchar	288	0	☑	☐		
Timestamp	timestamp	0	0	☑	☐		
Table_priv	set	0	0	☑	☐		
Column_priv	set	0	0	☑	☐		

图 11-3　tables_priv 表的结构

如果 tables_priv 表中没有该用户对表的操作权限，则系统将从 columns_priv 表中查找该用户是否有某特定列的操作权限。columns_priv 表的结构如图 11-4 所示。

Name	Type	Length	Decimals	Not Null	Virtual	Key	Comment
Host	char	255	0	☑	☐	1	
Db	char	64	0	☑	☐	2	
User	char	32	0	☑	☐	3	
Table_name	char	64	0	☑	☐	4	
Column_name	char	64	0	☑	☐	5	
Timestamp	timestamp	0	0	☑	☐		
Column_priv	set	0	0	☑	☐		

图 11-4　columns_priv 表的结构

11.2　用户管理

MySQL 是一个多用户管理的数据库，可以为不同用户分配不同的权限。MySQL 的用户分为 root 用户和普通用户，其中，root 用户为超级管理员，拥有所有权限，而普通用户只拥有指定的权限。

11.2.1　创建用户

CREATE USER 语句可用来创建用户，其基本的语法格式为：

```
CREATE USER [IF NOT EXISTS]
'username'@'client_host' IDENTIFIED BY 'password';
```

参数：

（1）username：创建的用户名。

（2）client_host：允许用户连接的主机。

（3）password：用户的登录密码。

例 11-1　创建用户 user1，密码为 123456。

```
CREATE USER 'user1'@'localhost' IDENTIFIED BY '123456';
```

CREATE USER 语句会在 mysql.user 表中创建一行，如果没有指定的内容会使用默认值。在 MySQL 数据库的 user 表中可以查看用户及对应的 host：

```
SELECT user, host FROM mysql.user;
```

从查询结果中我们可以看到新创建的用户 user1，如图 11-5 所示。

新创建的用户还没有被分配相应的权限。

user	host
mysql.infoschema	localhost
mysql.session	localhost
mysql.sys	localhost
root	localhost
user1	localhost

图 11-5　用户列表示例（user 1）

例 11-2　对 IP 地址为 10.19.201.30 的主机创建用户 user2，密码为 123456。

```
CREATE USER 'user2'@'10.19.201.30' IDENTIFIED BY '123456';
```

CREATE USER 语句会在 mysql.user 表中创建一行，如果没有指定的内容会使用默认值。在 MySQL 数据库的 user 表中可以查看用户及对应的 host：

```
SELECT user, host FROM mysql.user;
```

从查询结果中我们可以看到新创建的用户 user2，如图 11-6 所示。

新创建的用户也还没有被分配相应的权限，因此无法进行任何操作。

user	host
user2	10.19.201.30
mysql.infoschema	localhost
mysql.session	localhost
mysql.sys	localhost
root	localhost
user1	localhost

图 11-6　用户列表示例（user 2）

11.2.2　修改用户密码

ALTER USER 语句用于修改普通用户的密码。其基本的语法格式为：

```
ALTER USER [IF EXISTS]
'username'@'client_host' IDENTIFIED BY 'newpassword';
```

例 11-3　把 user1 的密码改为 123。

```
ALTER USER 'user1'@'localhost' IDENTIFIED BY '123';
```

11.2.3　修改用户名

RENAME USER 语句用于修改普通用户名。其基本的语法格式为：

```
RENAME USER old_user TO new_user
    [, old_user TO new_user] …
```

例 11-4　把 user1 的用户名改为 Zhouping。

```
RENAME USER 'user1'@'localhost' TO 'Zhouping'@'localhost';
```

11.2.4 删除用户

DROP USER 语句用于删除用户。其基本的语法格式为：

```
DROP USER [IF EXISTS] user [, user] …
```

例 11-5 删除用户 Zhouping。

```
DROP USER 'Zhouping'@'localhost';
```

11.3 权限管理

MySQL 使用 GRANT 语句和 REVOKE 语句管理用户权限。

11.3.1 授权

GRANT 语句用于向用户授权。其基本的语法格式为：

```
GRANT priv_type [(column_list)]
        [, priv_type [(column_list)]]…
    ON priv_level
    TO user [, user]…
    [WITH GRANT OPTION]

priv_level: {*.* | db_name.* | db_name.tbl_name | tbl_name | db_name.routine_name}
```

参数：

（1）priv_type 权限类型。同时赋予多个权限时，权限之间使用逗号分开。除了 CREATE、ALTER、DROP、INSERT、DELETE、UPDATE 等权限外，ALL 代表完整权限，USAGE 权限是创建一个用户之后的默认权限，除了连接登录权限外没有其他任何权限。

（2）priv_level：级别权限 MySQL 支持三种级别的权限管理，即全局性权限、数据库级别的权限和数据库对象级别的权限。其中，全局性权限能在整个 MySQL 服务器上控制访问权限，使用 *.*。数据库级别的权限在指定的一个或多个数据库上控制访问权限，使用 db_name.*。数据库对象级别的权限在指定的数据库对象上（表、索引、视图、存储过程等）控制访问权限：使用 db_name. tbl_name 在指定数据库的特定表上控制访问权限；使用 db_name.routine_name 在指定的存储过程或存储函数上控制访问权限。

（3）WITH GRANT OPTION：该账户可以为其他账户分配权限。

修改完权限以后需要重启服务或用 FLUSH PRIVILEGES 语句刷新服务。

11.3.2 收回权限

REVOKE 语句用于收回权限。其基本的语法格式为：

```
REVOKE priv_type [(column_list)]
    [, priv_type [(column_list)]] …
    ON [object_type] priv_level
    FROM user [, user] …
```

参数同 GRANT 语句。

例 11-6　已知某用户的用户名为 user1，host 为 localhost，密码为 123456。对其进行授权和权限收回。

```
GRANT ALL ON *.* TO user1@'localhost';
REVOKE ALL ON *.* FROM user1@'localhost';
```

不管是在授权还是收回授权的语句中，@ 后面的内容不能为空，因为这两个语句是在操作 MySQL 数据库中的 user 表，user 表的主键是（user, host），host 不允许为 NULL。

例 11-7　数据库级的授权和收回：让用户 user1 和 user2 先拥有校园卡管理数据库的所有操作权限，然后收回权限。

```
GRANT ALL ON cardmanagement.* TO 'user1'@'localhost' ;
REVOKE ALL ON cardmanagement.* FROM 'user1'@'localhost';
GRANT ALL ON cardmanagement.* TO 'user2'@'10.19.201.30' ;
REVOKE ALL ON cardmanagement.* FROM 'user1'@'10.19.201.30';
```

例 11-8　授予用户 user1 校园卡管理数据库中 salebill 表的 INSERT、UPDATE、SELECT 权限，随后收回该用户对 salebill 表的 UPDATE 权限。

```
GRANT INSERT, UPDATE, SELECT ON cardmanagement.salebill TO 'user1'@'localhost';
```

再次以 user1 的身份登录 MySQL，登录界面如图 11-7 所示。

然后以 user1 的身份连接服务器，对 salebill 表进行查询、插入、修改、删除操作。校园卡管理数据库中只有 salebill 表是对其可见的，并且该账户可以对 salebill 表进行 SELECT、INSERT、UPDATE 操作，但是 DELETE 操作会被拒绝，因为用户 user1 没有 salebill 表的数据删除权限，如图 11-8 所示。

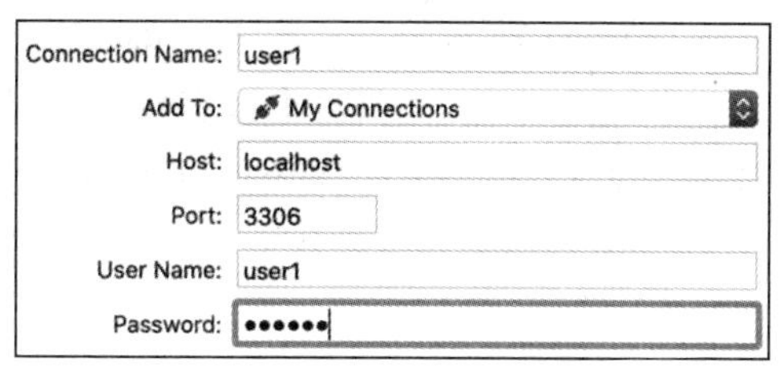

图 11-7　用户 user1 登录 MySQL

sql	message
SELECT * FROM salebill	OK
INSERT INTO salebill VALUES(20, 'C00005', 'B002',15,'2021-01-04')	Affected rows: 1
UPDATE salebill SET payamount=20 WHERE number=20	Affected rows: 1
DELETE FROM salebill WHERE CID='C0005'	1142 - DELETE command denied to user 'user1'@'localhost' for table 'salebill',

图 11-8　表级授权示例

收回用户 user1 对 salebill 表的 UPDATE 权限：

```
REVOKE UPDATE on cardmanagement.salebill FROM 'user1'@'localhost';
```

REVOKE 语句执行成功后，user1 再次修改 salebill 表时会出错，系统提示信息如图 11-9 所示。

sql	message
UPDATE salebill SET payamount=15 WHERE number=20	1142 - UPDATE command denied to user 'user1'@'localhost' for table 'salebill',

图 11-9　收回表级权限示例（user 1）

例 11-9　授予用户 user2 校园卡管理数据库中 salebill 表的 INSERT、UPDATE、SELECT 权限，随后收回该用户对 salebill 表的 UPDATE 权限。

```
GRANT INSERT, UPDATE, SELECT ON cardmanagement.salebill TO 'user2'@'10.19.201.30';
```

在 IP 地址为 10.19.201.30 的主机上以 user2 的身份登录 MySQL，登录界面如图 11-10 所示。需要注意的是，连接的主机地址为数据库所在主机的 IP 地址（10.19.201.30），而不是当前进行连接操作的主机 IP 地址（10.19.205.236），然后在 IP 地址为 10.19.201.30 的主机以 user2 的身份连接数据库，如果长时间无法连接，有可能是由于数据库所在主机的防火墙或者安全软件阻止了 user2 的连接，可尝试关闭数据库所在主机的安全软件和防火墙，并且尝试在 user2 所在主机的命令行上进行 ping 操作，如果可以连通，则可以进行数据库的连接，如图 11-11 所示。

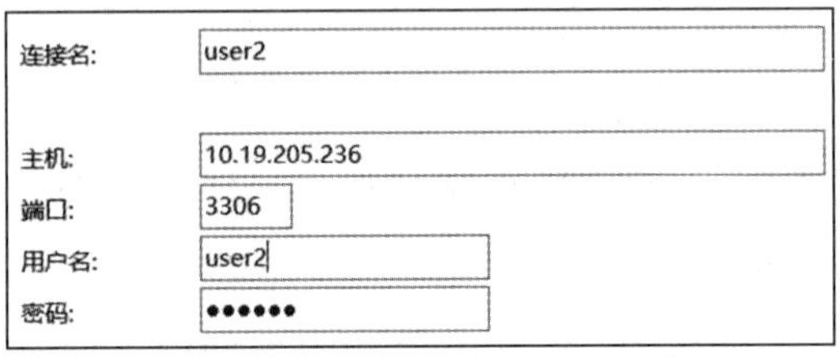

```
连接名:   user2

主机:     10.19.205.236
端口:     3306
用户名:   user2
密码:     ••••••
```

图 11-10　用户 user2 登录 MySQL

```
C:\Users\Lenovo>ping 10.19.205.236

正在 Ping 10.19.205.236 具有 32 字节的数据:
来自 10.19.205.236 的回复: 字节=32 时间=10ms TTL=127
来自 10.19.205.236 的回复: 字节=32 时间=67ms TTL=127
来自 10.19.205.236 的回复: 字节=32 时间=23ms TTL=127
来自 10.19.205.236 的回复: 字节=32 时间=9ms TTL=127

10.19.205.236 的 Ping 统计信息:
    数据包: 已发送 = 4, 已接收 = 4, 丢失 = 0 (0% 丢失),
往返行程的估计时间(以毫秒为单位):
    最短 = 9ms, 最长 = 67ms, 平均 = 27ms
```

图 11-11　ping IP 检验是否可以连接

同 user1 的例子，登录用户 user2 可以对 salebill 表进行查询、插入、修改、删除操作。在校园卡管理数据库中只有 salebill 表是对其可见的，并且该账户可以对 salebill 表进行 SELECT、INSERT、UPDATE 操作，但是 DELETE 操作会被拒绝，因为用户 user1 没有 salebill 表的数据删除权限，如图 11-12 所示。

```
SELECT * FROM salebill
> OK
> 时间: 0.009s


INSERT INTO salebill VALUES(20,'C00005','B002',15,'2021-01-04')
> Affected rows: 1
> 时间: 0.017s


UPDATE salebill SET payamount=20 WHERE number=20
> Affected rows: 1
> 时间: 0.008s


DELETE FROM salebill WHERE CID='C00005'
> 1142 - DELETE command denied to user 'user2'@'10.19.201.30' for table 'salebill'
> 时间: 0.005s
```

图 11-12　user2 的操作结果

收回用户 user2 对 salebill 表的 UPDATE 权限：

```
REVOKE UPDATE on cardmanagement.salebill FROM 'user2'@'10.111.201.30';
```

REVOKE 语句执行成功后，user2 再次修改 salebill 表时会出错，系统提示信息如图 11-13 所示。

```
UPDATE salebill SET payamount=20 WHERE number=20
> 1142 - UPDATE command denied to user 'user2'@'10.19.201.30' for table 'salebill'
> 时间: 0.032s
```

图 11-13　收回表级权限示例（user 2）

例 11-10　先授予用户 user1 具有 card 表的 CID 列和 balance 列的 SELECT 权限，然后收回该用户对 CID 列和 balance 列的 SELECT 权限。

```
GRANT SELECT (CID, balance) ON cardmanagement.card TO 'user1'@'localhost' ;
```

授权后，用户 user1 可以查看 card 表的 CID 列和 balance 列的值，但无权查看其他列的数据，执行结果如图 11-14 所示。

sql	message
SELECT CID,balance FROM card	OK
SELECT * FROM card	1142 - SELECT command denied to user 'user1'@'localhost' for table 'card'

图 11-14　列级权限授权示例

```
REVOKE SELECT (CID, balance) ON cardmanagement.card FROM
'user1'@'localhost';
```

REVOKE 语句执行成功后，用户 user1 再查看 card 表的 CID 列和 balance 列时会出错，系统提示信息如图 11-15 所示。

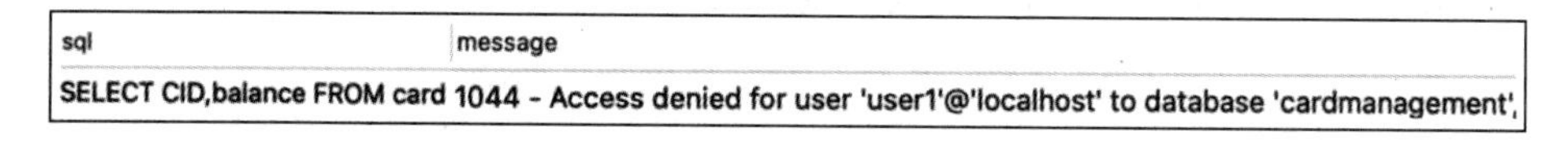

sql	message
SELECT CID,balance FROM card	1044 - Access denied for user 'user1'@'localhost' to database 'cardmanagement',

图 11-15　收回列级权限示例

11.4　角色管理

如果多个用户的权限相同，是否可以简化用户的权限管理呢？数据库管理系统引入了角色的概念。角色是数据库中具有相同权限的一组用户。使用角色可以把很多用户统一成一个整体，以方便管理。

11.4.1　创建角色

CREATE ROLE 语句用于创建角色。其基本的语法格式为：

```
CREATE ROLE [IF NOT EXISTS] role [, role] …
```

参数：

（1）role：角色名。角色名和账户名相同，也是名字+host，如果没有写host，默认为'%'。

（2）IF NOT EXISTS：创建一个已经存在的角色，默认情况下会发生错误；如果提供了IF NOT EXISTS子句，则不会报错。

例 11-11 创建三个角色，角色名分别为admin、creator和reader。

```
CREATE ROLE 'admin', 'creator', 'reader';
```

该语句执行后，系统中新增了三个角色，如图11-16所示。

Name	User	Host
admin@%	admin	%
creator@%	creator	%
mysql.infoschema@localhost	mysql.infoschema	localhost
mysql.session@localhost	mysql.session	localhost
mysql.sys@localhost	mysql.sys	localhost
reader@%	reader	%
root@localhost	root	localhost
user1@localhost	user1	localhost

图 11-16 新增三个角色

再次执行该语句，因为角色名已经存在，故系统会报错，如图11-17所示。

sql	message
CREATE ROLE 'admin', 'creator', 'reader'	1396 - Operation CREATE ROLE failed for 'admin'@'%','creator'@'%','reader'@'%'

图 11-17 已有同名角色时系统报错

在语句中增加IF NOT EXISTS子句后再执行。

```
CREATE ROLE IF NOT EXISTS 'admin', 'creator', 'reader';
```

虽然角色名已经存在，但是增加IF NOT EXISTS子句后系统不会提示错误。

11.4.2 为角色授权

为角色授权时使用GRANT语句。其基本的语法格式如下：

```
GRANT priv_type [(column_list)]
    [, priv_type [(column_list)]] …
    ON priv_level
    TO role [,role] …
    [WITH GRANT OPTION]
```

参数同给用户授权的GRANT语句。

例 11-12 给cardmanagement数据库中所有表的所有权限。

```
GRANT ALL ON cardmanagement.* TO 'admin';
```

例 11-13　给 cardmanagement 数据库中所有表的查询权限。

```
GRANT SELECT ON cardmanagement.* TO 'reader';
```

例 11-14　给 cardmanagement 数据库中所有表的修改权限。

```
GRANT INSERT, UPDATE, DELETE ON cardmanagement.* TO 'creator';
```

11.4.3　收回角色权限

收回角色权限时使用 REVOKE 语句。其基本的语法格式如下：

```
REVOKE priv_type [(column_list)]
    [, priv_type [(column_list)]] …
    ON [object_type] priv_level
    FROM role [,role] …
```

参数同给用户权限收回的 REVOKE 语句。

例 11-15　收回 creator 角色的权限。

```
REVOKE INSERT, UPDATE, DELETE ON cardmanagement.* FROM 'creator';
```

11.4.4　赋予用户角色

角色的权限分配完成后，可以将角色赋予一个或多个用户，用户成为该角色的成员并获得该角色的所有权限。当角色的权限更新时，拥有该角色的用户的权限也会随之更新。

使用 GRANT 语句赋予用户角色，其基本的语法格式为：

```
GRANT role [, role] …
    TO user [, user] …
    [WITH ADMIN OPTION]
```

赋予角色和赋予权限的语句都是 GRANT 开头的，区别在于是否有 ON 子句，所以角色和权限需要分成不同的语句来授予。

例 11-16　先创建六个用户，然后分别为用户赋予角色。

```
CREATE USER 'adm1'@'localhost' IDENTIFIED BY 'adm1123456';
CREATE USER 'read_user1'@'localhost' IDENTIFIED BY 'r_user1123';
CREATE USER 'read_user2'@'localhost' IDENTIFIED BY 'r_user2123';
CREATE USER 'rw_user1'@'localhost' IDENTIFIED BY 'rw_user1123';
CREATE USER 'rw_user2'@'localhost' IDENTIFIED BY 'rw_user2123';
CREATE USER 'rw_user3'@'10.19.201.30' IDENTIFIED BY 'rw_user2123';
GRANT 'admin' TO 'adm1'@'localhost';
GRANT 'reader' TO 'read_user1'@'localhost', 'read_user2'@'localhost';
GRANT 'reader', 'creator' TO 'rw_user1'@'localhost', 'rw_user2'@'localhost', 'rw_
   user3'@'10.19.201.30';
```

11.4.5 查看角色的权限

使用 SHOW GRANTS 语句可以查看用户或角色的权限。其基本的语法格式为：

```
SHOW GRANTS [FOR user_or_role [USING role [, role] …]]
```

例 11-17 查看用户 adm1 的权限。

```
SHOW GRANTS FOR 'adm1'@'localhost';
```

语句的执行结果如图 11-18 所示。

例 11-18 查看角色 creator 的权限。

```
SHOW GRANTS FOR 'creator';
```

语句的执行结果如图 11-19 所示。

Grants for adm1@localhost
GRANT USAGE ON *.* TO \`adm1\`@\`localhost\`
GRANT \`admin\`@\`%\` TO \`adm1\`@\`localhost\`

图 11-18 查看用户权限示例

Grants for creator@%
GRANT USAGE ON *.* TO \`creator\`@\`%\`
GRANT INSERT, UPDATE, DELETE ON \`cardmanagement\`.* TO \`creator\`@\`%\`

图 11-19 查看角色权限示例

例 11-19 查看用户 adm1 及其拥有的角色对应的权限。

```
SHOW GRANTS FOR 'adm1'@'localhost' USING 'admin';
```

语句的执行结果如图 11-20 所示。

Grants for adm1@localhost
GRANT USAGE ON *.* TO \`adm1\`@\`localhost\`
GRANT ALL PRIVILEGES ON \`cardmanagement\`.* TO \`adm1\`@\`localhost\`
GRANT \`admin\`@\`%\` TO \`adm1\`@\`localhost\`

图 11-20 同时查看用户及其拥有的角色权限示例

例 11-20 如果用户拥有多个角色，查看用户权限时将多个角色名之间用逗号分开。查看用户 rw_user1 及其拥有的两个角色对应的权限。

```
SHOW GRANTS FOR 'rw_user1'@'localhost' USING 'reader', 'creator';
```

语句的执行结果如图 11-21 所示。

Grants for rw_user1@localhost
GRANT USAGE ON *.* TO \`rw_user1\`@\`localhost\`
GRANT SELECT, INSERT, UPDATE, DELETE ON \`cardmanagement\`.* TO \`rw_user1\`@\`localhost\`
GRANT \`creator\`@\`%\`,\`reader\`@\`%\` TO \`rw_user1\`@\`localhost\`

图 11-21 用户 rw_user1 及其拥有的两个角色对应的权限

11.4.6 收回用户的角色

使用 REVOKE 语句可以收回用户的角色，其基本的语法格式为：

```
REVOKE role [, role] ... FROM user [, user] …
```

例 11-21　收回用户 rw_user1 的 creator 角色。

```
REVOKE ' creator' FROM 'rw_user1'@'localhost';
```

查看角色收回后该用户的权限：

```
SHOW GRANTS FOR 'rw_user1'@'localhost';
```

用户 rw_user1 的 creator 角色收回后，通过该角色赋予用户的权限也一并收回了，其他角色赋予该账户的权限不变。权限更新结果如图 11-22 所示。

Grants for rw_user1@localhost
GRANT USAGE ON *.* TO \`rw_user1\`@\`localhost\`
GRANT SELECT ON \`cardmanagement\`.* TO \`rw_user1\`@\`localhost\`
GRANT \`reader\`@\`%\` TO \`rw_user1\`@\`localhost\`

图 11-22　rw_user1 更新后的用户权限

11.4.7　角色和用户的权限互换

MySQL 中角色和用户的权限是可以互换的，除了可以把角色的权限赋予用户外，还可以把角色的权限赋予其他角色、用户的权限赋予其他用户、用户的权限赋予角色。

例 11-22　举例说明角色和用户的权限互换。创建新用户 user1 和新角色 role1，把用户 read_user1 和角色 creator 的权限赋予新用户或者新角色。

```
CREATE USER 'user1';
CREATE ROLE 'role1';
GRANT 'read_user1'@'localhost', 'creator' TO 'user1', 'role1';
```

语句执行的效果如图 11-23 和图 11-24 所示。

```
SHOW GRANTS FOR 'user1'@'%' USING 'creator';
SHOW GRANTS FOR 'role1' USING 'creator';
```

Grants for user1@%
GRANT USAGE ON *.* TO \`user1\`@\`%\`
GRANT INSERT, UPDATE, DELETE ON \`cardmanagement\`.* TO \`user1\`@\`%\`
GRANT \`creator\`@\`%\`,\`read_user1\`@\`localhost\` TO \`user1\`@\`%\`

图 11-23　用户 user1 的权限

Grants for role1@%
GRANT USAGE ON *.* TO \`role1\`@\`%\`
GRANT INSERT, UPDATE, DELETE ON \`cardmanagement\`.* TO \`role1\`@\`%\`
GRANT \`creator\`@\`%\`,\`read_user1\`@\`localhost\` TO \`role1\`@\`%\`

图 11-24　角色 role1 的权限

11.4.8 激活角色

角色拥有的权限需要激活才能行使。如果不激活，用户依然没有行使该角色的权限。MySQL 使用 SET DEFAULT ROLE 设置默认激活的角色，这样用户在登录的时候，这些角色会自动被激活。也可以使用 SET ROLE 语句设置在当前会话中激活哪些角色。

1. 设置默认激活的角色

使用 SET DEFAULT ROLE 设置默认激活的角色，语法格式为：

```
SET DEFAULT ROLE {NONE | ALL | role [, role] …}
    TO user [, user] …
```

参数：

（1）NONE：该账户中没有角色被默认激活。

（2）ALL：该账户的所有角色被默认激活。

（3）role：该账户中指定的角色被默认激活。

（4）user：账户名。

例 11-23 为指定账户默认激活所有已拥有的角色。

```
SET DEFAULT ROLE ALL TO
    'adm1'@'localhost', 'read_user1'@'localhost', 'read_user2'@'localhost',
        'rw_user1'@'localhost', 'rw_user2'@'localhost';
```

以其中任何一个账户登录 MySQL，查看当前角色。

```
SELECT CURRENT_ROLE();
```

账户拥有的角色都处于激活状态，可以行使相关权限，如图 11-25 所示。

例 11-24 设置指定账户登录系统时没有默认激活的角色。

```
SET DEFAULT ROLE NONE TO
    'adm1'@'localhost', 'read_user1'@'localhost', 'read_user2'@'localhost', 'rw_
        user1'@'localhost', 'rw_user2'@'localhost';
```

以其中任何一个账户登录 MySQL，查看当前角色。

```
SELECT CURRENT_ROLE();
```

查询结果显示账户拥有的角色都没有被激活，如图 11-26 所示。

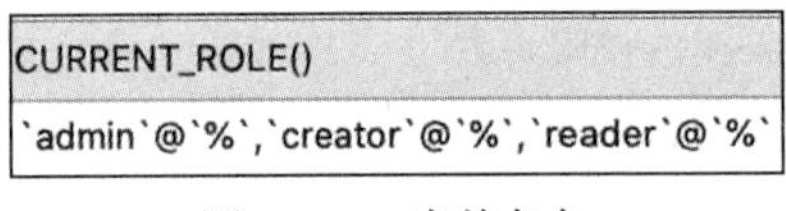

CURRENT_ROLE()
\`admin\`@\`%\`,\`creator\`@\`%\`,\`reader\`@\`%\`

图 11-25 当前角色

CURRENT_ROLE()
NONE

图 11-26 没有被激活的角色

2. 运行时激活

使用 SET ROLE 语句设置当前账户的角色，语法格式为：

```
SET ROLE {DEFAULT | NONE | ALL
    | ALL EXCEPT role [, role] …
    | role [, role] …}
```

参数：

（1）DEFAULT：将当前账户中的活动角色设置为当前账户的默认角色。

（2）NONE：当前账户中无角色被激活。

（3）ALL：当前账户的所有角色被激活。

（4）ALL EXCEPT role [, role] …：除指定的角色外，该账户的其他角色都被激活。

（5）role [, role] …：指定当前账户被激活的角色。

例 11-25　激活当前账户的 reader 角色。

```
SET ROLE 'reader';
```

语句的执行结果如图 11-27 所示。

CURRENT_ROLE()
\`reader\`@\`%\`

图 11-27　当前账户的 reader 角色被激活

例 11-26　激活除 admin 以外的所有角色。

```
SET ROLE ALL EXCEPT 'admin';
```

语句的执行结果如图 11-28 所示。

CURRENT_ROLE()
\`creator\`@\`%\`,\`reader\`@\`%\`

图 11-28　除 admin 以外的所有角色被激活

例 11-27　激活当前账户的所有角色。

```
SET ROLE ALL;
```

语句的执行结果如图 11-29 所示。

CURRENT_ROLE()
\`admin\`@\`%\`,\`creator\`@\`%\`,\`reader\`@\`%\`

图 11-29　当前账户的所有角色被激活

11.4.9　删除角色

DROP ROLE 语句用于删除角色。其基本的语法格式为：

```
DROP ROLE [IF EXISTS] role [, role] …
```

例 11-28　删除角色 reader 和 creator。

```
DROP ROLE 'reader', 'creator';
```

C H A P T E R 1 2

第12章

数据库的并发控制

学习目标

- 本章介绍事务与事务调度，并发控制技术及死锁的预防与处理方法。

开篇案例

詹姆斯·格雷（James Gray）是图灵奖历史上，继数据技术的先驱查尔斯·巴赫曼和关系型数据库之父埃德加·科德之后，第三位因在推动数据库技术的发展中做出重大贡献而获此殊荣的学者。图灵奖奖励他为数据库技术和“事务处理”做出的贡献。

格雷进入数据库领域时，关系型数据库的基本理论已经成熟，但许多大公司在关系型数据库管理系统的实现和产品开发中，都遇到了一系列技术问题，主要是在数据库的规模越来越大，数据库的结构越来越复杂，有越来越多的用户共享数据库的情况下，如何保障数据的完整性（Integrity）、安全性（Security）、并行性（Concurrency），以及一旦出现故障后，数据库如何实现从故障中恢复（Recovery）。这些问题如果不能圆满解决，无论哪个公司的数据库产品都无法顺畅使用，最终不能为用户所接受。正是在解决这些重大的技术问题，使数据库管理系统发展成熟并顺利进入市场的过程中，格雷以他的聪明才智成为该技术领域公认的权威。他的研究成果反映在他发表的一系列论文和研究报告之中，最后结晶为专著 *Transaction Processing: Concepts and Techniques*（另一作者为德国斯图加特大学的 A. Reuter 教授）。事务处理技术虽然诞生于数据库研究，但对于分布式系统，client/server 结构中的数据管理与通信，容错和高可靠性系统，同样具有重要的意义。

格雷于1993年在微软的“湾区研究中心”担任主管，领导一个研制小组开发出 MS SQL Server7.0，成为微软历史上一个里程碑式的版本，也成为当今关系型数据库市场上的佼佼者。

资料来源：文字根据网络资料整理得到。

12.1 事务概述

12.1.1 事务的概念

数据库的某些操作不能分割。例如，学生持校园卡在商户消费似乎是一个独立的操作，但在数据库系统中却是由以下两个步骤组成的，首先从校园卡 A 的余额中减去 *m*，然后将金额 *m* 加到商户 B 的营业额中。消费开始之前和完成之后，校园卡 A 的余额与商户 B 的营业额之和应是不变的。如果校园卡 A 的余额被扣减后，系统出现故障或断电使商户 B 的营业额并没有增加，会造成总金额前后不一致的错误结果。

为了解决这类问题，在数据库中引入了事务的概念。所谓事务，是指一个不可分割的逻辑工作单元的操作集合。例如消费时，扣减校园卡余额和增加商户营业额这两个操作是一个事务中不可分割的逻辑工作单元。

12.1.2 事务的特性

为了保证数据库中的数据总是正确的，事务具有原子性（Atomic)、一致性（Consistent)、隔离性（Isolated）和持久性（Durable）等四个特性，简称事务的 ACID 特性。

1. 原子性

原子是化学反应中的基本微粒。数据库用原子性来描述事务是一个不可再分的逻辑工作单元。一个事务内的操作无论多么复杂，都要作为一个整体来执行，所有操作要么都执行，要么都不执行，不允许部分执行。例如，校园卡在商户消费的事务中，要么消费成功，校园卡 A 的余额减去 *m*，商户 B 的营业额增加 *m*；要么消费被取消，校园卡 A 的余额和商户 B 的营业额都不变，不会出现校园卡 A 的余额被扣减而商户 B 的营业额没有增加的情况。

2. 一致性

一致性是指一个事务执行成功或者部分执行的操作被撤销，事务执行前后的数据是一致的。例如，上述校园卡在商户消费的事务执行前后，校园卡 A 的余额和商户 B 的营业额之和是一致的。

3. 隔离性

数据库系统为了提高效率，允许多个事务并发执行。隔离性是指多个事务并发执行的结果与这些事务串行执行的结果是一样的。

4. 持久性

持久性是指事务一旦提交，其对数据的更新就反映在数据库中。

事务执行过程中，对数据所做的更新都会被记录在日志中。如果事务中途发生错误，日志会由后向前逐步撤销已经执行的事务操作，使数据恢复到事务执行前的状态，从而保证了事务的原子性、一致性。当事务成功执行并提交之后，事务中的所有操作不能再撤销，事务对数据所做的更新都将反映在数据库中，这样保证了事务的持久性。

关系型数据库管理系统通过并发控制支持事务的隔离性。当事务并发有可能造成数据不一致时，系统会采用封锁机制强制持有锁的事务和等待锁的事务隔离开来，保证事务并发时不会发生丢失修改、脏读、不可重复读等数据不一致的问题。

事务机制及事务的 ACID 特性使关系型数据库广泛应用在对事务一致性有要求的系统中。金融、证券、电力和电信运营商等行业的核心业务系统都离不开关系型数据库支撑。

12.1.3 事务模式

事务管理有三种模式：自动提交事务模式、显式事务模式和隐式事务模式。

1. 自动提交事务模式

自动提交事务模式是指每条单独的语句都是一个事务。每条 SQL 语句在成功执行后，都会被自动提交，如果遇到错误，则会自动回滚该语句。该模式为系统默认的事务管理模式。

2. 显式事务模式

显式事务模式是指应用程序通过指定事务启动和结束的时间来控制事务。MySQL 使用 START TRANSACTION、COMMIT、ROLLBACK、SET AUTOCOMMIT 等语句管理本地事务。其基本的语法格式为：

```
{START TRANSACTION | BEGIN [WORK]} [transaction_characteristic [,transaction_
    characteristic] …]
    [WITH CONSISTENT SNAPSHOT]
    {COMMIT | ROLLBACK}
    SET AUTOCOMMIT = {0 | 1}
```

参数：

（1）START TRANSACTION | BEGIN [WORK]：启动事务。BEGIN 或 BEGIN WORK 与 START TRANSACTION 的作用一样，都可以用来启动事务。其中，START TRANSACTION 是标准的 SQL 语法。

（2）WITH CONSISTENT SNAPSHOT：有该子句时数据库会将 START TRANSACTION 作为事务开始的时间点。没有该子句的情况下，数据库在执行 START TRANSACTION 之后的第一条语句时事务才真正开始。

（3）COMMIT：提交当前事务，使事务所做的数据更新永久生效。

（4）ROLLBACK：事务执行过程中遇到错误时，撤销事务中已经执行的操作，把数据库中的数据回滚到事务执行之前的状态或回滚到某一个指定位置。

（5）AUTOCOMMIT：会话变量，可以为每个事务设置提交模式。默认情况下 AUTO-

COMMIT = 1，MySQL 启用自动提交模式。这意味着事务中的每个语句都不能用 ROLLBACK 撤销语句执行的效果，就像每个语句都被 START TRANSACTION 和 COMMIT 包裹起来一样；如果在语句执行期间发生错误，则会回滚该语句。

（6）SET AUTOCOMMIT：该语句可以用来改变当前会话的提交模式。执行 SET AUTOCOMMIT = 0 后，系统将禁用语句的自动提交模式，必须使用 COMMIT 提交事务或使用 ROLLBACK 撤销事务。

例 12-1　在数据库中删除名称为“东一食堂”的商户信息。

在 business 表中删除该商户信息，在 salebill 表中删除与该商户相关的数据。两个表中的数据删除操作要么都执行，要么都不执行。事务可以满足这种原子性要求，将两个 DELETE 语句作为一个整体放在 START TRANSACTION 和 COMMIT 语句之间。只有执行到 COMMIT 语句时，数据库的更新操作才算确认。

```
START TRANSACTION;
    DELETE FROM salebill WHERE BID IN
    (SELECT BID FROM business WHERE bname = '东一食堂');
    DELETE FROM business WHERE bname = '东一食堂';
COMMIT;
```

事务提交后，business 表和 salebill 表中与“东一食堂”有关的行都被删掉了。

例 12-2　设更新前 C00001 校园卡的余额是 500 元，下列两个 SELECT 语句的查询结果分别是什么？

```
START TRANSACTION;
    UPDATE card SET balance = balance-80 WHERE CID='C00001';
    SELECT balance FROM card WHERE CID='C00001';
    ROLLBACK;
SELECT balance FROM card WHERE CID='C00001';
```

第一个 SELECE 语句查看到的是 UPDATE 语句执行后的数据，如图 12-1 所示。

第二个 SELECE 语句查看到的是 ROLLBACK 语句回滚事务后的结果，如图 12-2 所示。

balance
420

图 12-1　事务回滚前 C00001 校园卡的余额

balance
500

图 12-2　事务回滚后 C00001 校园卡的余额

ROLLBACK 语句执行后，把数据恢复到事务开始时的状态，C00001 校园卡的余额恢复到事务开始时的 500 元。

3. 隐式事务模式

数据定义语言中的 CREATE、ALTER、DROP、RENAME，权限管理中的 GRANT、REVOKE、SET PASSWORD 等语句会产生隐式提交操作，即在事务中执行完这些语句后会有一个隐式的 COMMIT 操作，直接提交该语句及其之前的语句。即使这些语句出现在 START TRANSACTION 与 ROLLBACK 之间，ROLLBACK 也无法撤销该语句及其之前的语句的操作结果。

例 12-3 分析下列 SELECT 语句的执行结果。

```
SHOW VARIABLES LIKE 'AUTOCOMMIT';
SET AUTOCOMMIT = 0;
START TRANSACTION;
    UPDATE salebill SET payamount = 30 WHERE number = '1';
    DELETE FROM salebill WHERE number = '2';
    DROP TABLE salebill;  //隐式提交
ROLLBACK;
SELECT * FROM salebill;
```

DROP TABLE 语句执行之后，该语句及其之前的语句已经隐式提交，ROLLBACK 失效。ROLLBACK 语句之后的 SELECT 语句的执行结果如图 12-3 所示，系统提示不存在 salebill 表。

sql	message
SELECT * FROM salebill	1146 - Table 'cardmanagement.salebill' doesn't exist

图 12-3 隐式提交后 salebill 表已被删除

例 12-4 分析下列 SELECT 语句的执行结果。

```
SET AUTOCOMMIT = 0;
START TRANSACTION;
    DROP TABLE IF EXISTS salebill;                //隐式提交
    CREATE TABLE salebill (number INT);           //隐式提交
    INSERT INTO salebill (number) values (1), (2), (3), (4);
    SELECT * FROM salebill;
ROLLBACK;
SELECT * FROM salebill;
```

ROLLBACK 之前的 SELECT 语句查询到的结果如图 12-4 所示。

ROLLBACK 之后的 SELECT 语句查询到的结果如图 12-5 所示。

number
1
2
3
4

图 12-4 事务回滚前 salebill 表的数据

number

图 12-5 事务回滚后 salebill 表的数据

读取到的是新建的 salebill 表，但是表中没有任何行。因为即使 AUTOCOMMIT = 0，隐式提交语句执行之后也会自动提交，删除 salebill 的语句执行后隐式提交，新建 salebill 的语句执行后也将隐式提交，ROLLBACK 对它们无效，但是向 salebill 表插入数据的语句会被回滚。

12.1.4　保存点

保存点（SAVEPOINT）是事务中的一个逻辑点，用于指定事务回滚的位置。结束事务时，系统将自动删除该事务中定义的所有保存点。

1. 定义保存点

SAVEPOINT 语句用于定义保存点。其语法格式为：

```
SAVEPOINT savepoint_name
```

参数：

savepoint_name：保存点的名称。

2. 回滚到保存点

ROLLBACK 语句除了可以将事务回滚到执行之前的状态并终止事务，还可以与保存点结合使用，将事务回滚到指定的保存点且不终止该事务的执行。其基本的语法格式为：

```
ROLLBACK TO [SAVEPOINT] savepoint_name
```

3. 删除保存点

RELEASE SAVEPOINT 语句的作用是从当前事务中删除指定名称的保存点，而不会引发事务的提交或回滚。其基本的语法格式为：

```
RELEASE SAVEPOINT savepoint_name
```

例 12-5　分析下列 SELECT 语句的查询结果。

```
DELETE FROM business;
INSERT INTO business VALUES('B001', '第一食堂');
INSERT INTO business VALUES('B002', '第二食堂');
SELECT * FROM business;           //第一个 SELECT 语句
START TRANSACTION;
    INSERT INTO business VALUES('B003', '百景园餐厅');
    SAVEPOINT a1;
    INSERT INTO business VALUES('B004', '学一超市 ');
    SAVEPOINT a2;
    INSERT INTO business VALUES('B005', '学二超市');
    SAVEPOINT a3;
    INSERT INTO business VALUES('B006','车队');
    SELECT * FROM business;       //第二个 SELECT 语句
ROLLBACK TO a3;
SELECT * FROM business;           //第三个 SELECT 语句
ROLLBACK TO a1;
SELECT * FROM business;           //第四个 SELECT 语句
ROLLBACK;
SELECT * FROM business;           //第五个 SELECT 语句
```

第一个 SELECT 语句显示事务开始时 business 表的数据，如图 12-6 所示。

第二个 SELECT 语句显示六个 INSERT 语句执行后的结果，如图 12-7 所示。

BID	bname
B001	第一食堂
B002	第二食堂

图 12-6 事务开始时 business 表的数据

BID	bname
B004	学一超市
B005	学二超市
B003	百景园餐厅
B001	第一食堂
B002	第二食堂
B006	车队

图 12-7 business 表插入六行数据

当回滚到保存点 a3 时，a3 之后的插入操作失效，但 a3 之前的操作依然有效。第三个 SELECT 语句显示的是回滚到保存点 a3，第六个 INSERT 语句回滚后，执行结果如图 12-8 所示。

当回滚到保存点 a1 时，a1 之后的插入操作失效，但 a1 之前的操作依然有效。第四个 SELECT 语句显示的是回滚到保存点 a1，保存点 a1 之后的第四个、第五个 INSERT 也回滚后，执行结果如图 12-9 所示。

BID	bname
B004	学一超市
B005	学二超市
B003	百景园餐厅
B001	第一食堂
B002	第二食堂

图 12-8 事务回滚到保存点 a3 后 business 表的数据

BID	bname
B003	百景园餐厅
B001	第一食堂
B002	第二食堂

图 12-9 事务回滚到保存点 a1 后 business 表的数据

ROLLBACK 语句执行后，事务的所有操作将失效，但事务之前的操作是具有持久性的。第五个 SELECT 语句显示的是回滚整个事务后，business 表恢复到初始事务开始时的状态，执行结果如图 12-10 所示。

BID	bname
B001	第一食堂
B002	第二食堂

图 12-10 事务回滚到开始状态后 business 表的数据

例 12-6 举例说明 RELEASE SAVEPOINT 语句的作用。

```
DELETE FROM business;
START TRANSACTION;
INSERT INTO business VALUES('B001', '第一食堂');
SAVEPOINT a1;
INSERT INTO business VALUES('B002', '第二食堂');
SAVEPOINT a2;
INSERT INTO business VALUES('B003', '百景园餐厅');
ROLLBACK TO a2;
RELEASE SAVEPOINT a1;      // 删除保存点 a1
INSERT INTO business VALUES('B004', '学一超市 ');
ROLLBACK TO a1;
    ROLLBACK;
```

删除保存点 a1 后执行 ROLLBACK TO a1 时，系统提示信息如图 12-11 所示。

sql	message
ROLLBACK TO a1	1305 - SAVEPOINT a1 does not exist,

图 12-11　保存点已被删除

12.2　并发事务与数据不一致

一间教室可以供多个学生同时上自习，但是同一时间只允许一个班上课，其他班只能等这个班下课后才能使用该教室，这样可以提高教室的利用率。数据库系统也支持事务的并发执行，即多个事务在同一时间操作同一数据对象。事务并发执行可以有效提高数据库系统的性能。

但是如果不对并发事务进行控制，有可能产生数据不一致的问题。常见的数据不一致问题有丢失或覆盖更新（Lost Update）、脏读（Dirty Read）、不可重复读（Non-repeatable Read）、幻影读（Phantom Read）。

12.2.1　丢失或覆盖更新

设在校园卡管理系统中，为卡号为 C00002 的校园卡充值 200 元，同时该卡在某商户消费了 10 元。如果活动序列如表 12-1 所示，数据库就会产生不一致性。

（1）事务 T_1 读取卡号为 C00002 的校园卡的余额。

（2）事务 T_2 读取卡号为 C00002 的校园卡的余额。

（3）事务 T_1 将该校园卡的余额增加 200 元。

（4）事务 T_2 将该校园卡的余额减少 10 元。

表 12-1　丢失或覆盖更新示例

事务 T_1	事务 T_2
START TRANSACTION;	
SELECT balance FROM card WHERE CID = 'C00002';	START TRANSACTION;
	SELECT balance FROM card WHERE CID = 'C00002';
UPDATE card SET balance = balance +200 WHERE CID = 'C00002';	
COMMIT;	UPDATE card SET balance = balance −10 WHERE CID = 'C00002';
	COMMIT;

由表 12-1 我们可以看出，如果对事务 T_1 和事务 T_2 不加以控制，事务 T_1 和事务 T_2 都会对 C00002 校园卡的余额进行更新。假如 C00002 校园卡的当前余额是 300 元，事务 T_1 提交后该卡余额本该更新为 500 元，但是在事务 T_2 提交后该卡余额更新为 290 元，事务 T_2 覆盖了事务 T_1 的结果，或者说事务 T_1 的修改丢失了。

这类数据不一致问题被称为丢失或覆盖更新（Lost Update），即当两个或多个事务并发更新同一数据时，最后的更新将覆盖掉之前其他事务所做的更新。

12.2.2 脏读

设校园卡管理数据库中，事务 T_1 为卡号为 C00002 的校园卡充值 200 元，在事务 T_1 结束之前，事务 T_2 读取该卡的余额，之后事务 T_1 撤销了对该卡余额的修改。这时事务 T_2 读到的只是事务 T_1 执行过程中的临时数据，并非数据库中持久生效的数据，如表 12-2 所示。

表 12-2 脏读示例

事务 T_1	事务 T_2
START TRANSACTION;	
UPDATE card SET balance = balance +200 WHERE CID = 'C00002';	START TRANSACTION;
	SELECT balance FROM card WHERE CID = 'C00002';
ROLLBACK	

这类数据不一致问题被称为脏读（Dirty Read），即一个事务读取了另一个未提交的并发事务写的数据。

12.2.3 不可重复读

设事务 T_1 先读取 C00002 校园卡的余额，接着事务 T_2 记录该卡的一次消费，将卡余额减少 50 元。这时当事务 T_1 再次读取该卡余额时，读取的值与第一次读取的值已经不一致了，如表 12-3 所示。

表 12-3 不可重复读示例

事务 T_1	事务 T_2
START TRANSACTION;	
SELECT balance FROM card WHERE CID = 'C00002';	START TRANSACTION;
	UPDATE card SET balance = balance −50 WHERE CID = 'C00002';
SELECT balance FROM card WHERE CID = 'C00002';	

这类数据不一致问题被称为不可重复读（Non-repeatable Read），即一个事务读取数据后，没有对该数据做任何修改，但再次读取该数据时，读到的是与第一次不同的值，因为在两次读操作之间另一事务对该数据做了修改。

12.2.4 幻影读

设事务 T_1 从数据库中读取某些数据记录后未提交查询结果，期间事务 T_2 插入了新的记录，当事务 T_1 再次按相同条件读取数据时，发现某些数据神秘地出现了。如在表 12-4 的例子中事务 T_1 按照相同的查询条件读取两次，读取的结果却是不同的，第二次读取的结果中多了事务 T_2 插入的记录。

表 12-4　幻影读示例

事务 T_1	事务 T_2
START TRANSACTION;	
SELECT * FROM salebill WHERE CID = 'C00002';	START TRANSACTION;
	INSERT INTO salebill (CID, BID, payamount, saledate) VALUES ('12', 'C00002', 'M006',8, '2020-07-01');
SELECT * FROM salebill WHERE CID = 'C00002';	

这种数据不一致问题被称为幻影读（Phantom Read），即一个事务在提交查询结果之前，另一个事务插入数据，导致同样的查询条件得到的查询结果中增加了新数据。

不可重复读和幻影读的区别在于，不可重复读是指相同查询条件下读取的同一个数据值发生改变，幻影读是指相同查询条件下读取到了新的数据。

因此数据库管理系统采用并发控制来保证事务的隔离性和一致性。

12.3　基于锁的并发控制技术

基于锁的并发控制技术是指事务 T 在对某个数据对象（例如表、行等）操作之前，先向系统发出请求，对其加锁。加锁后事务 T 就对该数据对象有了一定的控制，直到事务 T 释放该锁。基于锁的并发控制技术可以有效保证事务集中每个事务的隔离性，从而保证事务并发执行结果的正确性。

12.3.1　锁的基本类型

锁代表了对该数据项的访问权限。事务对数据的操作有 SELECT、UPDATE、INSERT、DELETE 操作，其中 SELECT 不改变数据的值，称为读操作；后三者会改变数据的值，称为写操作。根据读写数据的权限不同，锁分为共享锁和排他锁两种类型。

1. 共享锁

共享锁（Share Lock），又称读锁、S 锁，是指如果事务 T 对数据对象 A 加上共享锁且没有释放共享锁之前，事务 T 可以读 A 但不可以写 A，其他事务只能再对 A 加共享锁但不能加排他锁，直到事务 T 释放 A 上的共享锁。

2. 排他锁

排他锁（Exclusive Lock），又称写锁、独占锁、X 锁，是指如果事务 T 对数据对象 A

加上排他锁且没有释放排他锁之前，事务 T 可以读 A 也可以写 A，其他事务不能再对 A 加任何锁，直到事务 T 释放 A 上的排他锁。

锁的相容矩阵如表 12-5 所示，其中"√"表示相容的请求，"×"表示互斥的请求。

表 12-5 锁的相容矩阵

锁类型	S 锁	X 锁	无锁
S 锁	√	×	√
X 锁	×	×	√
无锁	√	√	√

关系型数据库并发控制的原理是当事务访问某一个数据对象时需要先向数据库管理系统申请对该数据对象加锁。如果事务只对该数据进行读操作，就申请对该数据对象加 S 锁；如果事务需要对该数据进行写操作，就申请对该数据对象加 X 锁。如果申请成功，则事务获得了对该数据相应的操作权限；当事务对数据的操作完成以后，需要释放它所占用的锁，解锁后的数据允许其他事务加锁并访问。

MyISAM 存储引擎不支持事务，不支持外键。此外，MyISAM 存储引擎只支持表锁（Locking on Table Level），当用户对 MyISAM 表进行 SELECT、UPDATE、INSERT、DELETE 操作时，系统会在表上自动加锁。

InnoDB 存储引擎支持事务、外键和行锁（Locking on Row Level），提供不加锁读取（Non-locking Read in SELECTs），即事务读取数据对象时不需要申请 S 锁。这些特性均提高了多用户并发操作的性能表现。如果有大量的 UPDATE、INSERT 语句，特别是多个事务并发时建议使用 InnoDB。但 InnoDB 没有保存表的总行数，因此在统计表的总行数时系统消耗相当大。

12.3.2 MySQL 的隔离级别

隔离级别是一个事务必须与其他事务进行隔离的程度。较低的隔离级别可以增加并发，但代价是降低数据的正确性。相反，较高的隔离级别可以确保数据的正确性，但可能对并发产生负面影响。

按照隔离程度由低到高，MySQL 中事务的隔离级别分为：串行读（Serializable）、未提交读（Read Uncommitted，RU）、提交读（Read Committed，RC）、可重复读（Repeatable Read，RR）。其中，可重复读是默认的隔离级别。

SET TRANSACTION 语句用于指定隔离级别，并一直保持有效直到事务终止或者重新指定隔离级别。

1. 串行读（Serializable）隔离级别

使用以下语句将系统的隔离级别设置为串行读隔离级别：

```
SET TRANSACTION ISOLATION LEVEL SERIALIZABLE;
```

串行读是限制性最强的隔离级别，使用悲观锁。所谓悲观锁，是指对数据被外界（包括本系统当前的其他事务，以及来自外部系统的事务处理）修改持保守态度，为了保证事务的隔离性，在整个数据处理过程中，使数据处于锁定状态。

悲观锁要求对写操作加 X 锁，对读操作加 S 锁，读写互斥，以保证操作的最大程度的独占性，以此实现插入、修改、删除数据时其他事务无法修改、也无法读取这些数据，读取数据时其他事务无法修改这些数据的操作。

悲观锁的实现往往依靠数据库提供的锁机制（也只有数据库层提供的锁机制才能真正保证数据访问的排他性，否则，即使在本系统中实现了加锁机制，也无法保证外部系统不会修改数据）。但随之而来的就是数据库性能的大量开销，特别是对长事务而言，这样的开销往往无法承受。

例 12-7 设事务 T_1 读取 card 表的数据，事务 T_1 未提交之前事务 T_2 申请向该表中插入行，如表 12-6 所示。

表 12-6 串行读示例

事务 T_1	事务 T_2
SET TRANSACTION ISOLATION LEVEL SERIALIZABLE;	
START TRANSACTION;	
SELECT * FROM card;	
	SET TRANSACTION ISOLATION LEVEL SERIALIZABLE;
	START TRANSACTION;
	INSERT INTO card VALUES ('C00007', '123', '0', 40);
	COMMIT;
SELECT * FROM card;	
COMMIT;	

因为事务 T_1 对 card 表加 S 锁，故事务 T_2 无法加 X 锁而等待。直到事务 T_1 提交之后释放对 card 表的封锁，事务 T_2 才加锁成功并执行插入操作。如果事务 T_2 等待超时（这个时间可以进行配置），系统会提示 Lock wait time out，并把事务 T_2 挂起。

串行读隔离级别保证了数据的一致性，可以避免丢失或覆盖更新、脏读、不可重复读、幻影读等数据不一致问题，但是系统的并发程度低。

在 MySQL 中，除了串行读隔离级别之外的其他三种隔离级别都采用更加宽松的加锁机制，称为乐观锁。乐观锁机制下，只需要对写操作加 X 锁，读取数据不需要加锁。

2. 未提交读（Read Uncommitted，RU）隔离级别

使用以下语句将系统的隔离级别设置为未提交读隔离级别：

```
SET TRANSACTION ISOLATION LEVEL READ UNCOMMITTED;
```

未提交读是限制性最弱的隔离级别，只要求对写操作加 X 锁，读取数据不需要加锁。该隔离级别可以避免丢失或覆盖更新问题，但可能读取到其他未提交事务修改的数据，不能解决脏读、不可重复读、幻影读问题。

例 12-8 设事务 T_1 向 C00002 校园卡充值 200 元，事务 T_2 在事务 T_1 提交之前用该卡消费 10 元，也申请了修改该卡的余额，如表 12-7 所示。

表 12-7 未提交读示例

事务 T_1	事务 T_2
SET TRANSACTION ISOLATION LEVEL READ UNCOMMITTED;	
START TRANSACTION;	
SELECT balance FROM card WHERE CID = 'C00002';	
UPDATE card SET balance = balance +200 WHERE CID = 'C00002';	
	SET TRANSACTION ISOLATION LEVEL READ UNCOMMITTED;
	START TRANSACTION;
	UPDATE card SET balance = balance −10 WHERE CID = 'C00002';
	WAIT;
COMMIT;	
SELECT balance FROM card WHERE CID = 'C00002';	COMMIT;
	SELECT balance FROM card WHERE CID = 'C00002';

card 表中 CID 是主键，该列上有主键索引，事务 T_1 只对 CID = 'C00002' 的行加 X 锁，事务 T_2 陷入等待状态。事务 T_1 结束并释放锁后，事务 T_2 再对 CID = 'C00002' 的行加锁并修改数据，从而保证事务 T_1 的修改不会丢失。

如果查询列上没有索引，例如按照 state 列查找并修改数据，事务 T_1 中的写操作改为：

```
UPDATE card SET balance = 0 WHERE state= '2';
```

在这种情况下，MySQL 会加表锁，即对整张表中所有行加行锁，因为没有索引，MySQL 并不知道哪些行满足 state= '2'，故只能进行全表扫描。所以对一个数据量很大的表做批量修改时，如果无法使用相应的索引，MySQL 不仅过滤数据会特别慢，还会出现虽然没有修改某些数据行，但是它们还是被锁住了的现象。

3. 提交读（Read Committed，RC）隔离级别

使用以下语句将系统的隔离级别设置为提交读级别：

```
SET TRANSACTION ISOLATION LEVEL READ COMMITTED;
```

在提交读隔离级别中，数据的写操作需要加 X 锁，读操作不需要加 S 锁，并通过多版本并发控制（Multi-version Concurrency Control，MVCC）进行快照读（Snapshot Read），以读取最新提交的历史数据的方式避免脏读。

版本是描述数据新旧程度的一个标识，一般通过为表增加一个“version”字段来实现。读数据不改变数据的版本号，写数据时版本号加一，事务提交时系统将版本号与数据库中对应数据的当前版本进行比对，如果提交的数据版本号大于表的当前版本号，则予以更新，否则认定为过期数据。

多版本是指在更新数据时，并非使用新数据覆盖旧数据，而是标记旧数据是过时的，同时在其他地方新增一个数据版本。这样，同一份数据虽然有多个版本存储，但只有一个是最新的。

MVCC 机制下，读事务跟写事务彼此是隔离的，避免了写操作堵塞读操作的并发问题。MVCC 机制的实现没有固定的规范，不同的数据库管理系统会有不同的实现方式，这里我们主要介绍 MySQL 的 MVCC 机制。例如，同一数据对象，既有读事务，又有写事务，写事务会新建一个版本号加一的数据版本，而读事务访问的是旧的数据版本，直到写事务提交，读事务才会访问这个新的数据版本。

快照读，也称为一致性读，是指在执行 SELECT 语句时会生成一个快照。MySQL 的提交读隔离级别中，每次执行 SELECT 语句时都会重新生成一个快照，读取到的是 SELECT 语句启动前就已经提交的数据。

例 12-9　设在提交事务 T_1 向 C00002 校园卡充值 200 元之前，事务 T_2 先读取了该卡余额，并在事务 T_1 提交后再次读取了该卡余额，如表 12-8 所示。

表 12-8　提交读示例

事务 T_1	事务 T_2
SELECT balance FROM card WHERE CID = 'C00002';	
SET TRANSACTION ISOLATION LEVEL READ COMMITTED;	
START TRANSACTION;	
UPDATE card SET balance = balance +200 WHERE CID = 'C00002';	
	SET TRANSACTION ISOLATION LEVEL READ COMMITTED;
	START TRANSACTION;
	SELECT balance FROM card WHERE CID = 'C00002';
COMMIT;	
	SELECT balance FROM card WHERE CID = 'C00002';
	COMMIT;

如果在事务T_1执行前，C00002校园卡的余额是276.5元；在提交事务T_1执行UPDATE语句向该卡充值200元之前，事务T_2查看该卡余额，读到的结果是快照读的历史数据276.5元，而不是未提交的数据476.5元；而当事务T_1提交后，事务T_2再次读取该卡的余额，读到的结果是476.5元。事务T_2前后两次读的结果不一样是因为读取数据没加锁，在事务T_2的两次读操作之间，事务T_1进行写操作并提交，事务T_2每次执行SELECT语句都会重新生成一个快照，读取到了SELECT语句启动前就已经提交的数据，这样就出现了两次读取到的数据不一致的现象。所以，提交读隔离级别虽然避免了脏读的问题，但是无法保证可重复读和无幻影读。

4. 可重复读（Repeatable Read，RR）隔离级别

使用以下语句将系统的隔离级别设置为可重复读级别：

```
SET TRANSACTION ISOLATION LEVEL REPEATABLE READ;
```

在可重复读隔离级别中，数据的写操作需要加X锁，读操作不需要加锁，也是通过MVCC机制进行快照读。与提交读隔离级别不同的是，在可重复读隔离级别中，快照在事务第一次执行SELECT语句时生成，只有本事务更新数据时才更新快照，在本事务执行过程中其他事务提交的数据变更是读取不到快照的，即无论事务执行过程中是否有其他事务提交了新的版本，该事务在没有提交之前读到的都是该事务开始时的版本，此种方式实现了数据的可重复读和无幻影读。

例 12-10 设事务T_1多次读取card表的数据，事务T_2在事务T_1执行期间，对card表进行了数据的插入、修改和删除操作，如表12-9所示。

表 12-9 可重复读示例

事务T_1	事务T_2
SET TRANSACTION ISOLATION LEVEL REPEATABLE READ;	
START TRANSACTION;	
SELECT * FROM card; //第一个 SELECT	
	SET TRANSACTION ISOLATION LEVEL REPEATABLE READ;
	START TRANSACTION;
	INSERT INTO card VALUES ('C00012', '123', 40, '0');
	UPDATE card SET balance = balance+100 WHERE CID = 'C00007';
	DELETE FROM card WHERE CID = 'C00006';
SELECT * FROM card; //第二个 SELECT	
	COMMIT;
SELECT * FROM card; //第三个 SELECT	
COMMIT;	
SELECT * FROM card; //第四个 SELECT	

如果事务 T_1 中第一个 SELECT 语句先对 card 表做了一次读取操作，查询结果如图 12-12 所示。

事务 T_1 是读事务，对数据不加锁，事务 T_2 是写事务，成功加 X 锁后对 card 表做了插入、修改、删除操作。事务 T_2 没有提交之前，事务 T_1 的第二个 SELECT 语句读到的结果同上，避免了脏读。

事务 T_2 提交之后，事务 T_1 的第三个 SELECT 语句读到的结果和前两次读到的结果完全相同，仍然是事务 T_1 的第一个 SELECT 语句读到的历史版本。可以看出，在 REPEATABLE READ 隔离级别下，事务是可重复读和无幻影读的。

当事务 T_1 提交之后，第四个 SELECT 语句读到的就是事务 T_2 提交后的数据，查询结果如图 12-13 所示。

CID	password	balance	state
C00001	135	700	0
C00002	459	476.5	0
C00003	123456	32	2
C00004	888	107.6	1
C00005	159	145	0
C00006	123321	800	0
C00007	666666	12	2
C00008	1111	209	0
C00009	123	58.2	0
C00010	12_456	400	0
C00011	12%12	500	0

图 12-12　第一个 SELECT 语句的查询结果

CID	password	balance	state
C00001	135	700	0
C00002	459	476.5	0
C00003	123456	32	2
C00004	888	107.6	1
C00005	159	145	0
C00007	666666	112	2
C00008	1111	209	0
C00009	123	58.2	0
C00010	12_456	400	0
C00011	12%12	500	0
C00012	123	40	0

图 12-13　第四个 SELECT 语句的查询结果

12.3.3　事务开始的时间点

在 START TRANSACTION 和 START TRANSACTION WITH CONSISTENT SNAPSHOT 情况下，事务开始的时间点是不同的。当有 WITH CONSISTENT SNAPSHOT 子句时，START TRANSACTION 作为事务开始的时间点。而在没有该子句的情况下，执行 START TRANSACTION 之后的第一条语句时事务才真正开始。

例 12-11　如表 12-10 所示的事务 T_1 中 SELECT 语句的查询结果是什么？

表 12-10　START TRANSACTION 启动事务

事务 T_1	事务 T_2
	SET TRANSACTION ISOLATION LEVEL SERIALIZABLE;
	START TRANSACTION;
	CREATE TABLE test (ID INT PRIMARY KEY, PRICE FLOAT);
SET TRANSACTION ISOLATION LEVEL SERIALIZABLE;	
START TRANSACTION;	
	INSERT INTO test VALUES (1, 20);
SELECT * FROM test;	

事务 T_1 中，SELECT 语句读到的结果如图 12-14 所示。

ID	PRICE
1	20
2	10

图 12-14　没有 WITH CONSISTENT SNAPSHOT 时 SELECT 语句的查询结果

在 SERIALIZABLE 隔离级别下，事务只能读到已经提交的数据。事务 T_1 之所以读到了事务 T_2 未提交的结果，不是因为封锁协议失效，而是因为在 START TRANSACTION 执行后事务 T_1 并没有开始，事务 T_2 的 INSERT 语句发生在事务 T_1 开始之前，所以事务 T_1 可以读到事务 T_2 插入的数据。

例 12-12　如表 12-11 所示的事务 T_1 中 SELECT 语句的查询结果是什么？

表 12-11　START TRANSACTION WITH CONSISTENT SNAPSHOT 启动事务

事务 T_1	事务 T_2
	SET TRANSACTION ISOLATION LEVEL SERIALIZABLE; DELETE FROM test;
	START TRANSACTION;
SET TRANSACTION ISOLATION LEVEL SERIALIZABLE;	
START TRANSACTION; WITH CONSISTENT SNAPSHOT;	
	INSERT INTO test VALUES (1,20);
SELECT * FROM test;	

事务 T_1 读到的结果是空表。因为执行 START TRANSACTION WITH CONSISTENT SNAPSHOT 后事务 T_1 已经开始了，设置的隔离级别下事务只能读取已提交的数据，而事务 T_2 的 INSERT 语句发生在事务 T_1 开始之后，因此事务 T_1 在结束之前都读不到事务 T_2 插入的数据。

12.4　并行调度的可串行性

12.4.1　串行调度和可串行性

事务在并发执行时，各个事务中的不同指令的先后执行顺序称为调度（Schedule）。数据库管理系统对并发事务不同的调度可能会产生不同的结果。什么样的调度是正确的呢？

1. 串行调度

串行（Serial）调度是正确的。串行调度是指一个事务在运行过程中没有其他事务与它同时运行。各个事务的操作是隔离的，没有相互交叉和相互干扰，可以认为事务的运行结果是正常的或者符合预想的。

多个事务串行执行后，数据库仍旧保持一致的状态。因此，将所有事务串行起来的调度策略是正确的。虽然以不同的顺序串行执行事务可能会产生不同的结果，但由于不会将数据库置于不一致状态，所以都是正确的。

设 A、B 的初始值都是 20，事务 T_1 读取 B，并把 B+10 的值赋值给 A。事务 T_2 读取 A，并把 A+10 的值赋值给 B。事务 T_1 和事务 T_2 的串行调度有两种结果：一种是先执行事务 T_1，再执行事务 T_2，如表 12-12 所示；另一种是先执行事务 T_2，再执行事务 T_1，如表 12-13 所示。第一种串行调度的结果是 A = 30，B = 40；第二种串行调度的结果是 A = 40，B = 30。两种结果都正确。

表 12-12　串行调度 1

事务 T_1	事务 T_2
Slock B B=20 Unlock B Xlock A A= B +10 Unlock A	
	Slock A A = 30 Unlock A Xlock B B = A + 10 Unlock B

表 12-13　串行调度 2

事务 T_1	事务 T_2
	Slock A A = 20 Unlock A Xlock B B = A + 10 Unlock B
Slock B B = 30 Unlock B Xlock A A = B +10 Unlock A	

2. 可串行性

串行调度虽然能够保证调度结果的正确性，但是限制了系统并行性的发挥，不能有效利用资源，且并行调度的调度结果有可能出现错误。

例如，设事务 T_1 和事务 T_2 的交错执行顺序如表 12-14 所示，其执行结果是 A = 30，B = 30，与任何一种串行调度的结果都不同，所以是错误的调度。

表 12-14　不正确的并行调度

事务 T_1	事务 T_2
Slock B B = 20	
	Slock A A = 20
Unlock B	
	Unlock A
Xlock A A = B +10 Unlock A	
	Xlock B B = A +10 Unlock B

我们需要寻找一个具有串行调度效果的并行调度方法。可串行性（Serializability）是并发事务正确调度的准则。多个事务并发执行是正确的，当且仅当其结果与按某一次序串行执行这些事务时的结果相同。可串行化调度能保证并发事务的调度方式既能满足数据一致性需求，又能提高并发事务的执行效率。

例如，设事务 T_1 对 A 加 X 锁后，事务 T_2 申请对 A 加 S 锁，因加锁不成功而陷入等待状态，直到事务 T_1 释放对 A 的封锁，事务 T_2 才能对 A 加锁，如表 12-15 所示。

其执行结果是 A = 30，B = 40，与串行调度 1 的执行结果相同，所以是具有可串行性的正确调度。

又如，设事务 T_2 对 B 加 X 锁，事务 T_1 申请对 B 加 S 锁，因加锁不成功而陷入等待状态，直到事务 T_2 释放对 B 的封锁，事务 T_1 才能对 B 加锁，如表 12-16 所示。

表 12-15　具有可串行性的并行调度示例 1

事务 T_1	事务 T_2
Slock B B=20 Unlock B Xlock A	
	Slock A
	Wait
A= B +10 Unlock A	
	Slock A A=30 Unlock A Xlock B B=A +10 Unlock B

表 12-16　具有可串行性的并行调度示例 2

事务 T_1	事务 T_2
	Slock A A=20 Unlock A Xlock B
Slock B	
Wait	
	B=A +10 Unlock B
Slock B B=30 Unlock B Xlock A A= B +10 Unlock A	

其执行结果是 A = 40，B = 30，与串行调度 2 的执行结果相同，也是具有可串行性的正确调度。

12.4.2　两段锁协议

两段锁协议（Two-phase Locking Protocol，2PL）是保证事务可串行性的充分不必要条件。具体的数学推导过程可以参考图书《事务处理：概念与技术》。

两段锁协议将事务的加锁和解锁分为两个独立的阶段，先是加锁阶段，事务可以申请获得任何数据项上的任何类型的锁，但不能解锁。一旦该事务释放了锁，就进入解锁阶段，事务可以释放任何数据项上的任何类型的锁，但不能再加锁（见图 12-15）。

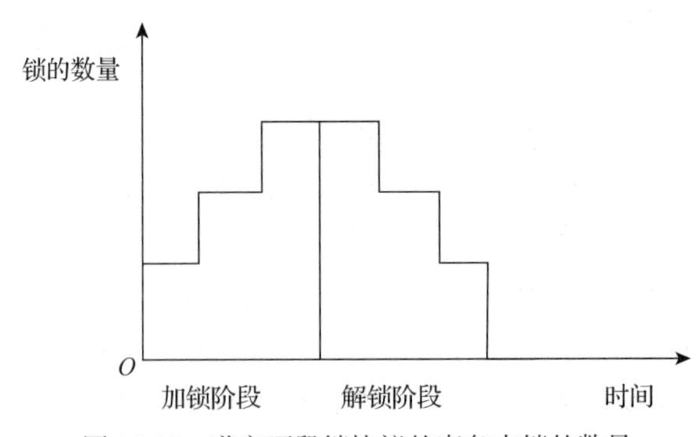

图 12-15　遵守两段锁协议的事务中锁的数量

例如，事务 T_1 的封锁序列：

Xlock A ... Xlock B ... Slock C ... Unlock A ... Unlock B ... Unlock C

事务 T_2 的封锁序列：

Xlock A ... Xlock B ... Slock C ... Unlock B ... Unlock C ... Unlock A

事务 T_3 的封锁序列：

Xlock A ... Unlock A ... Xlock B ... Slock C ... Unlock C ... Unlock B

事务 T_4 的封锁序列：

Xlock A ... Xlock B ... Unlock B ... Slock C ... Unlock A ... Unlock C

事务 T_1 和事务 T_2 遵守两段锁协议，而事务 T_3 和事务 T_4 不遵守两段锁协议。事务 T_3 不遵守两段锁协议，因为在 A 加锁之后，B 和 C 加锁之前，A 已经释放了锁。事务 T_4 不遵守两段锁协议，因为在 A 和 B 加锁之后，C 加锁之前，B 已经释放了锁。

实际的事务中语句数是不确定的，需要加的锁也难以事先确定，数据库很难在事务中判定什么是加锁阶段，什么是解锁阶段。于是引入了严格的两段锁协议（Strict Two-phase Locking Protocol，S2PL），即事务中只有提交或者回滚时才解锁，其余时间都是加锁。

事务遵守两段锁协议是可串行化调度的充分条件，而不是必要条件。在可串行化的并行调度中，不一定所有事务都必须符合两段锁协议。例如，表 12-15 和表 12-16 中的并行调度都不遵守两段锁协议，但都具有可串行性，而表 12-17 中的并行调度遵守两段锁协议，因此一定具有可串行性。

表 12-17　遵守两段锁协议的并行调度

事务 T_1	事务 T_2
Slock B B = 20 Xlock A	
	Slock A
	Wait
A = B + 10 Unlock A Unlock B	
	Slock A A = 30 Xlock B B = A + 10 Unlock A Unlock B

12.4.3　死锁

遵循两段锁协议，尤其是遵守严格的两段锁协议的事务在获得所有需要的锁之前不会释放已经申请到的锁，有可能导致死锁的发生。

1. 死锁的概念

死锁是指数据库系统中两个或多个事务由于无法对需要访问的数据对象加锁而处于互相等待且永远等待的一种系统状态。

例 12-13　事务 T_1 获取了数据对象 A 的 X 锁，接着事务 T_2 获取了数据对象 B 的 X 锁，两个事务并发执行。然后，事务 T_1 申请对数据对象 B 加 X 锁，但该数据对象已被事务 T_2 加 X 锁，且事务 T_2 遵守严格的两段锁协议，因此直到事务 T_2 提交后才会释放对数据对象 B 的 X 锁，在此之前事务 T_1 会被阻塞。同理，事务 T_2 请求对数据对象 A 加 X 锁，但在事务 T_1 提交并释放其对数据对象 A 持有的 X 锁之前会被阻塞，如表 12-18 所示。

表 12-18　死锁示例

事务 T_1	事务 T_2
Xlock A A = A + 10	
	Xlock B B = B + 10
Xlock B	
Wait	
B = B + 10 Unlock A Unlock B	
	Xlock A
	Wait
	A = A + 10 Unlock A Unlock B

于是出现了两个事务的循环依赖关系：事务 T_2 完成之后事务 T_1 才能完成，但是事务 T_2 又被事务 T_1 阻塞，两个事务互相等待且永远等待，这样就陷入了死锁。

之所以形成死锁，是因为同时具备了以下四个必要条件。

（1）保持与请求条件：事务持有数据的锁同时申请对其他数据加锁。

（2）非剥夺条件：事务已经获得的锁不能被其他事务剥夺。

（3）循环等待条件：每个事务都在等待对其他事务正占用的数据加锁。

（4）互斥条件：写锁互斥，数据一次只能被一个事务加写锁。

除了死锁，还有一种事务的阻塞状态，称为活锁。设事务 T_1，T_2，T_3，T_4 并发访问同一数据对象 D，如表 12-19 所示，在事务 T_1 对 D 加锁后，事务 T_2 申请对 D 加锁并进入等待状态，接着 T_3 请求对 D 加锁也进入等待状态。T_1 释放 D 上的锁后，数据库管理系统采用短作业优先的调度策略，在等待对 D 加锁的所有事务中批准了作业时间最短的 T_3 的加锁请求，T_2 只能继续等待。而在 T_2 等待的过程中，如果不断有其他作业时间更短的事务申请加锁并在 T_2 之前获得锁，那么 T_2 有可能始终无法对 D 加锁。这种现象称为活锁，也称为事务的饿死现象。

表 12-19　活锁示例

时间	事务 T_1	事务 T_2	事务 T_3	事务 T_4
t_0	LOCK D			
t_1	—	LOCK D		
t_2	—	WAIT	LOCK D	
t_3	UNLOCK	WAIT	WAIT	LOCK D
t_4	—	WAIT	LOCK D	WAIT
t_5	—	WAIT	—	WAIT
t_6	—	WAIT	UNLOCK	WAIT
t_7	—	WAIT	—	LOCK D
t_8	—	WAIT	—	—
t_9	—	WAIT	—	—

数据库管理系统可以改变事务的调度策略，采用先来先服务策略或者响应比优先策略都可以避免产生活锁。

2. 预防死锁

死锁是事务之间非正常的阻塞状态。解决死锁的第一类方法是防患于未然，主动破坏产生死锁的必要条件，预防死锁的发生；第二类方法是允许系统中存在死锁，检测出死锁后及时解除，常用的方法有：一次封锁法和顺序封锁法。

（1）一次封锁法。

一次封锁法要求每个事务必须一次将所有要使用的数据全部加锁，否则就不能继续执行。例 12-13 中的事务 T_1 如果将需要处理的两个数据对象 A 和 B 一次性加锁，就不会出现两个事务都部分占用数据，又申请其他事务正占有数据的情况，这样就不会发生死锁。一次封锁法的缺点是数据对象的封锁范围大，降低了系统的并发性能。

（2）顺序封锁法。

顺序封锁法是预先设置数据对象的封锁顺序，所有事务都按这个顺序执行封锁。例如，规定例 12-13 中的事务按照数据对象的编号以从小到大的顺序封锁，无论事务先更新 A 再更新 B，还是先更新 B 再更新 A，加锁的顺序都是先对 A 加锁再对 B 加锁，以此避免事务之间因为调度顺序不当造成的循环等待其他事务正占用数据的情况，从而有效预防死锁的发生。顺序封锁法的缺点是维护数据对象的封锁顺序的系统开销大，且事务很难事先确定需要封锁的所有数据对象，因此也就很难按规定的顺序去施加封锁。

3. 诊断死锁

诊断死锁一般使用超时法或事务等待图法。

（1）超时法。

死锁是事务之间互相等待且永远等待的状态，超时法用事务的等待时间作为判断指标，如果一个事务的等待时间超过了规定的时限，就判定该事务处于死锁状态。时限的设置会影响判断结果，时限太短会发生误判，时限太长则不能及时发现死锁。

（2）事务等待图法。

发生死锁的事务之间会形成循环等待数据的情况。事务等待图法是用一个有向图 G = (T, U) 描述事务及事务之间的等待状态，其中 T 为顶点集合，每个顶点表示正在运行的事务；U 为有向边的集合，每条有向边表示每个事务的等待情况，弧尾是申请数据的事务，弧头是占用数据的事务。例如，事务 T_1 等待事务 T_2 正占用的数据，则从表示事务 T_1 的顶点发出一条有向边指向事务 T_2 的顶点。数据库管理系统周期性地检测事务等待图，如果发现图中存在回路，则回路中的事务处于死锁状态。

例如，在例 12-13 的并发事务等待图中存在回路，表明事务 T_1 和事务 T_2 处于死锁状态，如图 12-16 所示。

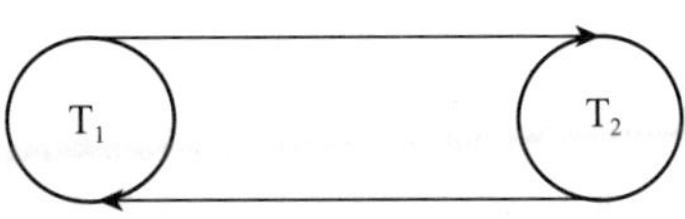

图 12-16　并发事务等待图示例

4. 解除死锁

死锁涉及的事务之间都不能剥夺其他事务正占用的数据，只能由具有更高权限的数据库管理系统撤销其中的一个或多个事务才能打破僵局。数据库管理系统解除死锁的常用方法是撤销处理死锁代价最小的事务，被撤销的事务回滚已经完成的全部操作后重新启动，更有效的回滚方法是被撤销的事务从后向前逐个回滚操作，只要能够解开系统死锁即可。此外，我们可以把事务被选为撤销事务的次数计入该事务的撤销代价，这样可以避免某些事务总被选为被撤销的事务。

CHAPTER 13

第13章 数据库访问接口

■ 学习目标

- 客户端应用程序使用接口与数据库进行通信。数据访问接口可以屏蔽掉数据库管理系统底层接口之间的差异，提供一种标准的访问方法，使编程人员可以更方便地访问不同的数据库管理系统。本章介绍嵌入式MySQL、ODBC、OLE DB、ADO和JDBC等常用的数据库访问接口的概念和用法。

■ 开篇案例

供应链补货方式由“经验为王”向“数据为王”转变

库存浪费是零售企业尤其是以食品为主类的零售企业普遍面临的问题，除了在末端销售环节会产生大量的临期过期商品外，在层层的供应链采购和物流环节同样会浪费很多商品。沃尔玛和杭州观远数据有限公司（简称观远数据）积极寻找该问题的解决方案，尝试在大量数据中发现和模拟时间序列的内在模式，对未来销量和补货量进行预测。

在项目POC（Proof of Concept，概念验证）阶段，沃尔玛选择出具有代表性的大台农芒（季节性）、小台农芒（季节性）、山东富士苹果（非季节性）三类单品进行补货量预测。观远数据方案结合了销售、清仓、进货等内部业务数据，增加了天气、节假日以及和我国国情紧密相关的节气等外部数据，根据业务场景按天进行门店维度单品预测。通过尝试多种模型，融合业务经验和统计数值、信号变换等特征进行数据平滑等操作，经过对历史数据呈现趋势的学习调整参数，观远数据协助沃尔玛建立了完整的“数据清洗—特征工程—模型训练—结果输出—误差监控”迭代流程，实现了对未来4—6天的销量预测，以此指引门店补货。

在该案例中，销量和补货量预测用到了多维度的数据源，数据接入类型丰富。便捷地访问不同的数据源是企业进行数据分析和智能化管理的前提。

资料来源：文字根据网络资料整理得到。

13.1 嵌入式 MySQL

嵌入式 MySQL 是指将 MySQL 语句嵌入程序设计语言中使用，即用某种程序设计语言（例如 C, C++, Java 等）编写程序，该程序的某些函数或某些语句实际是 MySQL 语句。被嵌入的程序设计语言称为宿主语言，简称主语言。

13.1.1 嵌入式 MySQL 和独立 MySQL 的区别

为了让 MySQL 能在另一个软件系统里高效率运转，需要对它进行修改和定制。嵌入式 MySQL 服务器与它的独立型版本最大的区别是嵌入式服务器需要通过编程访问和操作，即访问嵌入式 MySQL 服务器需要通过程序设计语言而不是 SQL 查询命令。嵌入式 MySQL 系统的对外函数会把 SQL 查询命令当作参数传递给服务器去执行。使用嵌入式 MySQL 服务器，能够在客户端应用程序中使用具备全部特性的 MySQL 服务器，这不仅增加了速度，还使嵌入式应用程序的管理变得更简单。嵌入式服务器与独立型服务器的另一个区别是嵌入式服务器没有使用完整的身份验证机制，而且在默认的情况下是禁用的。这是嵌入式 MySQL 服务器相对不够安全的原因之一。

13.1.2 嵌入式 MySQL 与宿主语言的接口

嵌入式程序库提供了许多通过 API（Application Programming Interface，应用程序接口）访问 MySQL 数据库系统的函数。通过 API，宿主系统通过编程可以充分利用 MySQL 服务器的强大功能。例如，创建和连接一个服务器实例、与服务器断开连接、安全地关闭服务器、调整服务器的启动选项、处理各种错误、生成 DBUG 踪迹文件、发出查询命令和检索查询结果、管理数据等功能。

13.1.3 嵌入式 MySQL 的使用

在 C 语言中，嵌入式 MySQL 对应的接口在 mysql.h 中，文件存在安装 mysql 的文件夹内，在使用嵌入式 MySQL 时，需要在应用程序中引入适当的 MySQL 库。

1. 启动与退出 MySQL

表 13-1 介绍了几种嵌入式 MySQL 函数。

表 13-1　嵌入式 MySQL 函数示例

函数	用途
mysql_server_init()	对嵌入式服务器库进行初始化
mysql_init()	启动服务器
mysql_real_connect()	连接服务器
mysql_close()	关闭与服务器的连接
mysql_server_end()	对嵌入式服务器库进行关机处理，然后关闭服务器

其中，mysql_server_init() 应在调用任何其他 MySQL 函数之前调用，最好是在 main() 函数中调用。

MySQL 的 C 语言 API 在其官方的说明文档中有详细介绍，有关函数的调用参数和返回值各位读者可自行查阅。

例 13-1　连接 MySQL 服务器。

```
MYSQL mysql;                 //mysql 连接
MYSQL_FIELD *fd;             // 字段列数组
char field[32][32];          // 存储字段名二维数组
MYSQL_RES *res;              // 这个结构代表返回行的一个查询结果集
MYSQL_ROW column;            // 一个行数据的类型安全（Type-safe）的表示，表示数据行的列
char query[150];             // 查询语句
bool ConnectDatabase()
{
    // 初始化 mysql
    mysql_init(&mysql);   // 连接 mysql，数据库
    const char host[] = "localhost";
    const char user[] = "root";
    const char psw[] = "111111";
    const char table[] = "test";
    const INT port = 3306;
    // 返回 false 则连接失败，返回 true 则连接成功
    if (!(mysql_real_connect(&mysql, host, user, psw, table, port, NULL, 0)) )
        // 中间分别是主机、用户名、密码、数据库名、端口号（可以写默认 0 或者 3306 等），可以先写成
           参数再传进去
    {
        printf("Error connecting to database:%s\n", mysql_error(&mysql));
        return false;
    }
    else
    {
        printf("Connected...\n");
        return true;
    }
}
```

2. 查询语句

在 MySQL 对 C 语言的 API 中，mysql_query(MYSQL *mysql, const char *query) 对指定的连接执行查询数据库操作。

其中，mysql 是之前连接的数据库，query 是用户要执行的 SQL 语句。如果查询成功，函数返回值是零，如果查询失败，函数返回值非零。

例 13-2　读取所有学生的学号及名字。

```
bool QueryDatabase()
{
// 先设置语言
    mysql_query(&mysql, "set names gbk");
    // 返回 0 查询成功，返回 1 则查询失败
```

```
    if (mysql_query(&mysql, "select sid sname FROM student"))  //执行SQL语句
    {
        printf("Query failed (%s)\n", mysql_error(&mysql));
        return false;
    }
    else
    {
        printf("query success\n");
    }
    res = mysql_store_result(&mysql);
    //打印数据行数
    printf("number of dataline returned: %d\n", mysql_affected_rows(&mysql));
    for (int i = 0; fd = mysql_fetch_field(res); i++)           //获取字段名
        strcpy(field[i], fd->name);
    INT j = mysql_num_fields(res);                               //获取列数
    for (INT i = 0; i<j; i++)                                    //打印字段
        printf("%10s\t", field[i]);
    printf("\n");
    while (column = mysql_fetch_row(res))
    {
        for (INT i = 0; i<j; i++)
            printf("%10s\t", column[i]);
        printf("\n");
    }
    return true;
}
```

通过 mysql_query 调用的函数不会直接通过这个函数返回，而是储存在内存中，需要通过 mysql_store_result(&mysql) 获得。储存的数据类型是 mysql_res，该数据类型通常储存的是一行，因此需要使用数组来储存数据集合。

mysql_fetch_field(mysql_res *result) 返回采用 mysql_field 结构的结果集的列数。重复调用该函数，以检索结果集中所有列的信息，也就是每次检索后自动切换到下一列。在没有剩余字段时，mysql_fetch_field() 返回 NULL。每次执行新的 SELECT 查询时，将复位 mysql_fetch_field()，以返回关于第 1 个字段的信息。调用 mysql_field_seek() 也会影响 mysql_fetch_field() 返回的字段。

当调用 mysql_query() 以在表上执行 SELECT，但未调用 mysql_store_result() 时，如果调用了 mysql_fetch_field() 以请求 Blob 字段的长度，那么 MySQL 将返回默认的 Blob 长度（8KB）。之所以选择 8KB 是因为 MySQL 不知道 Blob 的最大长度，会在日后对其进行配置。一旦检索了结果集，field->max_length 将包含特定查询中该列的最大值的长度。

mysql_fetch_row(mysql_res *result) 检索结果集的下一行。在 mysql_store_result() 之后使用时，如果没有要检索的行，mysql_fetch_row() 将返回 NULL。在 mysql_use_result() 之后使用时，如果没有要检索的行或出现了错误，mysql_fetch_row() 将返回 NULL。行内值的数目由 mysql_num_fields(result) 给出。如果行中保存了调用 mysql_fetch_row() 返回的值，将按照从 row[0] 到 row[mysql_num_fields(result)-1] 的顺序，访问这些值的指针。行中的 NULL 值由 NULL 指针指明，可以通过调用 mysql_fetch_lengths() 来获得行中字段值的长度。对于空字段及包含 NULL 的字段，长度为 0。通过检查字段值的指针也能

够区分它们。如果指针为 NULL，那么字段为 NULL，否则字段为空。此函数返回值为下一行的 mysql_row 结构。如果没有更多要检索的行或出现了错误，返回 NULL。

例 13-3　向 student 表中插入一行数据。

```
bool InsertData()
{
    // 可以在控制台手动输入指令
    strcpy(query, "insert into student( SID, Sname) values ("2020001","LiSi");");
    if (mysql_query(&mysql, query))       // 执行 SQL 语句
    {
        printf("Query failed (%s)\n", mysql_error(&mysql));
        return false;
    }
    else
    {
        printf("Insert success\n");
        return true;
    }
```

和之前一样，通过 mysql_query() 来直接查询语句，通过函数返回值来确定是否成功插入，如果插入失败，则通过 mysql_error() 函数获取错误原因。

例 13-4　修改数据。

```
bool ModifyData()
{
    strcpy(query, "update student set gender='M' where name='LiSi'");
    if (mysql_query(&mysql, query))       // 执行 SQL 语句
    {
        printf("Query failed (%s)\n", mysql_error(&mysql));
        return false;
    }
    else
    {
        printf("Insert success\n");
        return true;
    }
}
```

在 MySQL 的 API 接口中，对于没有返回值的操作，只需要调用 mysql_query() 就可以直接进行操作，然后通过 mysql_error() 判断是否成功。对于有返回值的操作，例如 SELECT 等操作，则需要先通过 mysql_store_result(&mysql）获取返回结果，再通过 mysql_fetch_row()，mysql_fetch_field()，mysql_fetch_fields() 等一系列函数对结果进行分析，获取到我们所需要的信息。

13.2　ODBC

ODBC（Open Database Connectivity，开放数据库互联）是微软公司开放服务结构

（Windows Open Services Architecture，WOSA）中有关数据库的一个组成部分。它提供了一组规范和一组对不同类型的数据库进行访问的标准 API 函数。

13.2.1 ODBC 的体系结构

ODBC 的体系结构包括数据层、应用层和 ODBC 层，如图 13-1 所示。

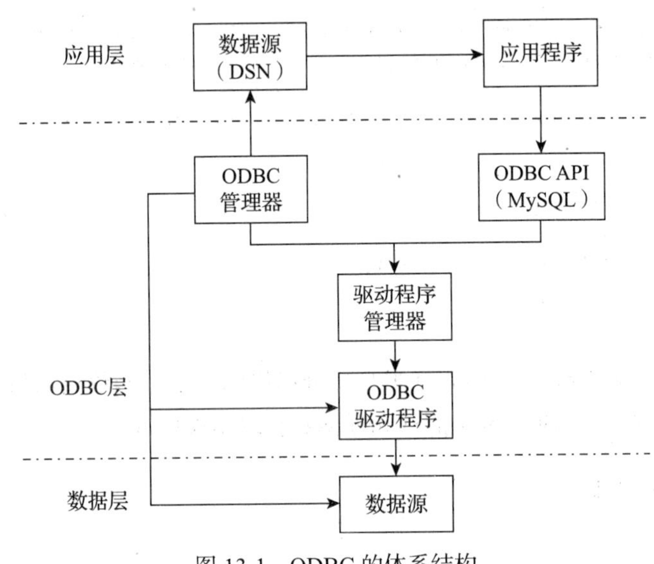

图 13-1 ODBC 的体系结构

1. 数据层

数据源（Data Source Name，DSN）是指需要访问的数据库。应用程序如果要通过 ODBC 访问一个数据库，则首先要创建一个数据源。应用程序的主要工作是指定数据源，使其关联一个目的数据库以及相应的 ODBC 驱动程序。所以说，数据源实际上是一种数据连接的抽象，它指定了数据库位置和数据库类型等信息。数据源有系统数据源、用户数据源和文件数据源三种类型。其中，系统数据源是面向系统全部用户的数据源，系统中的所有用户都可以使用。用户数据源是仅面向某些特定用户的数据源，只有通过身份验证才能连接。文件数据源是从文本文件中获取的数据，能提供多用户访问。

2. 应用层

应用程序（Application）是用程序设计语言（如 C 语言等）编写的程序。

3. ODBC 层

（1）ODBC API。

不论是 Access、SQL Server、MySQL，还是 Oracle 数据库，均可用 ODBC 应用程序接口（ODBC API）进行访问。ODBC 的最大优点是能以统一的方式处理所有的数据库。

（2）ODBC 管理器。

ODBC 管理器（Administrator）位于 Windows 控制面板（Control Panel）的 32 位 ODBC

内，其主要任务是管理安装的 ODBC 驱动程序和管理数据源。

（3）ODBC 驱动程序管理器。

ODBC 驱动程序管理器（Driver Manager）包含在 ODBC32.DLL 中，对用户是透明的。应用程序不能直接调用 ODBC 驱动程序，只可先调用 ODBC 驱动程序管理器提供的 ODBC API 函数，然后由 ODBC 驱动程序管理器负责把相应的 ODBC 驱动程序加载到内存中，同时把应用程序访问数据的请求传送给 ODBC 驱动程序。

（4）ODBC 驱动程序。

一个基于 ODBC 的应用程序对数据库的操作不依赖任何数据库管理系统，所有的数据库操作由对应的数据库管理系统的 ODBC 驱动程序完成。ODBC 驱动程序具体负责先把 SQL 请求传送到数据源的数据库管理系统中，再把操作结果返回到 ODBC 驱动程序管理器。最后 ODBC 驱动程序管理器把结果传送至客户端的应用程序。每种支持 ODBC 的数据库都拥有自己的驱动程序，一种驱动程序只能固定地与对应的数据库通信，不能访问其他数据库。

13.2.2 建立 ODBC 数据源

应用程序在访问数据库之前，需要先安装 ODBC 驱动程序，然后用 ODBC 管理器注册一个数据源，这样管理器就可以根据数据源提供的数据库位置、数据库类型及 ODBC 驱动程序等信息，建立起 ODBC 与具体数据库的连接。通过 Windows 的控制面板建立 ODBC 数据源的步骤如下。

（1）在 MySQL 官网上，根据自己计算机的配置下载并安装 ODBC，推荐下载 MSI Installer。ODBC 下载界面如图 13-2 所示。

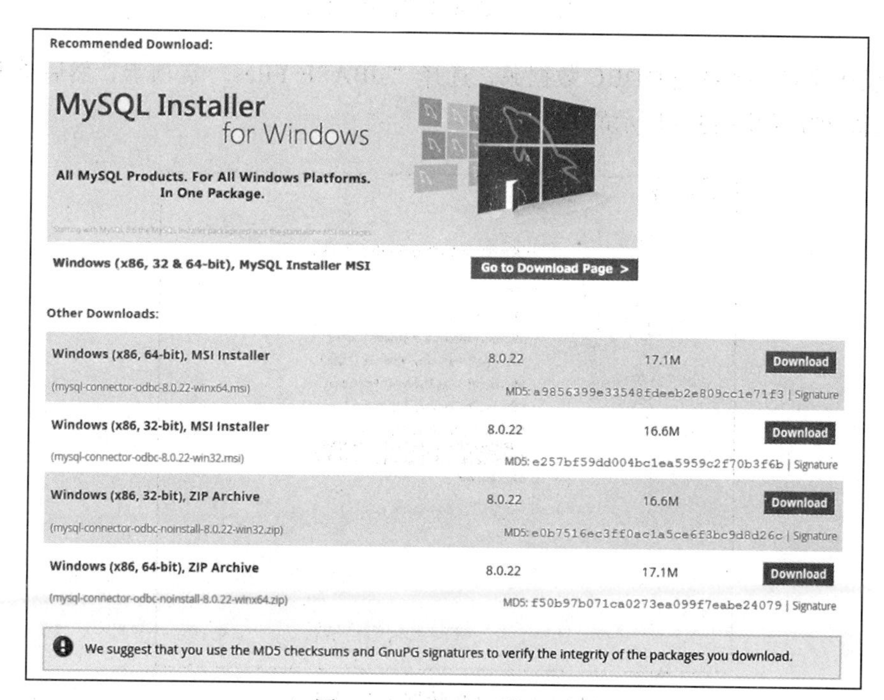

图 13-2 ODBC 下载界面

（2）打开控制面板。Windows 系统提供了 ODBC 数据源管理器来管理数据源的设置。在 Windows 10 和 Windows 7 中，该工具可以在控制面板→系统和安全→管理工具中找到；而在 Windows XP 中，它位于控制面板→性能和维护→管理工具中，双击数据源图标，启动 ODBC 数据源管理器，如图 13-3 所示。其主要内容是要求用户创建一个数据源，这样应用程序就能够通过 ODBC 管理器的数据源直接操作数据库。

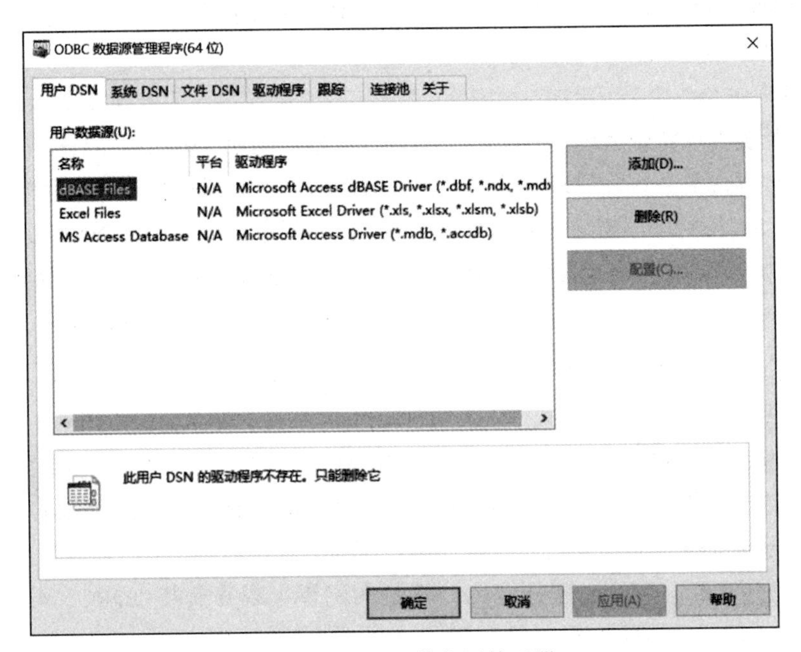

图 13-3　ODBC 数据源管理器

假设要建立一个系统 ODBC 数据源，选择“dBASE Files”选项卡，然后单击“添加”按钮，弹出如图 13-4 所示的对话框。

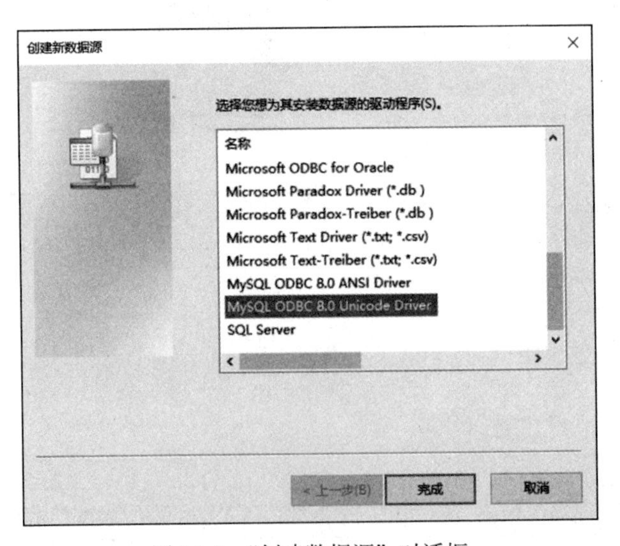

图 13-4　“创建数据源”对话框

（3）在如图 13-4 所示的对话框中选择要连接的数据库管理系统的驱动程序。这里我们选择的是“MySQL ODBC 8.0 Unicode Driver”，然后单击“完成”按钮，会弹出如图 13-5 所示的对话框。

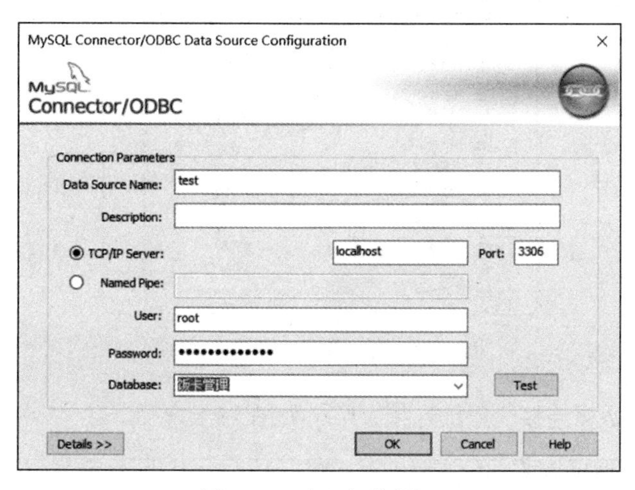

图 13-5　建立新数据源

（4）在如图 13-5 所示的对话框中为数据源命名，并指定要连接到的数据库服务器的名字和端口，如果使用本地服务器时可输入 localhost。在 User 和 Password 中输入用户名和密码，在 Database 下拉列表中指定要连接的数据库服务器的名字。单击“OK”按钮，弹出如图 13-6 所示的对话框。

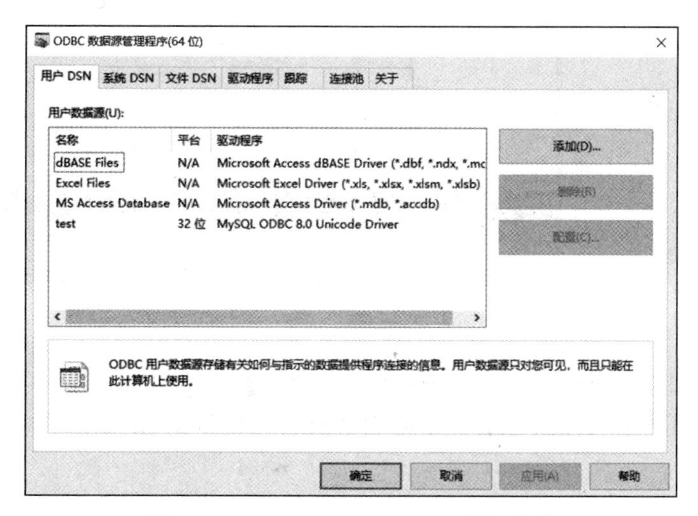

图 13-6　MySQL ODBC Driver 添加完成

13.2.3　在 Visual Studio 2019 中使用 MySQL ODBC

（1）安装 MySQL ODBC 并配置完毕后，重启 Visual Studio，单击视图→服务器资源管理器，如图 13-7 所示。

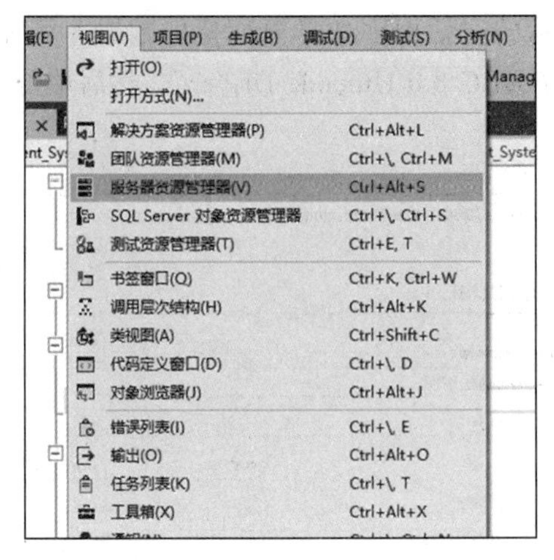

图 13-7　打开服务器资源管理器

（2）然后单击数据连接→添加连接，结果如图 13-8 所示。

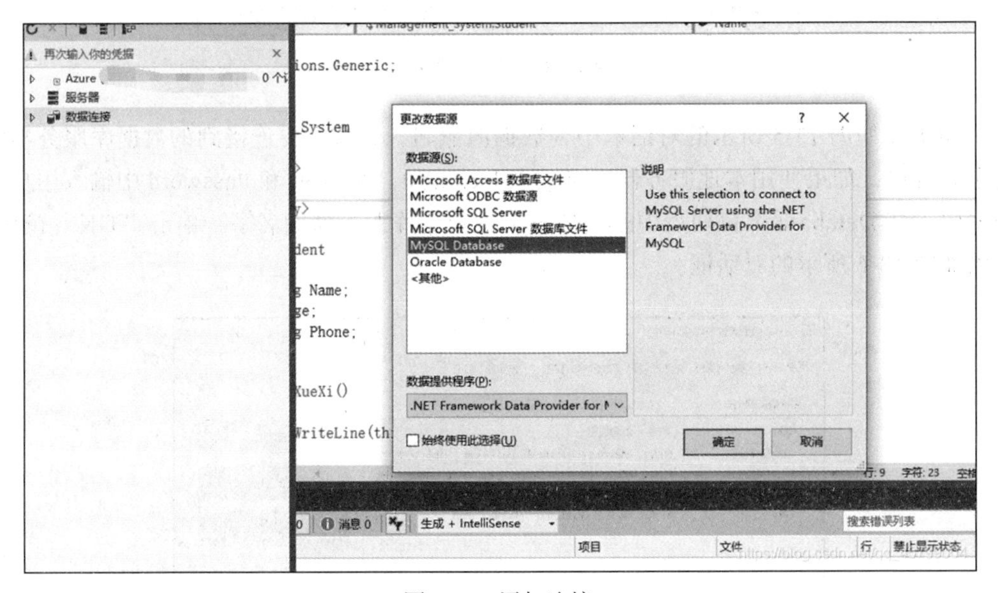

图 13-8　添加连接

完成上述 MySQL ODBC 及 Visual Studio 的配置后，就可以在 Visual Studio 中使用 MySQL 了。当然在 Visual Studio 中使用 OBDC 需要使用 ODBC 的句柄，请读者自行查阅。

13.3　OLE DB

13.3.1　OLE DB 概述

通过 ODBC 接口只能访问关系型数据库，随着数据需求的不断增长，数据种类日益丰富，除了关系型数据外，又出现了许多新的数据存储方式，由此产生了 OLE DB。现在，微软已经为所有的 ODBC 数据源提供了一个统一的 OLE DB 服务程序——ODBC OLE DB Provider。

微软推出的一致数据访问（Universal Data Access，UDA）技术为关系型数据和非关系型数据提供了一致的访问接口，为企业级 Intranet 应用多层软件结构提供了数据接口标准。一致数据访问技术建立在微软的组件对象模型（Component Object Model，COM）的基础上，它包括一组 COM 组件程序，组件与组件之间或者组件与客户程序之间通过标准的 COM 接口进行通信。

1. ADO 和 OLE DB

一致数据访问包括两层软件接口，分别为动态数据对象（Active Data Object，ADO）和对象连接与嵌入的数据库（Object Linked and Embed Database，OLE DB）。它们对应于不同层次的应用开发，ADO 提供了高层软件接口，可在各种脚本语言（Script）或一些宏语言中直接使用；OLE DB 是一系列直接处理数据的接口，它建立在 COM 之上，是 Microsoft 数据访问的基础，ADO 接口也是建立在它的基础之上的。

应用程序既可以通过 ADO 访问数据，也可以直接通过 OLE DB 访问数据，而 ADO 也是通过 OLE DB 访问底层数据的。可以说 UDA 技术的核心是 OLE DB。

2. OLE DB 的 COM 对象

OLE DB 把数据库管理系统的功能和特征分到各个对象中，其中一些支持查询，一些支持更新，一些支持表、索引、视图等数据模式结构的建立，还有一些事务管理工作。OLE DB 的 COM 对象主要有 Data Source（数据源）对象、Session（会话）对象、Command（命令）对象和 Rowset（行集）对象。其中，Data Source 对象对应于一个数据提供者，它负责管理用户权限、建立与数据源的连接等初始操作。Session 对象建立在数据源连接的基础上，提供事务控制机制。Command 对象支持数据使用者执行各种数据操作，如查询、修改等。Rowset 对象提供了数据的抽象表示，是应用程序主要的操作对象。它可以是命令执行的结果，也可以由会话对象产生。

13.3.2　使用 OLE DB 客户模板开发应用程序

一般直接使用 OLE DB 的对象和接口设计数据库应用程序需要书写大量的代码。为了简化程序设计，Visual C++ 提供了 ATL 模板用于设计 OLE DB 数据应用程序和数据提供程序。利用 ATL 模板可以很容易地将 OLE DB 与 MFC 结合起来，使数据库的参数查询等复杂的编程得到简化。Visual C++ 所提供的用于 OLE DB 的 ATL 模板可分为数据提供程序的模板和数据使用程序的模板。使用 ATL 模板创建数据应用程序的步骤如下。

（1）生成应用程序框架。

使用 OLE DB 客户模板开发应用程序时，首先需要一个与用户进行交互的程序框架，它可以是程序的容器，也可以生成一个 ActiveX 控件作为 OLE DB 数据库应用程序的容器。MFC 应用程序向导界面如图 13-9 所示。

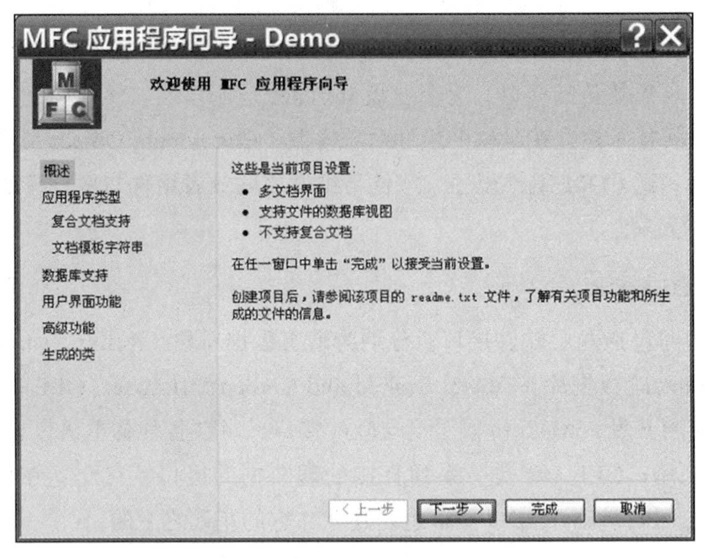

图 13-9　MFC 应用程序向导界面

（2）加入 ATL 产生的模板类。

在数据库支持里选择客户端类型为 OLE DB，在图 13-10 的对话框中，根据所访问的数据库类型从中选择合适的数据提供程序。在本实例中，我们选择“Microsoft OLE DB Provider For ODBC Drivers”。

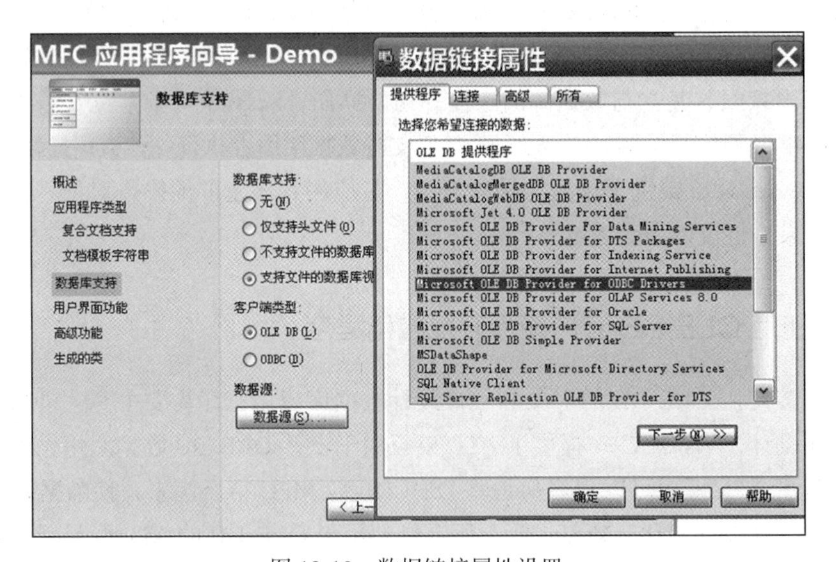

图 13-10　数据链接属性设置

然后，选择“连接”选项卡，如图 13-11 所示，在此对话框中选择要访问的数据。然后输入访问数据的用户名及密码。单击“测试连接”按钮，看是否能正确连接数据库。

（3）在应用中使用产生的数据访问对象。

对数据链接属性设置完毕后，单击“确定”按钮，打开“选择数据库对象”对话框。例如，选择要访问的数据库表 Table_Card，如图 13-12 所示。至此，用户只需编写部分程序，就可以实现对数据库的访问了。

图 13-11　MFC 数据连接测试

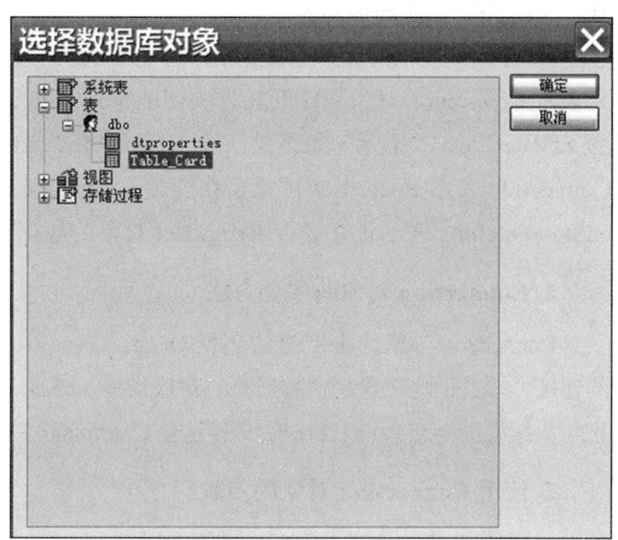

图 13-12　选择数据库对象

13.4　ADO

13.4.1　ADO 概述

动态数据对象（ActiveX Data Objects，ADO）是介于 OLE DB 底层接口和应用程序之间的高层接口集。ADO 避免了开发人员直接使用 OLE DB 底层接口的麻烦，可以帮助开发人员使用已经熟悉的编程环境和语言开发应用系统。ADO 适用于客户 / 服务器（Client-Server，C/S）系统和基于 Web 的应用，尤其在一些脚本语言中进行数据库访问操作是 ADO 主要优势。

ADO 对象模型的主体对象有三个，分别是 Connection 对象、Command 对象和 Recordset 对象。除此之外，ADO 对象模型中还有 Field 对象、Parameter 对象和 Error 对象。本书重点讲述主体对象，其他对象的介绍请读者自行学习。

13.4.2　Connection 对象

Connection 对象表示一个 OLE DB 数据源的开放式连接。用户必须首先创建一个 Connection 对象，然后使用其他对象来访问数据库。使用 Connection 对象属性的方法是：先连接数据源，打开数据库；然后执行一个数据库操作命令；最后利用 Error 对象检查数据源返回的出错信息。

1. Connection 对象的主要属性

Connection 对象的主要属性包括 ConnectionString、Provider、ConnectionTimeOut 和 State。其中，ConnectionString 用于指定连接到的数据源名称。这个属性的值在建立之前可以修改，而在建立好连接之后就不能再进行修改了，否则需要重新建立连接。Provider 连接着使用 OLE DB 的提供者。

ConnectionTimeOut 执行 Open 方法之后会等待建立连接的描述，默认值为 15s。State 是表示 Connection 对象是打开还是关闭的常量。这个属性的值是只读的，其包含的常量值为 adStateClosed，表示对象是关闭的，是默认值；adStateOpen 表示对象是打开的；adState-Connection 表示 Recordset 对象正在连接；adStateExcuting 表示 Recordset 对象正在执行；adStateFetching 表示正在读取 Recordset 对象的数据记录。

2. Connection 对象的主要方法

Connection 对象的主要方法包括 Open、Close 和 Execute。其中，Open 打开带有数据源的连接，即真正地建立起到数据源的物理连接。Close 关闭一个打开的与数据源的连接，即终止与数据源的连接。Execute 在没有建立 Command 对象的情况下执行连接中的一个命令。

3. 使用 Connection 对象的步骤

（1）设置 ConnectionString 的连接属性。

在程序中使用 Connection 对象定义连接属性的方法有多种。例 13-5 是其中一种。

例 13-5 定义一个名称为 cardmanagement 的 MySQL 数据源，用户名为 Person，密码为 111111 的连接。其连接字符串设置如下：

```
Dim cn AS ADODB.Connection
Set cn=New ADODB.Connection
'使用 ODBC 数据源连接数据库'
cn.ConnectionString ="DSN = 数据名称 ; Database=cardmanagement; UID=Person; PWD=111111"
'使用 OLE DB 提供者连接数据库'
cn.ConnectionString=" Provider=SQLOLEDB.1;UID=Person;PWD=111111;
    Initial Catalog=cardmanagement;Data Source= 数据库服务器名称 "
```

其中，“Provider=SQLOLEDB.1”表示要使用 Microsoft SQL Server 自身的 OLE DB 提供者。

（2）使用 Open 建立连接。

Open 用于真正地与数据源进行物理连接。例 13-5 中使用 Open 的格式为：cn.Open。

（3）使用 Close 断开连接。

Close 用于断开与数据源的连接。例 13-5 中使用 Close 的格式为：cn.Close。

一般情况下，Close 只是断开了连接，并没有将 Connection 对象从内存中删除，因此在关闭之后可使用 Open 再次打开它。若要将对象从内存中删除，应该使用 Set 语句，基本的语法格式为：

```
Set 对象名 = Nothing
```

13.4.3　Command 对象

Command 对象代表对数据源执行的命令。使用 Command 命令可以查询数据，并将查询结果返回给 Recordset 对象。

1. Command 对象的主要属性

Command 对象的主要属性包括 ActiveConnection、CommandText 和 CommandType。其中，ActiveConnection 指定当前使用的连接。CommandText 是命令的文本表示。CommandType 指定要执行的命令的类型，与 CommandText 属性的内容对应。其取值如下：CmdText 指定 CommandText 的内容是一个文本，即 SQL 语句；adCmdTable 指定 CommandText 的内容是一个表名；adCmdStoredProc 指定 CommandText 的内容是一个存储过程；adCmdUnknown 是默认值，表示命令类型未知。

2. 执行 Command 对象的主要方法

执行 Command 对象的主要方法是 Execute 方法，执行 CommandText 属性中指定的命令。其执行结果有两种类型：执行的查询类语句返回查询结果，并将结果放置在 Recordset 对象中；当执行其他非查询类语句，如 CREATE、INSERT、DELETE 等操作时，不返回结果。

例 13-6　在例 13-5 的基础上利用 Command 对象查询 Student 表中的所有记录。

```
'声明对象'
Dim cn AS ADODB.Connection
Dim cm AS ADODB.Command
Dim rs AS ADODB.Recordset
'建立连接'
Set cn=New ADODB.Connection
cn.ConnectionString=" Provider=SQLOLEDB.1;UID=Person;PWD=111111;
Initial Catalog=cardmanagement;Data Source=数据库服务器名称"
cn.Open
'执行命令'
Set cm = New ADODB.Command
Set cm.ActiveConnection=cn
cm.CommandText="SELECT * FROM Student"
Set rs=cm.Execute
```

之后就可以使用 Recordset 对象对记录集进行操作了。

13.4.4　Recordset 对象

Recordset 对象是指从数据提供者那里获取的数据记录集。Recordset 对象的主要功能是建立记录集，并支持对记录集中的数据进行浏览、更改、过滤等各种操作。

1. Recordset 对象的主要属性

Recordset 对象的主要属性包括 CursorType、CursorLocation、LockType、ActiveConnection、

Source、BookMark、BOF 和 EOF、RecordCount、Sort 和 Filter 等。其中，CursorType 描述记录集中使用的游标类型的常量。CursorLocation 描述记录集中使用的游标位置的常量。LockType 控制编辑过程中设置的加锁类型。ActiveConnection 指定创建 Recordset 对象所属的 Connection 对象。Source 设置 Recordset 对象中数据的来源，这个属性可以是 SQL 语句、表名、存储过程或者 Command 对象。BookMark 是记录集中当前记录的唯一表示。如果当前行移动到记录集的第一行记录的前边，则 BOF 为真；如果当前行移动到记录集的最后一行记录的后边，则 EOF 为真。RecordCount 表明记录集中记录的个数。如果 ADO 不能判断记录集中有多少条记录，则返回 adUnknown（-1）。Sort 将记录集按字段排序。Filter 允许用户选择记录集中的部分数据。其基本的语法格式为：

```
Recordset 对象名 .Filter = "选择表达式"
```

其中，“选择表达式”是一个字符串，其写法同 SELECT 语句中的 WHERE 子句类似。

例 13-7 设 rs 是一个 Recordset 对象，其记录集内容为学生表的全部数据，请筛选出管理学院的学生。

```
rs.Filter = "School = '管理学院'"
```

当设置 Filter 属性之后，可以对选择的数据内容进行浏览和编辑；在使用完成后，可以通过释放筛选的方法使记录集回到 Recordset 对象原来的内容。

释放筛选的语句为：

```
Recordset 对象名 .Filter=adFilterNone
```

2. 执行 Recordset 对象的主要方法

执行 Recordset 对象的主要方法包括 Move 方法组和数据操作方法组。

（1）Move 方法组。

浏览数据是经常用到的一个操作，Move 方法组可以实现对数据的浏览。Move 方法组的主要操作如表 13-2 所示。

表 13-2　Move 方法组的主要操作

命令	功能
Move	将当前记录的位置移动一定的间隔（可以指定要移动几条记录）
MoveFirst	移动到第一条记录
MoveLast	移动到最后一条记录
MoveNext	移动到下一条记录
MovePrevious	移动到上一条记录

（2）数据操作方法组。

数据操作方法组用于完成对数据的增、删、查、改操作，主要操作如表 13-3 所示。

表 13-3　数据操作方法组的主要操作

命令	功能	语法格式
AddNew	向记录集中添加一条记录	Recordset 对象名 .AddNew [字段列表], [字段值]
Update	将缓冲区的记录真正写到数据库中	Recordset 对象名 .Update [字段列表], [字段值]
Delete	删除记录集的当前记录	Recordset 对象名 .Delete
CancelUpdate	取消对当前记录或新记录所做的修改	Recordset 对象名 . CancelUpdate
Open	打开一个记录集	Recordset.Open source, activeconnection, cursortype, locktype, options
Close	关闭 Recordset 对象	
Find	在记录集中查找满足条件的第一条记录	Recordset 对象名 .Find Criteria,[SkipRows], [SearchDirection], [Start]

其中，Open 方法的语法格式中的 source 可以是一个有效的 Command 对象的变量名，也可以是一个查询、存储过程或表名等；activeconnection 指明该记录集是基于哪个 Connection 对象连接的，必须注意这个对象应是已建立的连接；cursortype 指明使用的游标类型；locktype 指明记录锁定的方式；options 值指明 source 参数中内容的类型，如表、存储过程等。

在 Find 方法的语法格式中的 Criteria 为必需参数，用于指定查找条件，其表达方法同 Filter 属性的选择表达式；SkipRows 用于指定从当前位置跳过多少行记录开始查找；SearchDirection 用于指定查找方向；Start 用于指定查找操作的起始位置。若查找成功，则记录集当前记录指针指向满足查找条件的第一条记录上；若查找失败，则 BOF 或 EOF 为真。

3. 使用 Recordset 对象

ADO 对象模型运行用户直接打开一个 Recordset 对象，或者从 Connection 对象和 Command 对象中创建一个 Recordset 对象。

（1）使用 Command 对象的 Execute 创建 Recordset 对象，基本的语法格式为：

```
Set rs=cm.Execute
```

（2）使用 Connection 对象的 Execute 创建 Recordset 对象，基本的语法格式为：

```
Set rs=cn.Execute ("SELECT * FROM Table_Student")
```

（3）使用 Recordset 对象的 Open 创建 Recordset 对象，基本的语法格式为：

```
rs.Open
```

13.4.5　使用 ADO 对象模型访问数据库

使用 ADO 对象访问数据库的一般步骤为：

（1）创建 Connection 对象与数据源建立连接；

（2）创建 Command 对象，先设置该对象的活动连接为上一步的 Connection 对象，

然后设置命令文本属性为访问数据源所需的命令（如 SELECT、INSERT、UPDATE 等）;

（3）使用 Command 对象的 Execute 方法执行命令，如果是查询命令，该方法会返回一个 Recordset 对象；

（4）使用 Recordset 对象操作记录。

例 13-8 利用 ADO 对象模型访问校园卡管理系统的数据库 cardmanagement，并且查询 Student 表。

```
Dim cn AS New ADODB.Connection
Dim cm AS New ADODB.Command
Dim rs AS New ADODB.Recordset
cn.ConnectionString=" Provider=SQLOLEDB.1;UID=Person;PWD=111111;
    Initial Catalog=cardmanagement;Data Source=(local)"
cn.Open
cm. ActiveConnection=cn
cm. CommandType= adCmdTable
cm. CommandText=" Student"
Set rs=cm.Execute
```

如果仅使用记录集操作数据源中的数据，而不向数据源发送其他 SQL 语句或存储过程命令，则可以只利用 Connection 对象和 Recordset 对象实现对应的数据操作。使用 ADO 对象访问数据库的简化步骤为：

（1）创建 Connection 对象与数据源建立连接；

（2）创建 Recordset 对象，并设置好活动连接和其他重要属性；

（3）使用 Recordset 对象的 Open 方法，直接打开一个记录集；

（4）使用 Recordset 对象操作记录。

例 13-9 例 13-8 中的访问可简化为：

```
Dim cn AS New ADODB.Connection
Dim rs AS New ADODB.Recordset
cn.ConnectionString=" Provider=SQLOLEDB.1;UID=Person;PWD=111111;
    Initial Catalog=cardmanagement;Data Source=(local)"
cn.Open
rs. ActiveConnection=cn
re. CursorLocation=adUseClient
rs. CursorType=adOpenDynamic
rs. Source="SELECT * FROM Student"
rs.Open
```

13.5 JDBC

13.5.1 JDBC 概述

Java 数据库连接（Java Database Connectivity，JDBC）是 SUN 公司为了统一对数据库的操作，定义的一套 Java 操作数据库的接口。Java 数据库连接（以下简称 JDBC）由数据库厂商实现，开发人员只需要学习 JDBC 接口，并通过 JDBC 加载具体的驱动就可以操作数据库。定义一个数据库连接的全部工作是由 Java 代码通过 JDBC 驱动程序完成的，这与 ODBC 需要使用工具来完成不同。

JDBC 操作的基本流程为先取得数据库连接，再执行 SQL 语句得到处理执行结果，最后释放数据库连接。

1. 加载数据库驱动

```
Class.forName("com.mysql.cj.jdbc.Driver");
```

2. 取得数据库连接

例 13-10　用 DriverManager 连接数据库。

```
String driver,urluser,pwd;
Connection conn;
url = "jdbc:mysql://localhost:3306/cardmanagement?serverTimezone=UTC";
user= "root";
pwd= "123456";
conn = DriverManager.getConnection(url,user,pwd);
```

3. 执行 SQL 语句

（1）用 Statement 执行 SQL 语句。

```
String sql;
Statement sm = cn.createStatement();
sm.executeQuery(sql);      // 执行数据查询语句
sm.executeUpdate(sql);     // 执行数据更新语句
statement.close();
```

（2）用 PreparedStatement 执行 SQL 语句。

```
String sql;
sql = "insert into user (id,name) values (?,?)";
PreparedStatement ps = cn.prepareStatement(sql);
ps.setInt(1,xxx);
ps.setString(2,xxx);
…
ResultSet rs = ps.executeQuery();// 查询
INT c = ps.executeUpdate();       // 更新
```

4. 处理执行结果

查询语句，返回记录集 ResultSet。

更新语句，返回数值，表示该更新影响的记录数。

执行 ResultSet 的方法：

（1）next( )，将游标往后移动一行，如果成功则返回 true；否则返回 false。

（2）getInt（"id"）或 getString（"name"），返回当前游标下某个字段的值。

5. 释放数据库连接

一般先关闭 ResultSet，然后关闭 Statement 或者 PreparedStatement，最后关闭 Connection。

13.5.2 JDBC 连接数据库

下面以校园卡管理系统的数据库（cardmanagement）为实例，通过 JDBC 连接 MySQL。

（1）在 MySQL 官网上下载 MySQL Connection/J 驱动包，如图 13-13 所示。

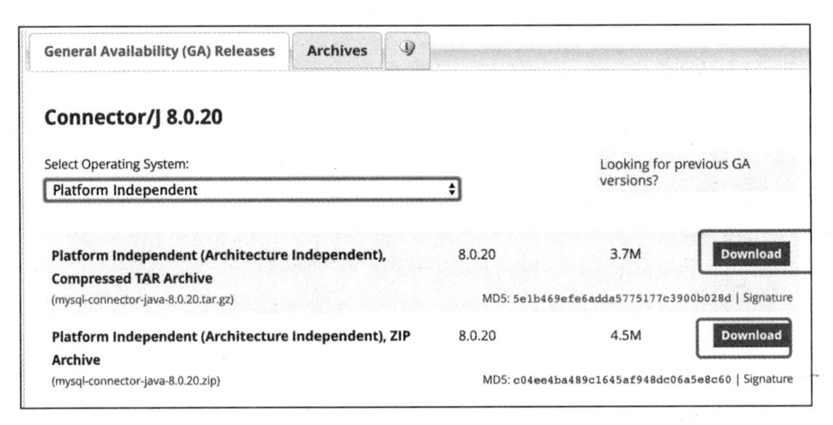

图 13-13 在 MySQL 官网上下载驱动包

（2）先将下载完成的压缩包解压，再在 IDE 中添加路径，如图 13-14 所示。

（3）通过 JDBC 连接 cardmanagement 数据库，对学生表 Table_Student 进行操作，查询 SID 和 CID。

JDBC
JRE System Library [JavaSE-14]
src
(default package)
DbTest.java
Referenced Libraries
mysql-connector-java-8.0.22.jar - D:\

图 13-14 添加路径

Java 代码如下：

```
        /* 文件名: DbTest.java*/
        import java.sql.*;

public class DbTest{
        Connection conn;
    Statement sta;
    ResultSet rs;
    String driver,url,user,pwd;
    public DbTest(){
        driver = "com.mysql.cj.jdbc.Driver";
        url= "jdbc:mysql://localhost:3306/cardmanagement?serverTimezone=UTC";
        user= "root";
        pwd= "123456";
        init();
        }
    public void init(){
        try{
            Class.forName(driver); // 加载数据库驱动程序
            System.out.println("Driver is OK.");
```

```
            conn = DriverManager.getConnection(url,user,pwd);  //建立数据库连接
            System.out.println("Connect Successful!");
            sta = conn.createStatement();                      //创建语句
            rs = sta.executeQuery("SELECT  SID , CID  FROM  Student");
            //执行 SQL 语句
            //以下循环为取出结构集数据
            while(rs.next()){
            System.out.println(rs.getString("SID")+" " +rs.getString("CID"));
                }
            rs.close();                                        //关闭结构集
            sta.close();                                       //关闭语句
            conn.close();                                      //释放连接
            }
        catch(ClassNotFoundException e) {
            e.getMessage();
            }
        catch(Exception e){
            e.printStackTrace();
            }
        }
    public static void main(String args[]){
        new DbTest();
        }
    }
```

（4）运行的结果如图 13-15 所示。

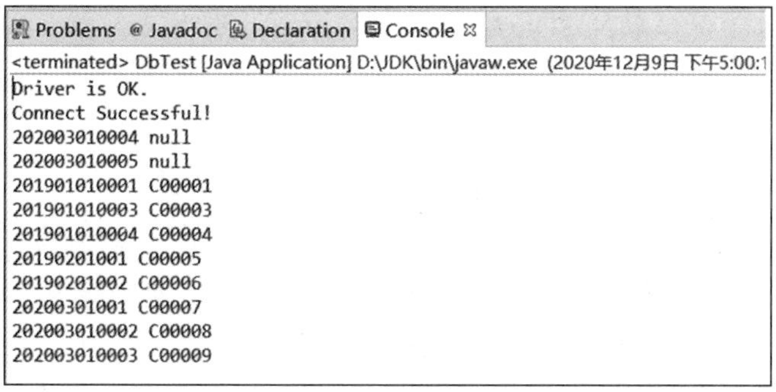

```
Problems  @ Javadoc  Declaration  Console
<terminated> DbTest [Java Application] D:\JDK\bin\javaw.exe (2020年12月9日 下午5:00:1
Driver is OK.
Connect Successful!
202003010004 null
202003010005 null
201901010001 C00001
201901010003 C00003
201901010004 C00004
20190201001 C00005
20190201002 C00006
20200301001 C00007
202003010002 C00008
202003010003 C00009
```

图 13-15　运行的结果

CHAPTER 14

第14章

数据库技术的新发展

学习目标

- 本章介绍数据库技术的新发展，简要介绍面向对象数据库、数据仓库及数据挖掘、XML数据库、云数据库、空间数据库及NoSQL数据库等新型数据库的基本概念，并以Redis为例介绍NoSQL的基本操作。

开篇案例

智能化停车服务

传统停车场管理模式高度依赖现场工作人员的处理，从车辆入场刷卡登记与外来人员核实，工作人员现场维持秩序，并检查车辆的完好性；车辆出场刷卡或扫描缴费出厂，工作人员核实车辆及人员身份并收取停车服务费用；如果停车系统设备出现故障，工作人员要进行现场协助并通知维修人员到现场处理故障，直到问题得以解决。

在一个车位配比不足、入住率高的老小区，一辆没有固定停车位的小轿车如何才能安全、便捷地停好呢？第一，进入小区前车主要知道小区里还有没有空的临时停车位；第二，车主要知道空停车位的方位，避免在小区内兜圈寻找；第三，开车驶离小区付费的过程简单快捷，发票获取制度明确。

如果要实现上述流程，物业公司就需要运用物联网、大数据和云存储技术，全量采集在管小区的车位信息、小区地形信息、行车路线信息，提高无死角摄像头的覆盖率。除此之外，还要消除各个部门的信息孤岛，拉通应用终端、收费系统、停车系统等工具背后的数据库，使数据通过云计算的方式实现共享。

万物云作为物业管理行业的头部企业，已从职能线条、业务线条、综合线条等方面对数据融合拉通，在物业管理的所有业务场景下基本具备业务管控线上化、任务处理工单化、数据治理平台化的数字化运营能力。在智能停车服务中，万物云的远程运营团队提供线上一条龙服务，在停车场出入口安装了智能停车系统和相关传感器设备，车辆在入场时需通过牌照识别后才能进入，外来车辆及人员，需等机器人核实车内的人员和车辆信息后才能进入，在车辆出场时，系统通过牌照识别扫描或在线支付费用放行。如遇到系统和设备故障，工作人员可以在线联系远程运营中心，与停车场工作人员远程对话，让技术人员远程进行故障操作处理或派发工作任务工单，并调度专业维修人员及时到达现场处理故障，如客户需要停车费发票，可通过线上缴费路径直接申请电子停车发票。

尽管智能化停车服务对数据管理提出了更高要求，但是在技术赋能下，数据传递和处理更加及时准确，工作效率提高了，企业运营的人工成本降低了。

资料来源：文字根据万物云员工提供的资料整理得到。

14.1　面向对象数据库

面向对象数据库（Object Oriented Database，OODB）是数据库技术与类、封装、接口等面向对象程序设计方法相结合的一种新型数据库。和关系型模型不同，面向对象数据库内部所包含的不是元组和属性，而是对象。面向对象数据模型定义了类的属性，可以看作关系型数据库中的属性，类的实例可以看作关系型数据库中的元组，但是相较于关系型数据库，面向对象数据模型还额外定义了调用对象的方法。

相较于传统关系型数据库，面向对象数据库具有高内聚、低耦合的系统结构，能使系统更灵活、更容易扩展，而且维护成本较低。同时，由于其本身就包含程序设计的思想，有多种接口，因而在被其他应用软件调取数据时也会更加方便。

14.2　数据仓库

数据仓库是一个面向主题的、集成的、随时间变化的，但信息相对稳定的数据集合，一般用于对管理决策过程的支持。其中，面向主题是指数据仓库一般只为某个明确的主题，其他与此主题无关的数据一般会被剔除，例如在淘宝上某种特定商品的销售数据，机械学习的数据等。集成是指数据仓库一般是由多个数据源经过抽取、转化，加载至同一个数据源的。随时间变化是指关键数据隐式或显式地基于时间变化。信息相对稳定是指数据装入以后一般只进行查询操作，不支持数据库的增删改操作，因为数据仓库反映了一段较长时间内的历史数据，是大量经过多重处理的数据，一般不能轻易变动。

数据仓库是在数据库已经大量存在的情况下，为了进一步挖掘数据资源和进一步决策需要而产生的。数据仓库的出现并不是要取代数据库。目前，大部分数据仓库还是用关系型数据库管理系统来管理的。可以说，数据库、数据仓库之间相辅相成且各有千秋。

14.3 XML 数据库

XML 数据库是使用 XML（EXtensible Markup Language，可扩展标记语言）格式文档进行存储和查询等操作的数据库管理系统。XML 本质上只是用来记录数据的一种数据格式，数据的管理依然需要数据库的操作，所谓的 XML 数据库，是指能管理 XML 数据的数据库管理系统。

传统的关系型数据库处理结构化数据具有优势，而 XML 数据库处理半结构化数据更便捷。XML 能够清晰地呈现数据的不同层次，处理层次复杂的数据。同时对于以 XML 格式存储的信息，XML 数据库更容易进行文档的存储和检索，会比传统的关系型数据库更方便实用。

14.4 云数据库

云数据库是指在虚拟计算环境中优化或部署的数据库，可以实现按需付费、按需扩展，具有高可用性、高可扩展性和存储集成等优势。云数据库可以是关系型数据库，也可以是非关系型数据库。云数据库不是数据模型的创新，只是服务方式的创新。

使用基于云的数据库解决方案可以使用任何计算机、移动设备或浏览器从任何地方访问数据库，不仅降低了硬件、软件许可和服务实施方面的运营成本及支出，还可以提高效率。但是，云数据库中的数据是通过网络访问的，使用云数据库要防范隐私和安全性问题。对于定制服务功能要求高的组织，云数据服务提供商可能无法提供，因此是否要选择云数据库作为自己的数据存储解决方案，以及是否要选择所有云服务，都需要根据自身实际行业环境、特征和自身风险防范能力进行评估。

14.5 空间数据库

空间数据库是指地理信息系统在计算机物理存储介质上存储的与应用相关的地理空间数据的总和，一般是以一系列特定结构的文件的形式组织在存储介质之上的。

空间数据库描述的主要是地理位置及其相关信息，例如 GPS 数据、气象数据等复杂的数据，描述这些信息的数据量庞大。空间信息系统需要高效地访问大量数据，拥有强大的检索和分析能力。空间数据库为了符合其复杂的用途，数据类型和数据关系都很复杂。就数据类型而言，空间数据库中不仅有描述各种现象的属性数据，还有描述地理图像的图形图像数据、存储拓扑关系的空间关系数据等。属性数据和空间数据会随着时间变化而变化，在时间和空间上拥有多维性。而且属性数据和空间数据只有联合管理，才能很好地反映现实。也正是因为空间数据库支持复杂的数据类型和数据关系，故它在国土、规划、环境、交通、军事等众多领域均有应用。

14.6　NoSQL 数据库

14.6.1　NoSQL 数据库的基本概念

关系型数据库的 ACID 特性使其广泛应用在对事务一致性有要求的系统中。但是，在互联网应用和海量数据高并发读写时，对读写的实时性和事务的一致性要求较低。对于用户来说，数据生成后他们并不要求马上就能查询到，也可以接受少量的延迟和些许的误差。这种情景下，虽然关系型数据库的 ACID 特性的优势被削弱，但数据库系统的维护开销却并没有降低。当应用系统的用户量和数据量持续上涨时，关系型数据库没有办法简单地采用升级硬件和拓展服务节点来提高数据处理性能，数据库的升级和扩展都需要停机维护，这无法满足核心业务系统需要不间断提供服务的要求。此外，关系型数据库的数据表存储在硬盘中，当面对网络中每秒数十万次乃至数百万查询请求的时候，硬盘的读写速度会成为性能瓶颈。

1998 年，Carlo Strozzi 在开发的一款轻量级关系型数据库中提出了 NoSQL 的概念，该数据库不依赖于 SQL 语句就能访问和操作数据库。随着 NoSQL 的发展，人们逐渐发现要使数据库的存储结构更加符合现实世界中数据的非结构化特性，适应多种来源和多种格式的数据，需要改变的并非数据库的查询方式，而是关系特性。随后 NoSQL 一词逐渐从“去 SQL 语句”转变为“Not only SQL：不仅仅是 SQL”。这一转变意味着 NoSQL 数据库并非以取代关系型数据库为目标，而是以可扩展性更强、效率更高的数据库类型支持更复杂的数据存储和处理，以弥补关系型数据库的不足。

14.6.2　常见的 NoSQL 数据库

目前，常见的 NoSQL 数据库产品有 Redis、Riak、Scalaris、HBase、Cassandra、Hadoop-DB、MongoDB 和 Neo4J 等。这些产品使用的数据模型有四种，分别是键值模型、列族模型、文档模型和图形模型。这些模型与关系数据模型最大的区别在于并不要求数据的结构化存储，同时在设计上不受模式限制。

1. 键值数据库

键值（Key-Value）数据库的数据是以键值对的形式存储的，其结构形式与哈希（Hash）表比较类似，每个键（Key）都对应着一个值（Value）。

Redis 是一个应用广泛的开源键值数据库系统，具有以下特征。

（1）支持多种数据类型。Redis 数据库支持 SET、SORTED SET、LIST、HASH、STRING 等五种数据类型和一些通用命令。这些数据类型可以存储不规范的、格式不统一的数据，使人们在应用开发过程中可以很方便地选择合适的存储类型，从而增强数据库的扩展性。

（2）数据持久化。采用内存和磁盘异步存储机制，使数据的读取和写入都在内存中进行。这样既保证了海量数据快速处理，又能满足数据存储持久性的要求。但是内存读写解决方案也存在弊端，比如数据库的存储容量受内存大小限制，内存本身并非持久性介质，不具备自动容错和数据恢复的功能。因此 Redis 更加适用于百度云、推特（Twitter）等数据读取频次高的数据库，并且一般都采用定时备份和生成状态日志的方式来保障数据完整性。

（3）原子级操作。Redis 的每一个操作均是原子性的。

（4）性能极高。数据的读写主要在内存中操作，Redis 的读取速度能达到 10 万次 /s 以上，写入速度能达到 8 万次 /s 以上。

2. 列族数据库

列族（Column-Family）数据库中的数据存储在列族中。列族数据库与键值数据库的相似之处在于数据都是以键值存储的，但是在列族数据库中，它们的特点是指向了多个列，这些列是由列族来安排的。

HBase 是 Hadoop 下的子项目，是基于 Google BigTable 模型开发的分布式存储系统，具有以下特征。

（1）稀疏存储。关系型数据库中的行列数据是固定的，数据为 NULL 的列也会占用存储空间，而 Hbase 中 NULL 列不会被存储，不仅节省了存储空间，还提高了数据查询效率。

（2）多版本数据。HBase 中每一个 Value 单元数据可以有任意多个版本和数值。例如，Value 单元格在用于存储用户的快递单号时，一个单元格就能存储用户所有的历史快递单号，只需在数据上加上版本号。

（3）海量数据的处理性能。HBase 支持分布式存储，能满足 PB 级数据量的读写，适合存储用户操作记录和日志等历史数据。

HBase 不支持复杂的多条件查询，不支持数据的随机查找，也不直接支持使用 SQL 语句查询，需要依赖 Hadoop 组件。因此 HBase 适用于数据量及数据增长量都很大的业务场景。

3. 文档数据库

文档（Document-Oriented）数据库中的数据是以文档而非数值的形式存储的，常用的格式是 JSON、BSON 和 XML。文档数据库与键值数据库在结构上非常相似，都采用键值对，但是文档数据库支持嵌套结构，可以看作键值数据库的升级版。

MongoDB 是文档数据库中应用最为广泛的产品，它具有以下特征。

（1）无须定义表结构。文档数据库中不需要事先定义表结构就可以使用表。

（2）数据结构灵活。文档数据库中，存储、索引和管理的都是面向文档或半结构化的数据，对数据的结构化不做要求。

（3）性能优越。相较于关系型数据库，文档数据库的读写性能更加优越，尤其是在非索引字段的查询上效率非常高。

MongoDB 也存在一些问题，比如缺乏统一的查询语言，系统占用的空间较大等。

4. 图形数据库

图形（Graph-Oriented）数据库中的数据是以图的形式存储的，实体与实体之间的关系以边来表示。这使图形数据库能以更加简单的方式表现出关系型数据库难以表现的复杂实体关系。图形数据库的优势在于对数据关系的检索速度更快。

Neo4J 是图形数据库中应用得最为广泛的产品，具有以下特征。

（1）支持复杂的图形算法。当数据关系很复杂时，关系型数据库需要编写复杂的 SQL 语句来查询，不仅难以维护，而且查询性能也低；而在图形数据库中只需要用描述性查询语言 Cypher 就能快速查找，并且使用简单、易于维护。

（2）数据读写简单清晰。插入和查询不需像关系型数据库一样要考虑各表之间的关系。

（3）支持 ACID 和事务机制。Neo4J 提供了完整的数据库特性，比如 ACID 事务、集群、备份等功能。

Neo4J 数据库的执行效率会受插入的数据节点自身关系复杂度的影响。当数据的关系非常复杂时，执行效率会大大下降，因此比较适合频繁查询且少量修改的业务。

14.7 Redis 数据库

1. Redis 的安装与配置

有两种方式可以运行 Redis 数据库：一种是通过 CMD 窗口输入命令运行，如图 14-1 所示；另一种是使用 Redis 可视化软件 RedisDesktopManager，通过右击 Console 在运行窗口中输入命令，如图 14-2 所示。

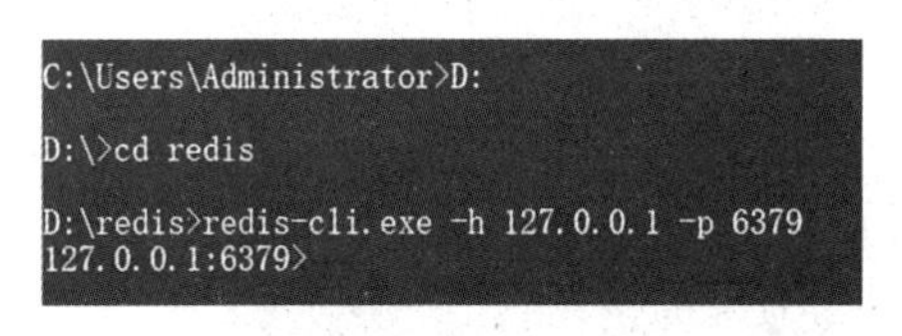

图 14-1 通过 CMD 运行 Redis 数据库

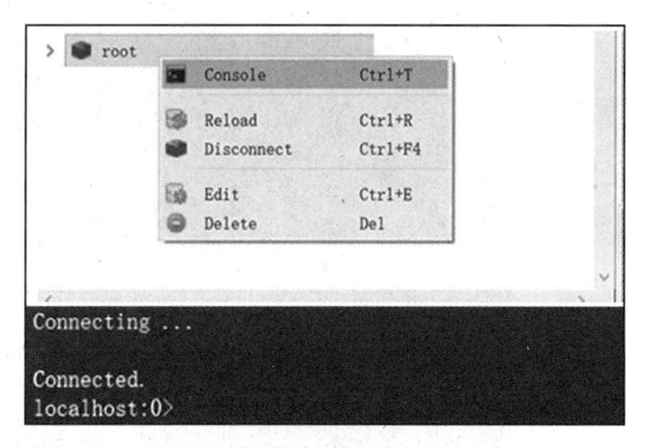

图 14-2 通过可视化软件 RedisDesktopManager 运行 Redis 数据库

2. Redis Hash 类型常用命令

（1）Redis Hset 命令。

Redis Hset 命令用于在哈希表中给指定的字段设置新值。

假如哈希表不存在，则会创立一个新的哈希表并在新表中增加字段。

假如哈希表中已存在该字段，则使用新值覆盖旧值并输出 0。

假如哈希表中不存在该字段，新值设置成功并输出 1。

（2）Redis HMset 命令。

Redis HMset 命令用于在哈希表中增加多个字段 – 值（Field-value）对。

（3）Redis Hget 命令。

Redis Hget 命令用于输出特定字段对应的所有值 Value。

（4）Redis Hgetall 命令。

Redis Hgetall 命令用于输出哈希表中所有的字段 – 值对。

（5）Redis Hdel 命令。

Redis Hdel 命令用于删除哈希表 Key 中的特定字段并输出被删除的字段数量，不存在的字段将被忽略。

（6）Redis Hexists 命令。

Redis Hexists 命令用于查看是否存在特定字段。

假如哈希表含有指定字段，则输出 1。

假如哈希表不含有指定字段，则输出 0。

（7）Redis Hkeys 命令。

Redis Hkeys 命令用于输出表中的指定 key 包含的所有 field。

（8）Redis Hvals 命令。

Redis Hvals 命令用于输出哈希表中所有 value。

以上 Hash 类型常见命令的示例如图 14-3 所示。

```
127.0.0.1:6379> HSET pre students "student1 student2 student3 student4 student5"
(integer) 1
127.0.0.1:6379> HSET pre num 5
(integer) 1
127.0.0.1:6379> HMSET pre contents "class" null "null"
OK
127.0.0.1:6379> hgetall pre
1) "students"
2) "student1 student2 student3 student4 student5"
3) "num"
4) "5"
5) "contents"
6) "class"
7) "null"
8) "null"
127.0.0.1:6379> HDEL pre null
(integer) 1
127.0.0.1:6379> HEXISTS pre null
(integer) 0
127.0.0.1:6379> HGET pre students
"student1 student2 student3 student4 student5"
127.0.0.1:6379> HINCRBY pre num 1
(integer) 6
127.0.0.1:6379> HSET pre num 5
(integer) 0
127.0.0.1:6379> HGET pre num
"5"
127.0.0.1:6379> HKEYS pre
1) "students"
2) "num"
3) "contents"
127.0.0.1:6379> HVALS pre
1) "student1 student2 student3 student4 student5"
2) "5"
3) "class"
```

图 14-3 Hash 类型常见命令的示例

上述命令成功执行后，RedisDesktopManager 中新增了一个名为 pre 的哈希表，并且包含相应的键值对，如图 14-4 所示。

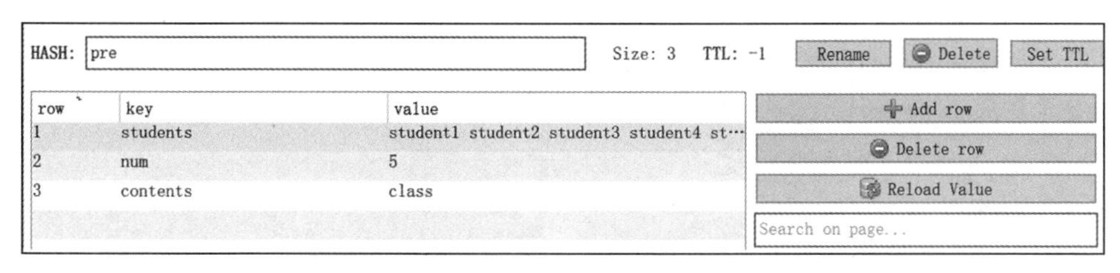

图 14-4　Hash 类型常见命令执行结果示例

3. Redis String 类型常用命令

（1）SET 命令。

SET 命令用于给目标 Key 设置新值。假如 Key 中存储其他值，新值就覆盖旧值并输出 OK。

（2）GET 命令。

GET 命令用于获取 Key 对应的所有 Value。

（3）Getrange 命令。

Getrange 命令用于从 Key 中的字符串截取指定偏移量的子字符串，并将其输出，字符串偏移量用 Start 和 End 表示。

以上 String 类型命令的示例如图 14-5 所示。

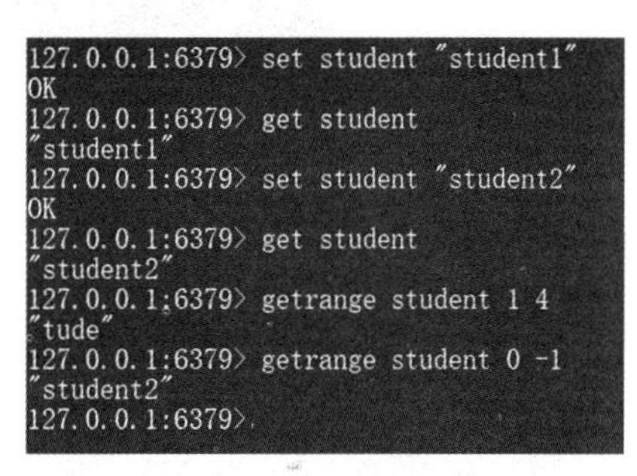

图 14-5　String 类型命令的示例

在执行完上述命令后，RedisDesktopManager 中新增了一个名为 student 的字符串类型，其中只有一个值，如图 14-6 所示。

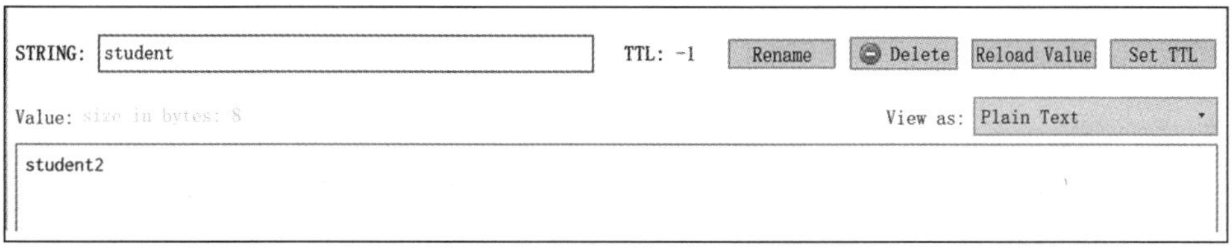

图 14-6　String 类型命令执行结果示例

4. Redis List 类型常用命令

（1）Blpop 命令。

Blpop 命令用于输出列表中第一个元素并将其移除。

（2）Brpop 命令。

Brpop 命令用于输出列表中最后一个元素并将其移除。

（3）Lindex 命令。

Lindex 命令用于输出列表中指定索引对应的元素。

（4）Lpush 命令。

Lpush 命令用于向列表头部插入一个或多个新值。

（5）Linsert 命令。

Linsert 命令用于在列表元素前或后插入新值。

（6）Lrange 命令。

Lrange 命令用于输出列表指定区间的元素，区间由偏移量 Start 和 End 确定。

List 类型命令的示例如图 14-7 所示。

```
D:\redis>redis-cli.exe -h 127.0.0.1 -p 6379
127.0.0.1:6379> LPUSH list "student1"
(integer) 1
127.0.0.1:6379> LPUSH list "student2"
(integer) 2
127.0.0.1:6379> LINSERT list BEFORE "student2" "teacher"
(integer) 3
127.0.0.1:6379> Lindex list 0
"teacher"
127.0.0.1:6379> LRANGE list 0 -1
1) "teacher"
2) "student2"
3) "student1"
```

图 14-7　List 类型命令的示例

在执行完上述命令后，RedisDesktopManager 中新增了一个名为 list 的列表类型，将命令中的三个值按照一定次序排列，如图 14-8 所示。

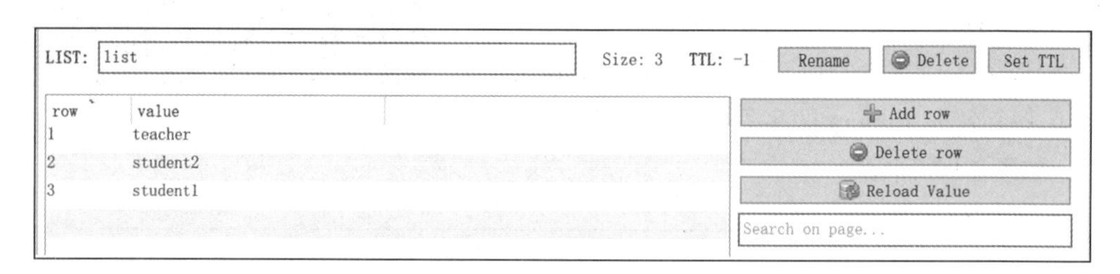

图 14-8　List 类型命令执行结果示例

5. Redis Set 类型常用命令

（1）Sadd 命令。

在集合中增加元素。

（2）Smembers 命令。

输出集合中所有成员。

（3）Scard 命令。

输出集合中元素的个数。

（4）Sdiff 命令。

输出第一个集合中独有的元素。

（5）Sintering 命令。

输出所有指定集合的交集。

Set 类型命令的示例如图 14-9 所示。

```
127.0.0.1:6379> SADD set "student1"
(integer) 1
127.0.0.1:6379> SADD set "student2"
(integer) 1
127.0.0.1:6379> SADD set "student1"
(integer) 0
127.0.0.1:6379> Smembers set
1) "student2"
2) "student1"
127.0.0.1:6379> SADD set2 "teacher1"
(integer) 1
127.0.0.1:6379> SADD set2 "teacher2"
(integer) 1
127.0.0.1:6379> SADD set2 "student1"
(integer) 1
127.0.0.1:6379> SINTER set set2
1) "student1"
127.0.0.1:6379> Sdiff set set2
1) "student2"
127.0.0.1:6379> Scard set
(integer) 2
```

图 14-9　Set 类型命令的示例

在执行完上述命令后，RedisDesktopManager 中新增了两个集合类型，一个名为 set，另一个名为 set2，相应的值分别储存在两个集合中，如图 14-10 所示。

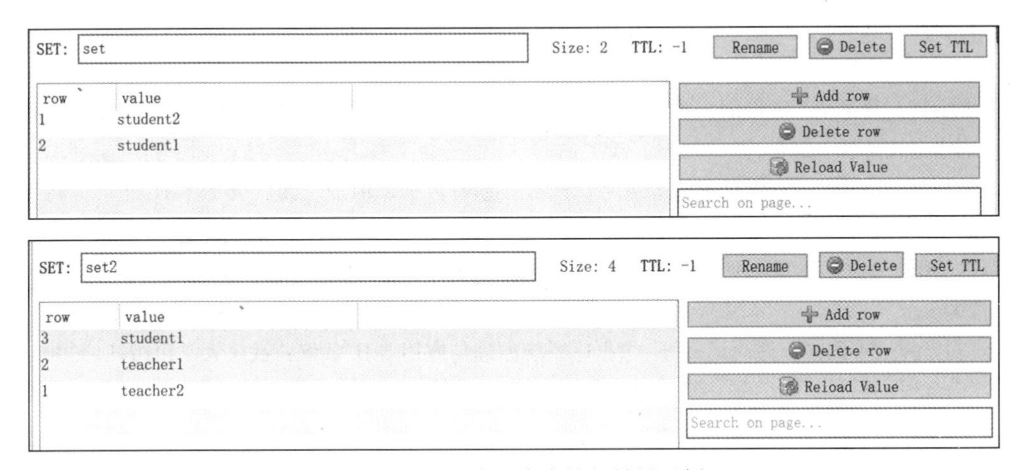

图 14-10　Set 类型命令执行结果示例

参考文献

[1] 桂颖，等 . 从零开始学 SQL Server[M]. 北京：电子工业出版社，2014.

[2] 郭胜，王志，丁忠俊 . 数据库系统原理及应用 [M]. 2 版 . 北京：清华大学出版社，2015.

[3] 贺桂英，李可，杨媛媛，等 .MySQL 数据库技术与应用 [M]. 广州：广东高等教育出版社，2017.

[4] 教育部考试中心 . 全国计算机等级考试三级教程：数据库技术 2015 年版 [M]. 北京：高等教育出版社，2014.

[5] 胡孔法 . 数据库原理及应用：学习与实验指导教程 [M]. 2 版 . 北京：机械工业出版社，2017.

[6] 教育部考试中心 . 全国计算机等级考试二级教程：MySQL 数据库程序设计 2019 年版 [M]. 北京：高等教育出版社，2018.

[7] 贾小珠，蔺德军，茹俊丽，等 . 全国计算机等级考试用书：三级数据库技术 [M]. 北京：中国水利水电出版社，2005.

[8] 教育部考试中心 . 全国计算机等级考试四级教程：数据库原理 2021 年版 [M]. 北京：高等教育出版社，2020.

[9] 林子雨 . 大数据技术原理与应用：概念、存储、处理、分析与应用 [M]. 北京：人民邮电出版社，2015.

[10] 刘先锋，羊四清，许尚武，等 . 数据库系统原理与应用 [M]. 武汉：武汉大学出版社，2005.

[11] 宋金珂，孙壮，许小重，等 . 计算机应用基础实验指导与习题集 [M]. 2 版 . 北京：中国铁道出版社，2007.

[12] 刘玉红，郭广新 .SQL Server 2012 数据库应用：案例课堂 [M]. 北京：清华大学出版社，2016.

[13] 庞振平，李昱，郎六琪 . 数据库原理及应用基础 [M]. 广州：华南理工大学出版社，2007.

[14] 钱雪忠，王月海，陈国俊，等 . 数据库原理及应用 [M]. 4 版 . 北京：北京邮电大学出版社，2015.

[15] 全国计算机等级考试新大纲研究组 . 全国计算机等级考试考纲、考点、考题透解与模拟：四级数据库工程师 [M]. 北京：清华大学出版社，2009.

[16] 全国计算机等级考试命题研究组 . 考眼分析与样卷解析：四级数据库工程师 [M]. 3 版 . 北京：北京邮电大学出版社，2013.

[17] 石颖，王广炎 . 数据库原理考点精要与典型题解析 [M]. 西安：西安交通大学出版社，2003.

[18] 宋金玉，赵水宁，廖湘琳，等 . 信息系统技术基础及应用 [M]. 北京：清华大学出版社，2015.

[19] 唐汉明，翟振兴，兰丽华，等 . 深入浅出 MySQL 数据库开发、优化与管理维护 [M]. 北京：人民邮电出版社，2008.

[20] 王珊，萨师煊 . 数据库系统概论 [M]. 4 版 . 北京：高等教育出版社，2006.

[21] 王珊，萨师煊 . 数据库系统概论 [M]. 5 版 . 北京：高等教育出版社，2014.

[22] 微软公司 . 数据库程序设计：SQL Server 2000 数据库程序设计 [M]. 北京：高等教育出版社，2004.

[23] 魏祖宽，胡旺，郑莉华 . 数据库系统及应用 [M]. 2 版 . 北京：电子工业出版社，2012.

[24] 张蕊，王峰，白娟，等 . 数据库原理及 SQL Server 2005 应用技术 [M]. 北京：中国水利水电出版社，2015.

[25] 赵鲁涛，张志刚 . 数据库原理及应用 [M] . 北京：机械工业出版社，2017.